双耳
听觉定位
及其虚拟实现

钟小丽 著

华南理工大学出版社
SOUTH CHINA UNIVERSITY OF TECHNOLOGY PRESS

·广州·

图书在版编目（CIP）数据

双耳听觉定位及其虚拟实现／钟小丽著. —广州：华南理工大学出版社，2022.12
ISBN 978－7－5623－7326－1

Ⅰ. ①双… Ⅱ. ①钟… Ⅲ. ①双耳效应-研究 Ⅳ. ①Q62

中国国家版本馆 CIP 数据核字（2023）第 018476 号

双耳听觉定位及其虚拟实现

钟小丽 著

出 版 人：柯　宁
出版发行：华南理工大学出版社
　　　　　（广州五山华南理工大学 17 号楼　邮编：510640）
　　　　　http：//hg. cb. scut. edu. cn　E-mail：scutc13@ scut. edu. cn
　　　　　营销部电话：020－87113487　87111048（传真）
责任编辑：张　颖
责任校对：洪婉婷
印 刷 者：广州小明数码快印有限公司
开　　本：787mm×1092mm　1/16　印张：11.75　字数：276 千
版　　次：2022 年 12 月第 1 版　2022 年 12 月第 1 次印刷
定　　价：68.00 元

版权所有　盗版必究　　印装差错　负责调换

前　言

双耳听觉定位是人类感知外界声源信息的重要途径，它在人类进化和社会发展等方面具有重要作用。双耳听觉定位涉及物理、神经生理、心理认知以及信息科学等多个交叉学科，一直是声学领域的重要研究课题，且与脑科学、人工智能、虚拟现实等热门领域密切相关。

基于国内外三维音频的最新研究进展以及我的科研经历，本书尝试比较全面地介绍双耳听觉定位的理论及其虚拟实现技术。第一章介绍双耳听觉定位的基本原理，包括不同情况下的定位机制，如水平方向定位和垂直方向定位、自由场定位和混响场定位等。第二章介绍虚拟重现空间声像方位的方法，详述了头相关传输函数的获取、分析和简化。第三章介绍室内虚拟声像的实现和简化。第四章介绍虚拟声像的耳机重放技术，重点阐述耳机的均衡以及相关的信号处理方法。第五章采用事件相关电位 ERP 从生理的角度探究人类双耳听觉感知的机制，这是我比较看好的研究领域之一。

本书力求平实，可供对双耳听觉、虚拟声以及三维音频技术感兴趣的人士阅读；如读者具有一定的声学和信号处理基础，将有助于更好地理解本书内容。本书亦可作为声学专业本科和研究生教材，将有助于他们迅速把握双耳听觉定位领域的基本原理和前沿技术。

感谢我所有研究生的科研合作；感谢顾正晖教授、俞祝良教授、卢义刚教授、韩光泽教授、彭健新教授的关心和支持；感谢编辑张颖女士的辛苦付出。

本书的出版得到了广东省自然科学基金（编号 2021A1515011871）的资助。本书的研究得到了国家自然科学基金（编号：11004064、11474103）、广东省自然科学基金（编号：07300617、2014A030313267、2021A1515011871）、广东省现代视听信息工程技术研究中心开放基金以及本人所在课题组、所在单位的大力支持。

由于人类听觉研究和应用属跨学科领域且发展迅速，本书疏漏、片面之处恐在所难免，欢迎读者交流探讨。

钟小丽
华南理工大学物理与光电学院

目 录

1 双耳听觉定位的原理 …………………………………………………………… 1
  1.1 双耳时间差因素 ……………………………………………………………… 2
    1.1.1 基于 HRTF 的 ITD 计算方法 …………………………………………… 2
    1.1.2 基于生理参数的 ITD 个性化模型 ……………………………………… 9
  1.2 双耳声级差因素 ……………………………………………………………… 22
  1.3 单耳定位谱因素 ……………………………………………………………… 25
    1.3.1 定位谱峰谷随声源方位的变化 ………………………………………… 25
    1.3.2 定位谱的左右对称性 …………………………………………………… 27
    1.3.3 定位谱谷的可闻阈值 …………………………………………………… 28
  1.4 反射声对双耳听觉定位的影响 ……………………………………………… 29
  参考文献 …………………………………………………………………………… 37

2 双耳听觉定位的虚拟实现 ……………………………………………………… 41
  2.1 虚拟听觉的基本原理 ………………………………………………………… 41
  2.2 头相关传输函数 HRTF 的获取 ……………………………………………… 42
    2.2.1 HRTF 的测量 …………………………………………………………… 42
    2.2.2 HRTF 数据库的一致性分析 …………………………………………… 58
    2.2.3 HRTF 的空间插值 ……………………………………………………… 64
    2.2.4 个性化 HRTF 的近似获取 ……………………………………………… 69
  2.3 特征面 HRTF 的研究 ………………………………………………………… 72
    2.3.1 特征面 HRTF 的降维 …………………………………………………… 72
    2.3.2 特征面 HRTF 的相似性 ………………………………………………… 81
    2.3.3 特征面 HRTF 的对称性 ………………………………………………… 82
  2.4 远近场 HRTF 的分析 ………………………………………………………… 91
    2.4.1 视差分析 ………………………………………………………………… 91
    2.4.2 相似性分析 ……………………………………………………………… 93
  2.5 HRTF 的最小相位近似 ……………………………………………………… 96
    2.5.1 双耳 HRTF 最小相位函数的相对延迟 ………………………………… 97
    2.5.2 最小相位近似下 HRTF 的空间展开和重构 …………………………… 98
  参考文献 …………………………………………………………………………… 99

3 室内虚拟声像的实现和简化 …………………………………………………… 104
  3.1 双耳房间脉冲响应 BRIR 及其模拟 ………………………………………… 104
  3.2 早期反射声模拟的时间域简化 ……………………………………………… 106

3.2.1　实验原理和方法 ··· 107
　　　3.2.2　双耳信号合成和实验过程 ··································· 109
　　　3.2.3　实验结果和分析 ··· 110
　3.3　早期反射声模拟的空间阈简化 ······································ 112
　　　3.3.1　自适应阈值测量法 ··· 113
　　　3.3.2　上升下降法 ··· 114
　　　3.3.3　实验参数和过程 ··· 116
　　　3.3.4　实验结果和分析 ··· 119
　3.4　早期反射声模拟的强度域简化 ······································ 121
　　　3.4.1　实验原理和方法 ··· 122
　　　3.4.2　实验参数和过程 ··· 123
　　　3.4.3　实验结果和分析 ··· 123
　参考文献 ··· 125

4　基于耳机的双耳听觉定位虚拟实现 ······································· 127
　4.1　耳机均衡 ··· 127
　4.2　HpTF 的个性化特征 ··· 129
　　　4.2.1　HpTF 的重复测量 ··· 129
　　　4.2.2　HpTF 被试组内差异 ·· 131
　　　4.2.3　HpTF 被试组间差异 ·· 132
　4.3　不同类型耳机的 HpTF ·· 134
　4.4　HpTF 的最小相位特征 ·· 135
　参考文献 ··· 139

5　双耳听觉定位的事件相关电位研究 ······································· 141
　5.1　听觉事件相关电位 ··· 141
　　　5.1.1　ERP 概述 ··· 141
　　　5.1.2　ERP 实验范式 ··· 142
　　　5.1.3　听觉相关的 ERP 成分 ·· 143
　5.2　听觉定位因素相关的听觉 ERP 研究 ······························· 145
　5.3　头相关传输函数相关的听觉 ERP 研究 ····························· 151
　　　5.3.1　基于 HRTF 虚拟声技术的听觉 ERP ··························· 151
　　　5.3.2　个性化和非个性化 HRTF 的听觉 ERP ························· 154
　　　5.3.3　非个性化 HRTF 矫正的听觉 ERP ······························ 154
　5.4　不同混响情况下双耳听觉定位的听觉 ERP 研究 ··················· 164
　　　5.4.1　自由场和混响场的双耳听觉定位的听觉 ERP ················· 164
　　　5.4.2　不同混响场的双耳听觉定位的听觉 ERP ······················ 168
　5.5　不同声场模式下语言清晰度的听觉 ERP 研究 ······················ 173
　参考文献 ··· 175

后记 ··· 179

1 双耳听觉定位的原理

双耳听觉定位(binaural auditory localization)指人类通过双耳感知外部声源发出的声波信号,如语言声、音乐声等,进而通过听觉系统的处理,形成对声源空间方位的感知和判断。从生理物理学的角度看,双耳听觉定位在听觉感知对象的形成、视觉的引导以及注意力的分配等方面具有重要作用(Sonnadara et al., 2006)。从人类生存和发展的角度看,双耳听觉定位能力的优劣关乎生存,良好的听觉定位能力有助于人类及时发现、逃避危险的到来以及寻找猎物;而在现代社会,良好的听觉定位能力不仅可以让我们的出行更为安全,同时也是社会交流、音乐欣赏等顺利开展的必要条件。特别是随着虚拟现实(virtual reality,VR)和增强现实(augmented reality,AR)的发展,如何模拟不同场景下人类双耳听觉定位的效果成为热点(Rajguru et al., 2020)。当然,逼真的模拟离不开对双耳听觉定位原理的透彻理解。本章将重点阐述双耳听觉定位的单耳和双耳因素(monaural and binaural cues)。

目前,人类双耳听觉定位机制的研究主要集中在自由场定位。一方面是因为自由场定位的研究可以排除周围声环境的影响,有利于探究本质;另一方面,自由场定位是反射场等复杂声环境定位的基础。这里的自由场定位主要关注声波从声源到双耳的声传输过程。根据信号与系统的观点,声波从声源到双耳的声传输过程可以视为一个线性时不变(linear time invariable,LTI)的声滤波系统。其中,声源发出的声信号是系统输入,左耳或者右耳接收的声压信号是系统输出,而生理结构(诸如头部、耳廓、躯干等)对入射声波的反射、绕射等物理过程表征为系统函数。文献中,将该系统函数命名为头相关传输函数(head-related transfer function,HRTF)(Blauert,1997;钟小丽,2006a;Xie 2013)。HRTF反映了生理结构所导致的声源声波特征的改变,本章所述的大部分声源空间定位因素都可以由HRTF推算得到。美国心理学协会APA的心理学词典(dictionary of Psychology)对头相关传输函数的定义为:"HRTF是一种描述三维空间声源在鼓膜处的声波频谱特征的函数。它是频率、方位角和仰角的函数,主要由外耳、头部和躯干的声学特性决定。不同个体的HRTF可能存在较大差异,然而由于测量个体的HRTF很昂贵,通常采用平均的HRTF。"

严格来说,HRTF是上述声滤波系统的频率域传递函数,且存在一个时间域的等价表述,即双耳头相关脉冲响应(head-related impulse response,HRIR)。然而,在不需要严格区分时间域和频率域的场合,往往采用HRTF泛指上述声滤波系统的特性。此外,除了少量特例,本书采用以听者头中心为原点的顺时针球坐标系,声源的空间位置采用(r,θ,φ)表述。其中,到头中心的距离用r表示;仰角φ在$-90°\sim 90°$之间取值,其中φ为$-90°$、$0°$、$90°$时分别表示正下方、水平面和正上方;方位角θ在$0°\sim 360°$之间取值(有些文献的θ在$0°\sim \pm 180°$之间取值,其中$\pm 180°$都是指正后方),其中水平面上θ为

0°、90°、180°、270°时分别表示正前方、正右方、正后方和正左方。

1.1 双耳时间差因素

通常，声源发出的声波经过不同的传输路径到达双耳。不同的传输路径导致声波到达左耳和右耳的时刻出现差异，称为双耳时间差(interaural time difference，ITD)，用双耳声压的相延时差来表示：

$$\mathrm{ITD}(\theta,\varphi,f) = \frac{\Delta\psi}{2\pi f} = -\frac{\psi_\mathrm{L} - \psi_\mathrm{R}}{2\pi f} \quad (1-1)$$

式中，f表示声波频率(后同)；ψ_L和ψ_R分别表示到达左右耳的声压的相位，可从双耳HRTF中提取。

1.1.1 基于HRTF的ITD计算方法

由式(1-1)可知，ITD是频率的函数。在实际分析中，通常对ITD计算进行简化，得到不随频率变换的ITD。虽然计算结果与物理分析有一定的差别，但作为一种工程应用上的近似，还是有其相对意义的。常用的ITD计算方法包括相关法和上升沿法。

1.1.1.1 相关法

在ITD的计算中，相关法(maximum of the interaural cross-correlation)被广泛采用。这一方面是因为相关法计算得到的ITD与频率无关，便于实际应用；另一方面是因为相关法和听觉系统对双耳信息的处理过程比较接近。在相关法中，ITD定义为双耳HRTF的归一化互相关函数Φ_LR达到最大值时双耳HRTF的相对时间延迟τ_max：

$$\mathrm{ITD}(\theta,\varphi) = \tau_\mathrm{max}$$

$$\max\{\Phi_\mathrm{LR}(\tau)\} = \max\left\{\frac{\int_{-\infty}^{+\infty} H_\mathrm{L}(f) H_\mathrm{R}^*(f) \exp(j2\pi f\tau) \mathrm{d}f}{\left\{\left[\int_{-\infty}^{+\infty} |H_\mathrm{L}(f)|^2 \mathrm{d}f\right]\left[\int_{-\infty}^{+\infty} |H_\mathrm{R}(f)|^2 \mathrm{d}f\right]\right\}^{1/2}}\right\}, \text{其中} |\tau| < 1\mathrm{ms}$$

$$(1-2)$$

式中，H_L和H_R分别表示左右耳HRTF(后同)，"$*$"表示共轭运算(后同)。由于受耳廓等的影响，不同个体HRTF的高频部分差异很大，同时考虑到ITD主要是作为中、低频的定位因素，因而在式(1-2)的计算中，一般先对HRTF进行低通滤波处理。图1-1是相关法ITD，计算前对HRTF数据进行了3kHz的低通滤波预处理。图中显示，对于$\varphi=0°,30°,45°,60°,75°$的每一个纬度面，ITD随$\theta$都呈现出类似正弦函数的变化趋势。在中垂面$\theta=0°$和180°时，ITD≈0。这主要是因为中、低频段($f<3\mathrm{kHz}$)声波的波长相对较长，因此HRTF以及ITD受生理结构细微不对称的影响较少。然而，随着声源接近侧向，|ITD|逐渐增加，在正侧向($\theta=90°$和270°)附近达到最大值。对比不同的纬度面，水平面($\varphi=0°$)ITD的变化幅度最大，而随着仰角φ偏离水平面，ITD的变化幅度逐渐减小。

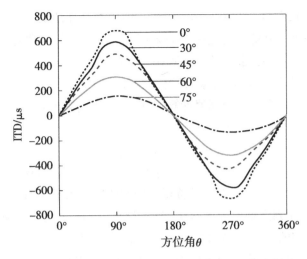

图1-1 5个纬度面($\varphi=0°$,30°,45°,60°,75°)的相关法ITD

1.1.1.2 上升沿法

上升沿法(leading edge detection)通过检测双耳头相关脉冲响应HRIR的起始时间差来计算ITD。计算步骤是:首先设定左耳HRIR振幅最大值的某个百分比作为判定阈值,以左耳HRIR振幅首次达到或超过判定阈值的时刻作为左耳HRIR的起始时刻(即声波的到达时刻);同样地,利用右耳HRIR确定右耳HRIR的起始时刻;最后,双耳HRIR起始时刻之差就定义为上升沿法的ITD。

理想情况下,声波到达前HRIR的振幅严格为零。然而在实际中由于存在实验测量误差以及信号处理中非因果性的影响,使得声波实际到达前HRIR的振幅不一定严格为零,也就是说,HRIR起始时刻前有小振幅的"伪"信号。设定判定阈值就是希望通过"跳过"这些"伪"信号从而达到消除其影响的目的,所以判定阈值不能太小。另一方面,在HRIR振幅达到最大之前,可能存在次峰,因此判定阈值不能太大,否则可能会"跳过"次峰从而疏漏一开始的真实响应;而且,判定阈值过大,也不符合上升沿法的以双耳HRIR起始时刻差作为ITD的初衷。满足这些条件才能得到合理的ITD,主要表现为ITD随θ的空间变化比较平滑,这是由ITD的物理本质和人类听觉特性所决定的。一般来讲,满足上述条件的判定阈值不是一个定值,而是一个范围,理论上讲可以选用这个范围中的任何一个值作为具体的判定阈值。

文献中常用的判定阈值有5%、10%、15%和20%。例如,Algazi和Sridhar采用20%的判定阈值计算了CIPIC真人HRIR数据库的ITD(Algazi et al.,2001;Sridhar et al.,2015);Duda采用15%的判定阈值计算椭球模型的ITD(Duda et al.,1999);Minnaar采用10%的判定阈值计算人工头VALDEMAR的ITD(Minnaar et al.,2000);Sandvad和Møller分别采用5%和10%的判定阈值计算了同一真人HRIR数据库的ITD(Sandvad et al.,1994;Møller et al.,1995)。其实,对于不同的获取、处理方法和(或)不同的研究对象,相应的HRIR是不同的,因此ITD上升沿法中合理的判定阈值范围也会有所不同。

然而现有文献都没有讨论这个问题。此外，即使在合理的阈值范围内，不同判定阈值下 ITD 计算结果是否一致稳定也是一个尚未研究的问题。针对研究现状，我们采用不同的 HRIR 原始数据，包括刚球模型、KEMAR（knowles electronics manikin for acoustic research）人工头和真人讨论不同数据（对象）情况下合理的判定阈值范围的选择；此外，对于每一种 HRIR 数据，采用多种判定阈值计算 ITD，讨论在合理判定阈值范围内采用不同阈值时结果的稳定性（钟小丽，2007a）。

1. 刚球模型的上升沿法 ITD

在刚球模型中，头部被简化成一个半径为 8.75cm 的刚性圆球，双耳被简化为位于水平面 $\theta=90°$ 和 $270°$ 的两点。对于计算得到的刚球模型水平面 HRIR 数据，分别采用 5%、10%、15% 和 20% 判定阈值计算 ITD，结果见表 1-1。由于刚球模型具有严格的左右对称性，ITD 也相应的具有严格的左右对称性，因此表 1-1 只列出了右半平面（$\theta=0°\sim180°$）的结果。表 1-1 中 ITD>0 表示右耳超前。需要指出的是，原始 HRIR 数据是 44.1kHz 采样率，相应的时间分辨率约为 22.4μs；为了提高 ITD 的计算精度，对原始数据进行了 20 倍的过采样，这样得到的 ITD 的精度约为 1μs。

表 1-1　刚球模型的上升沿法 ITD　　　　　　　　（单位：μs）

阈值/%	方位角												
	0°	15°	30°	45°	60°	75°	90°	105°	120°	135°	150°	165°	180°
5	0	135	265	388	497	592	663	592	497	388	265	135	0
10	0	136	265	388	498	593	664	593	498	388	265	136	0
15	0	136	265	389	498	593	664	593	498	389	265	136	0
20	0	136	266	389	499	593	664	593	499	389	265	136	0

表 1-1 的结果显示每种阈值下 ITD(θ) 都是空间平滑的，符合 ITD 的物理本质，因此可以认为 5%~20% 是合理的阈值范围；另外，不同阈值下 ITD 计算结果的差异不大于 1μs，这说明对于所有方位上升沿法都是稳定的。这主要是因为刚球模型的 HRIR 是通过数值计算得到的，避免了测量误差以及信号处理（主要是对测量系统进行频率补偿）所引入的非因果性影响，所以 HRIR 起始时刻前没有小振幅的"伪"信号。因此，在较大范围中的判定阈值都是合理的。

如果忽略 HRIR 开始的采样值近似为零的传播延迟部分，假设某一空间方向双耳 HRIR 最初响应的上升斜率分别为 k_L、k_R；双耳 HRIR 的最大振幅值分别为 M_L、M_R；采用的判定阈值分别为 p_1、p_2，那么可以推算出采用这两种判定阈值时 ITD 计算结果的差异为：

$$\Delta ITD(\theta) = \left| (p_1 - p_2) \times \left[\frac{M_L(\theta)}{k_L(\theta)} - \frac{M_R(\theta)}{k_R(\theta)} \right] \right| \quad (1-3)$$

在式(1-3)中，如果 k_L、k_R 都很大，$\Delta ITD(\theta)$ 将很小。如前所述，头部、耳廓以及躯干等构成一个线性时不变的声滤波系统。如果采用时域的 δ 函数作为系统的输入信号，那么系统的输出就是 HRIR。δ 函数具有平直的幅度谱和线性的相位特征，它的上升斜率最大(趋近 $+\infty$)。当输入信号经过滤波系统后,其幅频和相频特性随之改变,使得系统的时域输出偏离 δ 函数。特别是,系统的低通滤波和非线性相位特性都可能使 k_L、k_R 减小。由于声波可以直接到达右耳(即声源同侧耳),此时生理结构散射的影响较小,所以右耳脉冲响应具有较大的 k_R。另一方面,声波必须绕过头部才能到达位于声源异侧的左耳,头部阴影会起到低通滤波的作用,从而降低 k_L。然而,由于刚球的对称性,沿头表面不同路径绕射到左耳的声波的声程差为零,叠加后异侧耳的声压加强,形成声压"亮点",因而头部阴影的低通滤波作用将被部分抵消。同时,在 3kHz 以上的高频,刚球模型计算得到的异侧耳声压也近似具有线性相位特性。上述现象的综合结果使得左耳脉冲响应也具有较大的 k_L。因此,式(1-3)中 $\Delta ITD(\theta)$ 将较小。这意味着,刚球模型的上升沿法 ITD 在不同的判定阈值下是稳定的。

2. KEMAR 人工头的上升沿法 ITD

采用我们自行测量的 KEMAR 人工头(配 DB061 耳廓)水平面上 HRIR(44.1kHz 采样率,512 点长度)数据(钟小丽,2006a),计算 5%、10%、15% 和 20% 判定阈值下的上升沿法 ITD,结果如表 1-2 所示。

表 1-2 KEMAR 人工头的上升沿法 ITD (单位:μs)

阈值/%	方位角												
	0°	15°	30°	45°	60°	75°	90°	105°	120°	135°	150°	165°	180°
5	2	118	234	349	465	565	585	528	448	355	248	125	-5
10	2	118	235	349	464	566	590	532	449	357	249	127	-5
15	2	118	234	350	464	566	592	534	450	358	251	128	-5
20	2	118	234	349	464	566	595	535	451	359	251	128	-3

由于表 1-2 中各种判定阈值下的 ITD 都是关于方位角 θ 空间连续光滑的,符合 ITD 的物理本质,所以对于测量的 KEMAR 人工头数据,5%~20% 是基本合理的判定阈值范围。这一点和刚球模型的结果(见表 1-1)是类似的。然而,KEMAR 人工头是根据人类平均生理尺寸制造的,它具有比刚球模型复杂的外部形态。另外,KEMAR 的 HRIR 数据是通过实验测量得到的,在对测量系统特性进行补偿的时候可能会引入非因果性问题,所以表 1-2 和表 1-1 存在一定的差异。例如,表 1-2 中,$\theta = 90°$ 的 ITD(5%) 和 ITD(20%) 相差 10μs,并且存在 ITD 随判定阈值的增大而增大的趋势。虽然 ITD 偏差 10μs 刚刚达到听觉上可察觉的阈值 JND(just noticeable difference),但这已显露出上升沿法在侧向的稳定性问题。

如前所述,上升沿法的稳定性主要取决于双耳 HRIR 的上升斜率 k_L、k_R,而 k_L、k_R 又取决于 HRIR 的高频成分和相位的线性特征。由于人工头的非对称外形结构,沿头表面不同路径绕射到异侧耳的声波的声程差不严格为零,声压的"亮点"作用不明显,因而头部阴影的低通滤波作用加强,同时声压也偏离线性相位特性。所有这些都会使异侧耳的 k_L 下降。图 1-2 是 $(\theta = 90°, \varphi = 0°)$ 方位 KEMAR 双耳 HRIR,可以看出左耳(异侧耳)

的 k_L 已下降。当 $p_1 - p_2 = 5\%$,可以推知式(1-3)中 $\Delta \text{ITD} \approx 4\mu s$。这和表 1-2 中 $\text{ITD}(\theta = 90°, p_1 = 10\%) = 590 \mu s$、$\text{ITD}(\theta = 90°, p_2 = 5\%) = 585 \mu s$ 是比较吻合的。需要指出的是,在非侧向方位,例如图 1-3 给出的 $\theta = 30°$ 的 HRIR,由于声波到双耳的传播距离差比侧向方位的小,头部阴影的低通滤波以及不规则头面部特征对声波相位的影响较小,k_L、k_R 能保持较大的值,因此上升沿法在非侧向比较稳定。

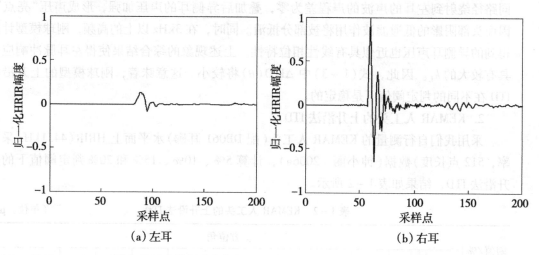

图 1-2 水平面正右方($\theta = 90°, \varphi = 0°$)KEMAR 的双耳 HRIR

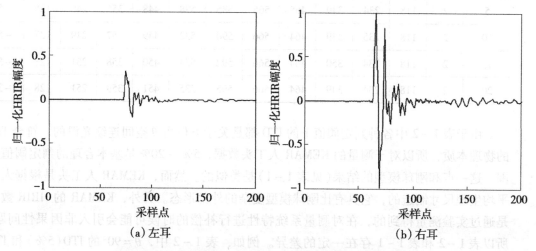

图 1-3 水平面侧向($\theta = 30°, \varphi = 0°$)KEMAR 的双耳 HRIR

比较表 1-1 和表 1-2 可以发现,在水平面正前和正后方($\theta = 0°, 180°$),刚球模型 ITD 严格等于 0,而 KEMAR 的 ITD 有 $2 \sim 5 \mu s$ 的偏差。这主要是由 KEMAR HRIR 的测量误差引起的。另外,表 1-1 中刚球模型的 $\text{ITD}(\theta)$ 关于 $\theta = 90°$ 空间前后对称,而表 1-2 中 KEMAR 的 $\text{ITD}(\theta)$ 却不具有这种特征。这主要归因于刚球模型具有严格的前后对称性,而 KEMAR 前后不对称的头形和耳廓严重破坏了 HRIR 以及 ITD 的前后对称性。

为了研究不同测量方法和补偿方法对上升沿法 ITD 算法的影响,我们进一步采用 MIT 媒体实验室测得的 KEMAR 人工头(配 DB061 耳廓)水平面上的 HRIR 数据(44.1kHz

采样率，512点长度)(Gardner et al, 1995)，计算了5%、10%、15%和20%判定阈值下的ITD。结果表明，采用MIT KEMAR数据得到的ITD在非侧向也是比较稳定的，非侧向ITD(5%)和ITD(10%)最大偏差5μs；然而，侧向MIT的结果显得不稳定，例如，ITD(θ=90°，5%)、ITD(θ=90°，10%)、ITD(θ=90°，15%)和ITD(θ=90°，20%)分别为612μs、619μs、684μs和849μs，ITD(θ)在此处出现了空间突变，所以对于MIT KEMAR数据15%和20%的判定阈值是不合理的。图1-4是MIT测得的KEMAR(θ=90°，φ=0°)双耳HRIR。可以看出，正是由于MIT KEMAR的HRIR和我们测得的KEMAR HRIR存在明显差异，所以两者的合理阈值范围以及侧向方位算法的稳定性存在一定差异。引起差异的原因是两者采用了不同的测量和均衡方法。我们采用的是HRIR封闭耳道测量法，传声器放置在耳道入口；而MIT采用的是开放耳道法，传声器放置在鼓膜处。此外，两者的测量采用了不同的扬声器和传声器系统，相应的补偿函数是不同的。可见，即使对于同一个测量对象，不同的测量方法和补偿方法都可能对ITD上升沿法产生明显的影响。

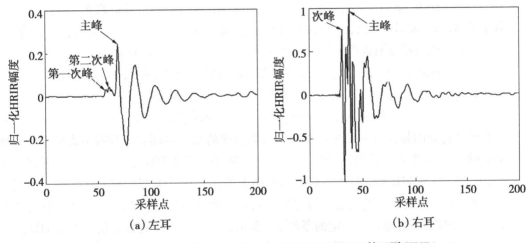

图1-4 水平面侧向(θ=90°，φ=0°)MIT KEMAR的双耳HRIR

3. 真人的上升沿法ITD

进一步，我们测量和计算了一名真人水平面HRIR的上升沿法ITD，如表1-3所示。和表1-2相比，侧向ITD的计算结果随着判定阈值的增大有更加明显的增大，例如，ITD(θ=90°，5%)和ITD(θ=90°，20%)相差31μs。这个现象主要归因为：① 真人具有皮肤和头发，它们的吸收作用将进一步衰减到达异侧(左)耳的高频声波；② 真人更为复杂的头面部生理形态以及后置的双耳会破坏异侧(左)耳声压的高频线性相位特性。对52名个体(Xie et al., 2007)的统计表明，采用5%和20%的判定阈值，ITD差异最大的方位在侧向(85°~95°)，侧向最大ITD的差异在8~58μs之间(平均17μs，方差13μs)。考虑到人类听觉系统对ITD的分辨率大约为10μs，所以侧向上升沿法的不稳定所引起的ITD计算差异足以引起人的听觉感知。而且，人类侧向ITD的变化平缓，17μs的ITD差异可能导致侧向声像较大角度的漂移。

表 1-3　一名真人的上升沿法 ITD　　　　（单位：μs）

阈值/%	方位角											
	0°	15°	30°	45°	60°	75°	90°	105°	120°	135°	150°	165°	180°
5	0	124	247	366	478	580	611	531	454	366	257	132	-3
10	0	124	247	366	480	580	620	534	457	368	259	130	-2
15	0	125	248	366	481	582	634	536	459	370	260	132	-2
20	-1	124	248	368	482	584	642	537	464	370	261	132	-2

通过上述研究，我们建议在合理的判定阈值范围中选用小阈值，一般情况下采用 10% 的判定阈值比较合适（钟小丽，2007a）。当然，也可以采用听音实验确定判定阈值。

4. 上升沿法计算 ITD 的意义

由信号处理理论，HRTF 可分解为最小相位函数 $H_{min}(\theta, \varphi, f)$、全通相位函数 $\exp[j\psi(\theta, \varphi, f)]$ 和线性相位函数 $\exp[j2\pi f T(\theta, \varphi)]$ 的乘积：

$$H(\theta, \varphi, f) = H_{min}(\theta, \varphi, f)\exp[j\psi(\theta, \varphi, f)]\exp[j2\pi f T(\theta, \varphi)] \quad (1-4)$$

其中 $T(\theta, \varphi)$ 表示声波从声源到耳的传播距离引起的纯延时。有研究指出，在 10～12kHz 时，全通相位函数可近似为一个线性相位函数（Kulkarni et al., 1999），即

$$\exp[j\psi(\theta, \varphi, f)] \approx \exp[j2\pi f T_1(\theta, \varphi)]，且 T_1(\theta, \varphi) \ll T(\theta, \varphi)$$

令 $\tau(\theta, \varphi) = T(\theta, \varphi) + T_1(\theta, \varphi)$，则式(1-4)可近似为：

$$H(\theta, \varphi, f) \approx H_{min}(\theta, \varphi, f)\exp[j2\pi f \tau(\theta, \varphi)] \quad (1-5)$$

上升沿法得到的是式（1-5）中线性相位函数引起的双耳时间差，没有考虑最小相位函数的贡献。Kuhn 发现上升沿法 ITD 和式（1-1）中 ITD（简称 ITD_{phase}）之间存在简单的数量关系：在高频 $f > 3kHz$ 时，ITD_{phase} 近似与频率无关，上升沿法 ITD 和 ITD_{phase} 是一致的；在低频 $f < 0.5kHz$ 时，ITD_{phase} 也近似与频率无关，前方 ITD_{phase} 约为上升沿法 ITD 的 1.5 倍（Kuhn，1977）。可见，在一定的条件下，利用上升沿法 ITD 可以方便地推知 ITD_{phase}。另外，在虚拟声重发的实际应用中，通常采用 HRTF 的最小相位近似，即式（1-5）。由于最小相位函数的相位由其振幅唯一决定，所以实际应用中只需要知道 HRTF 的振幅和上升沿法 ITD 就可以确定双耳的 HRTF。

1.1.1.3　相关法和上升沿法的比较

图 1-5 是上升沿法 ITD 的空间变化图，采用 10% 的判定阈值。比较图 1-1 和图 1-5 可以发现：从 ITD 的变化趋势上来看，两种方法得到的 ITD 随方位角 θ 和仰度 φ 的变化规律是相似的。然而，从 ITD 的大小上来看，相关法 ITD 比上升沿法的大一些，两者的偏离程度在侧向最明显（可达到 40～80μs）。这是因为上升沿法 ITD 只考虑了 HRTF 中线性相位函数对 ITD 的贡献，而略去了最小相位函数项的贡献；而相关法 ITD 包含了 HRTF 中线性相位函数项和最小相位函数项的总贡献（钟小丽，2006a）。

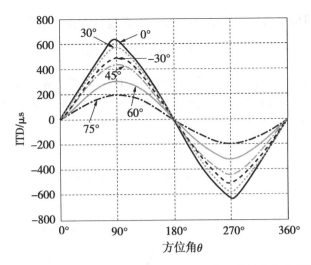

图1-5　6个纬度面（$\varphi = -30°, 0°, 30°, 45°, 60°, 75°$）的上升沿法的ITD

基于KEMAR人工头和刚球模型的HRTF测量数据，Katz等比较了ITD的计算方法，包括群延迟法、上升沿法、相关法及其多种变形（Katz et al., 2014）。研究发现，不同计算方法得到的ITD具有差异，最明显的差异出现在靠近双耳的空间方向，其数量级达ITD可闻阈值的数倍。该研究将这些差异归因于声波到声源异侧耳的多路径传输所导致的异侧耳HRIR的多峰结构，如图1-4a所示。

1.1.2　基于生理参数的ITD个性化模型

从物理起源上看，ITD与个体生理参数（特别是头部参数）密切相关，具有个性化特征。目前，已建立了多种生理参数相关的ITD模型，可应用于个性化虚拟声重放技术及其相关领域。

1.1.2.1　基于头部生理参数的ITD模型

在最简单的个性化ITD模型中，双耳简化为间距$2a$的两点，如图1-6所示。

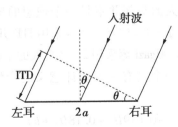

图1-6　简化的个性化ITD几何模型

图1-6中θ方向的入射平面波到达双耳的声程差为$2a\sin\theta$，因此

$$\text{ITD}(\theta) = \frac{2a}{c}\sin\theta \tag{1-6}$$

式中，a是头半径，c是声速。由于上述模型忽略了头部对声波的作用，故式（1-6）的计

算结果偏小。可以引入修正因子 $\kappa = 1.2 \sim 1.3$ 进行改善，相应的模型为：

$$\text{ITD}(\theta) = \kappa \frac{2a}{c}\sin\theta \tag{1-7}$$

Woodworth 等人提出了改进的个性化 ITD 模型（Woodworth et al., 1962）。在 Woodworth 模型中，将头视为一个刚性圆球，双耳为球面上位于 $(\theta = 90°, \varphi = 0°)$ 和 $(\theta = 270°, \varphi = 0°)$ 正对的两点（图 1-7），声波到达双耳的声程差 $(bc + cd) = a(\theta + \sin\theta)$，故 ITD 为：

$$\text{ITD}(\theta) = \frac{2a}{c}(\sin\theta + \theta) \tag{1-8}$$

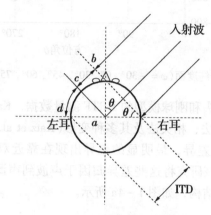

图 1-7 改进的 ITD 几何模型

上述 ITD 模型基于几何声学模型，具有数学形式简单、物理意义明确的优点。此外，基于波动声学模型，Kuhn 计算了刚球对声波散射的双耳声压相延时 $\text{ITD}_{\text{phase}}$（Kuhn，1977）。结果表明：当 $f < 0.5\text{kHz}$ 时，$\text{ITD}_{\text{phase}}$ 近似与频率无关，并且近似等于式（1-6）结果的 1.5 倍；当 $f > 3\text{kHz}$ 时，$\text{ITD}_{\text{phase}}$ 也近似与频率无关，并且近似等于式（1-8）（Woodworth 模型）的结果。可见，Woodworth 模型的几何声学结果是波动声学结果的高频近似。

在上述 ITD 几何模型中，头半径 a 作为个性化参量引入 ITD 计算，部分地表征了 ITD 的个性化特征。然而，真人的头部并不是一个理想的球体，双耳也非严格地位于 $(\theta = 90°, \varphi = 0°)$ 和 $(\theta = 270°, \varphi = 0°)$ 位点，所以采用 ITD 几何模型预测真人 ITD 存在一定的偏差，特别是在侧向方位。Algazi 等采用 25 名真人的个性化 ITD 测量数据，对式（1-8）中 a 进行了优化，提出了一个具有一定统计意义的个性化 ITD 模型，简称 Algazi 模型（Algazi et al., 2001）：

$$\text{ITD}(\theta) = \frac{(0.51H_1 + 0.019H_2 + 0.18H_3 + b)}{c}(\theta + \sin\theta), \quad -90° \leq \theta < 90° \tag{1-9}$$

其中，H_1 表示头宽（head width）的一半，H_2 表示头高（head height）的一半，H_3 表示头深（head length）的一半；常量 $b = 32\text{mm}$。Algazi 模型采用 3 个头部变量，描述了不同个体的个性化头部特征。

为了在虚拟听觉重放中获得准确的定位效果，需要采用听者自身的 ITD 进行信号处理。Woodworth 和 Algazi 等提出的 ITD 计算模型虽然可以在一定程度上解决 ITD 个性化的问题，但是两个 ITD 模型都只涉及头部参数，且仅包含方位角 θ 的低阶项。为了更深入理解和实现 ITD 的个性化特征，基于测量的 52 名中国人 HRTF（远场）数据库（Xie et al., 2007），我们开展了一系列关于个性化 ITD 模型的工作（钟小丽等，2007b/2007c/2013；Zhong et al., 2007d/2009）。中国人 HRTF 数据库包含了每个个体 493 个空间方位的双耳 HRTF 数据（表 1-4）及其 17 个生理参数（表 1-5）。需要指出的是，测量 HRIR 数据采样率是 44.1kHz，相应时间分辨率约为 22.7μs。为了减少运算的累积误差以提高计算精度，计算 ITD 前对 HRIR 数据进行了 20 倍过采样，相应的精度约为 1μs。

表 1-4 HRTF 空间方位的采样情况

φ	-30°	-15°	0°	15°	30°	45°	60°	75°	90°
M	72	72	72	72	72	72	36	24	1
$\Delta\theta$	5°	5°	5°	5°	5°	5°	10°	15°	—

注：M 表示测量的空间方位数量；$\Delta\theta$ 表示方位角的均匀采样间隔。

表 1-5 个体的 17 个生理参数

编号	生理参数名称	平均值 ± 标准差/单位
x_1	头全高	222 ± 13.6(mm)
x_2	头最大宽	157 ± 6.8(mm)
x_3	两耳屏间宽	141 ± 6.2(mm)
x_4	头深	184 ± 7.9(mm)
x_5	鼻尖点至枕后点距	200 ± 7.9(mm)
x_6	耳屏至枕后点距	92 ± 11.6(mm)
x_7	耳宽	32 ± 2.2(mm)
x_8	耳长	61 ± 5.0(mm)
x_9	容貌耳长	58 ± 4.4(mm)
x_{10}	耳前后偏转角	19 ± 5.8(°)
x_{11}	耳屏至耳翼水平距离	31 ± 2.7(mm)
x_{12}	相应耳翼点高度	20 ± 2.7(mm)
x_{13}	耳凸起角	42 ± 7.3(°)
x_{14}	前弧长	274 ± 11.0(mm)
x_{15}	后弧长	210 ± 13.1(mm)
x_{16}	耳背至耳屏距离	24 ± 2.7(mm)
x_{17}	耳道至肩的垂直距离	139 ± 11.6(mm)

最大双耳时间差$|ITD|_{max}$是 ITD 的一个重要特征,它和生理参数(特别是头部的生理参数)密切相关。我们采用多元线性回归的方法,建立了一个具有统计意义的个性化的最大双耳时间差$|ITD|_{max}$模型(钟小丽等,2007b)。

首先,采用 10% 的上升沿法计算 52 名个体全空间的 ITD,提取 ITD 的最大绝对值,即$|ITD|_{max}$;进一步,计算$|ITD|_{max}$和头部生理参数之间的相关系数,如表 1-6 所示。

表 1-6 上升沿法$|ITD|_{max}$和头部生理尺寸的相关系数

	$|ITD|_{max}$	x_1	x_2	x_3	x_4	x_{14}	x_{15}
$|ITD|_{max}$	—	0.51	0.61	0.76	0.44	0.63	0.69
x_1		—	0.52	0.37	0.37	0.61	0.18
x_2			—	0.54	0.25	0.55	0.44
x_3				—	0.29	0.57	0.50
x_4					—	0.50	0.37
x_{14}						—	0.32
x_{15}							—

表 1-6 表明,按照相关性由高至低的顺序,与$|ITD|_{max}$相关的生理参数依次为两耳屏间宽、后弧长、前弧长和头最大宽。为了进一步确定$|ITD|_{max}$和头部生理参数的统计关系,采用 MATLAB 软件中的 stepwise 进行多元线性回归,并采用 t 检验剔除了对$|ITD|_{max}$影响不显著的参数,仅保留了x_3两耳屏间宽。相应地,$|ITD|_{max}$的个性化模型为:

$$|ITD|_{max} = 202 + 3.07x_3 \qquad (1-10)$$

其中,x_3的单位是 mm;$|ITD|_{max}$的单位是 μs。对线性回归方程的 F 检验表明,x_3和$|ITD|_{max}$的线性关系高度显著($F=68.5, p=6.2\times10^{-11}$)。

为了验证式(1-10)的有效性,选取了数据库外的 4 名验证者(两男两女)。一方面,测量验证者生理参数x_3,并利用式(1-10)获得了验证者$|ITD|_{max}$(置信区间取 95%)的预测值。另一方面,测量了 4 名验证者的 HRTF,并利用双耳 HRTF 计算获得了验证者上升沿法 ITD,提取$|ITD|_{max}$作为测量值。表 1-7 是 4 名验证者$|ITD|_{max}$的结果。

表 1-7 $|ITD|_{max}$模型的预测效果

验证者编号	x_3/mm	测量值/μs	预测值/μs
53	143	642	641 ± 6
54	130	595	601 ± 12
55	142	639	638 ± 6
56	146	649	650 ± 7

表 1-7 显示，4 名验证者 $|ITD|_{max}$ 的测量值都在预测范围内，说明模型式(1-10)是有效的。然而，每名验证者的预测效果不完全相同，其中编号 54 的验证者的测量值在预测区域的下边缘。实际上，真人头部不是一个理想的圆球，所以 $|ITD|_{max}$ 不一定总是出现在水平面上，它可能出现在接近水平面的某个纬度面上（如 $\varphi=10°$）。考虑到实际测量条件，我们采用了 HRTF 沿纬度方向 15° 的空间采样间隔，见表 1-4，因此未必能够获得部分个体的真实 $|ITD|_{max}$。从这个角度来看，表 1-7 中部分验证者的 $|ITD|_{max}$ 测量值可能略小于其真实值，故而也有可能略小于其预测值。

1.1.2.2 基于方位角傅里叶展开的 ITD 模型

某一个纬度面上的 ITD 是方位角的周期函数。基于此，我们采用方位角傅里叶展开的方法，建立了纬度面 ITD 的个性化模型（Zhong et al., 2007c）。

对于确定的纬度面（如水平面 $\varphi=0°$），ITD 是水平方位角 θ 以 2π 为周期的函数，因而可以按 θ 展开为傅里叶级数：

$$ITD(\theta) = a_0 + \sum_{q=1}^{\infty}[a_q\cos(q\theta) + b_q\sin(q\theta)], \quad 0° \leq \theta < 360° \qquad (1-11)$$

$$a_0(f) = \frac{1}{2\pi}\int_0^{2\pi}ITD(\theta)d\theta; \quad a_q(f) = \frac{1}{\pi}\int_0^{2\pi}ITD(\theta)\cos q\theta d\theta;$$

$$b_q(f) = \frac{1}{\pi}\int_0^{2\pi}ITD(\theta)\sin q\theta d\theta$$

可见，ITD 可分解为无限多个水平方位角谐波分量的线性组合，其展开系数 (a_0, a_q, b_q) 需要由连续的 ITD 函数求出。如果存在一个正整数 Q，使得 $|q|>Q$ 时，$a_q=b_q=0$，即方位角的高阶谐波分量为零，则式(1-11)可简化为：

$$ITD(\theta) = a_0 + \sum_{n=1}^{Q}[a_q\cos(q\theta) + b_q\sin(q\theta)], \quad 0° \leq \theta < 360° \qquad (1-12)$$

此时，ITD 由 $(2Q+1)$ 个方位角谐波分量组成，并由 $(2Q+1)$ 个系数 $(a_0, a_q, b_q, q=1,2,\cdots,Q)$ 完全决定。由空间采样定理可知，如果在 $0° \leq \theta < 360°$ 的范围内已知 M 个均匀离散方向上的采样值 $ITD(\theta_m)$，且满足 $M \geq (2Q+1)$，就可求得各系数，进而确定 $ITD(\theta)$。

如果对 HRTF 数据库中每个个体的 ITD（包含 M 个均匀方向的 $ITD(\theta_m)$）进行方位角傅里叶展开，就可以确定每个个体的 $ITD(\theta)$ 函数。进一步，如果对数据库中所有个体的数据进行统计分析，求出系数 $(a_0, a_q, b_q, q=1,2,\cdots,Q)$ 与个体生理参数的统计关系，那么就可以建立基于方位角傅里叶展开的个性化 ITD 模型。只需将库外新个体的生理参数测量值代入上述模型，就可以预测其个性化的 $ITD(\theta)$。

以水平面为例，根据表 1-4，$ITD(\theta)$ 在水平面上的采样点数 $M=72$。由于 ITD 的空间变化比较平缓，故推测 $M=72$ 存在一定冗余，也就是说，$ITD(\theta)$ 的最高的方位角谐波阶数 $Q \ll 35$。个别个体的 ITD 包含一些高阶方位角谐波，这主要是个体在测量中发生轻微移动而导致的测量误差。为了消除高阶方位角谐波的影响并简化分析，我们对式(1-12)的 ITD 进行了平滑（即空间滤波）处理。计算和比较发现，如果略去式(1-12)中所有 $Q \geq 6$ 的方位角谐波项，可有效地消除 ITD 中细小的空间不平滑（主要在侧向）而不改变其

整体特征(各方向的平均偏差仅 6μs),见图 1-8。此时,式(1-12)简化为:

$$\text{ITD}'(\theta) = a_0 + \sum_{q=1}^{6} [a_q\cos(q\theta) + b_q\sin(q\theta)], \quad 0° \leq \theta < 360° \quad (1-13)$$

后续工作都以滤波后的 $\text{ITD}'(\theta)$ 为基准。

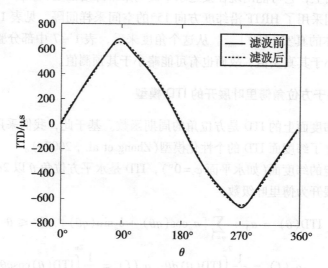

图 1-8 库中编号 25 的个体的水平面 ITD 测量值

式(1-13)包含 13 个系数。一方面考虑到待定系数偏多会增加 ITD 模型的复杂度,限制其在实际中的应用;另一方面,人类的听觉定位能力是有限的,所以允许 ITD 存在一定程度的偏差。因此,我们利用 ITD 的空间左右对称假设和 ITD 的分辨阈值(一般取 10μs)对式(1-13)进行简化,得到了一个仅包含 5 个系数的 ITD 模型:

$$\text{ITD}''(\theta) = \sum_{q=1}^{5} b_q\sin(q\theta), \quad 0° \leq \theta < 360° \quad (1-14)$$

进一步采用多元线性回归方法确定式(1-14)中各项展开系数和生理参数之间的关系。表 1-8 是利用数据库中 52 名个体水平面 ITD 的方位角傅里叶展开,得到式(1-14)中各项展开系数和 17 个生理参数的线性统计关系。

表 1-8 ITD 模型中各项系数的多元线性回归结果 (单位:mm)

拟合关系式	F	p
$b_1 = 128 + 3.02x_3$	74.4	1.8×10^{-11}
$b_2 = 21 - 1.33x_{12}$	8.7	0.005
$b_3 = -2 - 0.15x_{15}$	9.9	0.003
$b_4 = -42 + 0.15x_{15}$	17.8	0.0001
$b_5 = -21 + 0.25x_3$	28.0	2.7×10^{-6}

在 0.05 的显著性水平下,表 1-8 中各关系式都是线性关系显著。将它们代入式(1-14),得到了基于方位角傅里叶展开的个性化 ITD 模型(简称 Zhong 模型):

$$ITD'''(\theta) = 128\sin\theta + 21\sin2\theta - 2\sin3\theta - 42\sin4\theta - 21\sin5\theta +$$
$$(3.02\sin\theta + 0.25\sin5\theta) \times x_3 - 1.33\sin2\theta \times x_{12} + \quad (1-15)$$
$$0.15 \times (-\sin3\theta + \sin4\theta) \times x_{15}$$

上式中 x_3(mm)代表两耳屏间宽,描述了头部的主要特征;x_{12}(mm)代表相应耳翼点高度,描述了耳廓的高度特征;x_{15}(mm)代表后弧长,描述了耳在头部的位置;ITD'''的单位是 μs。式(1-15)的 Zhong 模型和已有的 ITD 模型存在两方面的不同:

(1) Zhong 模型是一个包含 3 个生理参数的"纯"统计模型,而前述的各种 ITD 模型(如 Woodworth 模型、Algazi 模型)都是基于简化的头部模型;

(2) Zhong 模型中不仅包含了描述头部特征的生理参数,还包含了描述耳部特征的生理参数。

为了验证式(1-15)Zhong 模型的有效性,将库外编号 53~56 的 4 名验证者(表 1-7)水平面 ITD 的基准值(即空间滤波后的 ITD')与其预测值 ITD'''进行比较,图 1-9 是编号 53 的验证者的情况(其他 3 名库外个体的情况类似)。图中可见,基准曲线和预测曲线相当吻合,说明 Zhong 模型的预测效果良好。

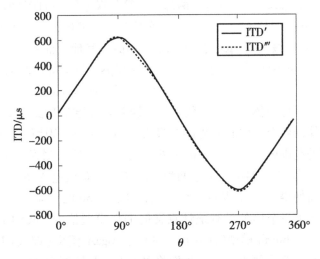

图 1-9 编号 53 的验证者的水平面 ITD

定义基准值 ITD' 和预测值 ITD''' 之间的绝对偏差为 Zhong 模型的总误差:
$$\Delta(\theta) = |ITD'(\theta) - ITD'''(\theta)| \quad (1-16)$$

图 1-10 给出了 4 名验证者的总误差 Δ 随方位角 θ 的变化情况。结果表明,4 名验证者(依照编号从小到大)对方位角 θ 的平均总误差分别为 9μs、8μs、6μs 和 20μs;最大 $\Delta(\theta)$ 和出现方位分别为(30μs,120°)、(24μs,290°)、(13μs,100°)和(56μs,300°)。总体而言,Zhong 模型可以有效地预测个体在水平面的个性化 ITD;然而,侧向(90°±30°或 270°±30°)的预测效果不如其他方位的预测效果。

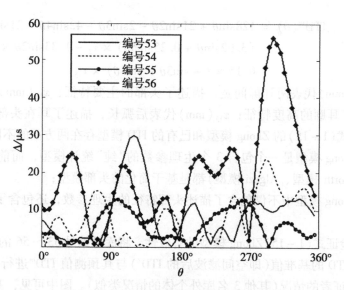

图 1-10 Zhong 模型的预测总误差 $\Delta(\theta)$

从成因上看,总误差 $\Delta(\theta)$ 包括两部分:简化误差(即 $|ITD'(\theta) - ITD''(\theta)|$)和预测误差(即 $|ITD''(\theta) - ITD'''(\theta)|$)。分析每名库外验证者的简化误差发现,除了编号 55 的验证者的简化误差(最大仅 4μs)小于预设的 10μs,其他验证者的简化误差都不同程度地偏大(其他 3 名验证者的最大简化误差分别为 15μs、11μs 和 32μs)。简化误差出现个体差异的原因是:"$|ITD'(\theta) - ITD''(\theta)| \leq 10\mu s$"判据是针对库中 52 名个体沿各个方位的平均 ITD 而言,具体个体沿各个方位的简化误差有可能在 10μs 之外(对库中 52 名个体的计算表明,个体沿各个方位的简化误差最大可达 59μs)。因而,库外 4 名验证者的简化误差都在合理的范围内。另外,分析库外每名验证者的预测误差发现,4 名库外验证者的最大预测误差为 13~24μs。上述两种误差在合成总误差 $\Delta(\theta)$ 时,有可能出现同号累加的情况,因而使得 $\Delta(\theta)$ 在某些方位偏大,如编号 56 的验证者的 $\Delta(\theta = 300°)$。

目前,基于大量个体的具有统计意义的 ITD 模型偏少。我们重点将 Zhong 模型(即式(1-15))、Woodworth 模型(即式(1-8))、Algazi 模型(即式(1-9))进行比较(钟小丽等,2007d)。为了便于比较,我们将 Woodworth 模型和 Algazi 模型按对称性延拓到 $[0,360°]$ 区间,并按 θ 作傅里叶展开:

$$ITD(\theta) = k[\sin\theta + \frac{4}{\pi}\sum_{n=1}^{+\infty}\frac{\sin(\frac{n\pi}{2})}{n^2}\sin(n\theta)] \tag{1-17}$$

Woodworth 模型中

$$k = \frac{a}{c};$$

Algazi 模型中

$$k = \frac{0.51x_1 + 0.019x_2 + 0.18x_3 + b}{c}$$

根据交错级数的莱布尼兹判别法可知,上式是收敛的。由于 $\{\sin(7\theta)\}$ 项仅占 $\{\sin\theta\}$ 项的 1.1%,而且其余更高阶项的比重依次降低,所以可以忽略 $\{\sin(7\theta)\}$ 及其更高阶项。同时,当 n 为偶数时 $\{\sin(n\theta)\}$ 的展开系数为零,故上式只含有 $\{\sin(n\theta)\}$,$n = 1, 3, 5, \cdots$ 奇次项。

比较式(1-17)和式(1-15),可以发现它们存在以下差异:

(1) 从模型包含的谐波项来看,3 个个性化 ITD 模型都由 $\{\sin\theta\}$ 谐波项组成,相应的 ITD 具有空间左右对称性,即满足 $\text{ITD}(\theta) = -\text{ITD}(360° - \theta)$,其中 $0 \leq \theta < 180°$。在这些正弦谐波项中,$\{\sin\theta, \sin3\theta, \sin5\theta\}$ 项还可以反映 ITD 的前后对称性,即满足 $\text{ITD}(\theta) = \text{ITD}(\theta_1)$(对于左半平面 $\theta_1 = 540° - \theta$,对于右半平面 $\theta_1 = 180° - \theta$);而 $\{\sin2\theta, \sin4\theta\}$ 项可以反映 ITD 的前后不对称性。可见,Zhong 模型所描述的 ITD 具有空间的左右对称性和前后不对称性,而 Woodworth 模型和 Algazi 模型所描述的 ITD 具有空间的左右和前后对称性。实际上,由于 ITD 的形成和头面部生理结构密切相关,所以两者的空间对称性是对应的。总体来讲,真人的头部生理结构近似空间左右对称和前后不对称,所以 Zhong 模型所描述的 ITD 更加贴切地反映实际情况。正如刚球模型是人头的一个低阶近似,Woodworth 模型以及 Algazi 模型可以视为 Zhong 模型的一个低阶近似。

(2) 从模型包含的生理参数来看,Woodworth 模型和 Algazi 模型仅包括头部的生理参数。然而,根据 ITD 形成的物理机制,虽然头部尺寸对声波的绕射起主导作用,但是头表面上凸起的双耳对声波绕射进而对 ITD 也有贡献。正是由于 Woodworth 模型和 Algazi 模型采用的简化生理模型仅仅将双耳视为头面上正对的两点,所以模型也就无法体现耳部的作用。然而,Zhong 模型的推导过程没有引入简化的生理模型,因此该模型不仅考虑了头部参数 x_3,还考虑了描述耳的高度特征(如 x_{12})以及耳的位置的参数(如 x_{15})。从 ITD 的相关生理参量上看,Zhong 模型考虑得更为全面,更加符合实际。

需要指出的是,Zhong 模型中前后不对称项 $\{\sin2\theta, \sin4\theta\}$ 的系数完全由耳部的生理参数决定。这和已有的研究结果,即耳廓的存在严重地破坏了头部生理结构的空间前后对称性,是一致的(钟小丽等,2007e)。

1.1.2.3 基于空间球谐函数展开的 ITD 模型

方位角傅里叶展开和空间球谐函数展开是分析函数空间变化特性和函数拟合的常用数学工具。空间球谐函数展开是方位角傅里叶展开在三维方向的自然推广。Evans 采用空间球谐函数展开分析了 HRTF 的空间变化特性(Evans et al., 1998)。Zhang 等人利用 HRTF 的球谐函数展开,将 HRTF 的空间采样定理推广到三维方向,得到了重构全空间方向连续 HRTF 数据的方法(Zhang et al., 2012)。计算表明,大约需要高达 46 阶的球谐函数展开表示 HRTF(0.02~20kHz)复杂的空间变化特性。相对而言,ITD 只与 HRTF 的相位有关,见式(1-1)。在计算 ITD 的时候,已经对 HRTF 的信息进行了简化,使得 ITD 具有相对独立的物理意义和更为简单的空间变化特性。因此,我们借鉴 HRTF 的空间球谐函数展开方法,对 ITD 的空间变化特性进行分析和拟合(钟小丽等,2013)。

后续的推导和分析依然采用以头中心为原点的顺时针球坐标系;为了和现有文献保持一致,定义仰角 α($0° \leq \alpha \leq 180°$),即 $\alpha = \varphi + 90°$;定义方位角 β($0° \leq \beta < 360°$),即 $\beta = \theta$。采用实值球谐函数 $Y_{lm}^1(\alpha, \beta)$,$Y_{lm}^2(\alpha, \beta)$ 为基函数,对个体 s 的空间连续 ITD 函数进行展开:

$$\text{ITD}(\alpha, \beta, s) = \sum_{l=0}^{\infty} \sum_{m=0}^{l} [a_{lm}(s) Y_{lm}^1(\alpha, \beta) + b_{lm}(s) Y_{lm}^2(\alpha, \beta)], \quad (1-18)$$
$$l = 0, 1, 2, \cdots; \quad m = 0, 1, 2, \cdots, l$$

其中：

$$Y^1_{lm}(\alpha,\beta) = N^1_{lm}P^m_l(\cos\alpha)\cos(m\beta), \quad Y^2_{lm}(\alpha,\beta) = N^2_{lm}P^m_l(\cos\alpha)\sin(m\beta)$$

(1 – 19)

$$N^1_{lm} = N^2_{lm} = \sqrt{\frac{(l-m)!(2l+1)}{(l+m)!2\pi\Delta_m}}, \quad \Delta_m = \begin{cases} 2 & m=0 \\ 1 & m\neq 0 \end{cases}$$

P^m_l 是 l 阶缔合勒让德多项式。当 $m=0$ 时，$Y^2_{lm}(\alpha,\beta)=0$，在式(1 – 18)中保留此项是为了书写方便。

根据式(1 – 18)，ITD 可分解为无限阶球谐分量的线性组合，其中展开系数 $\{a_{lm}(s), b_{lm}(s)\}$ 可由空间连续的 ITD 函数推知

$$\begin{cases} a_{lm}(s) = \int_{\beta=0}^{2\pi}\int_{\alpha=0}^{\pi} \mathrm{ITD}(\alpha,\beta,s)Y^1_{lm}(\alpha,\beta)\sin\alpha\,\mathrm{d}\alpha\,\mathrm{d}\beta \\ b_{lm}(s) = \int_{\beta=0}^{2\pi}\int_{\alpha=0}^{\pi} \mathrm{ITD}(\alpha,\beta,s)Y^2_{lm}(\alpha,\beta)\sin\alpha\,\mathrm{d}\alpha\,\mathrm{d}\beta \end{cases}$$

(1 – 20)

通常，测量只能得到 M 个离散方向的 ITD 数据。如果 M 个测量方向满足特定的空间分布(如 Gauss-Legendre 采样分布)，式(1 – 20)的积分可近似采用 M 个方向的权重求和代替，并可计算得到前 L 阶的球谐系数。通常 $L \leq \sqrt{M} - 1$，实际可得到的最高展开阶数 L 取决于 M 个测量方向的空间分布。对式(1 – 18)进行 L 阶截断后可得：

$$\mathrm{ITD}(\alpha,\beta,s) = \sum_{l=0}^{L}\sum_{m=0}^{l}[a_{lm}(s)Y^1_{lm}(\alpha,\beta) + b_{lm}(s)Y^2_{lm}(\alpha,\beta)]$$

(1 – 21)

从物理本质上看，式(1 – 21)的截断是合理的。因为 ITD 随声源空间方向缓变，理应主要包含随方向缓慢变化的低阶球谐展开分量。

对于 M 个测量方向，式(1 – 21)可表示为矩阵形式：

$$\boldsymbol{T} = \boldsymbol{YB}$$

(1 – 22)

其中，$\boldsymbol{T}$ 为 $M \times 1$ 阶矢量，表示 M 个空间方向的 ITD；$\boldsymbol{Y}$ 为 $M \times (L+1)^2$ 阶矩阵，表示前 L 阶球谐函数在 M 个空间方向的值；$\boldsymbol{B}$ 为 $(L+1)^2 \times 1$ 阶矢量，表示待求的前 L 阶球谐系数 $\{a_{lm}(s), b_{lm}(s)\}$。理想情况下，适当选择 $M = (L+1)^2$ 个测量方向，使得矩阵 $\boldsymbol{Y}$ 非奇异(可逆)，则 $\boldsymbol{B} = \boldsymbol{Y}^{-1}\boldsymbol{T}$。然而，目前绝大多数的测量都无法满足上述特定的空间采样分布，特别是缺少低仰角方向的测量。这里采用矩阵伪逆方法近似求解前 L 阶球谐系数

$$\boldsymbol{B} = [\boldsymbol{Y}^T\boldsymbol{Y}]^{-1}\boldsymbol{Y}^T\boldsymbol{T}$$

(1 – 23)

上标"T"表示转置运算。为了得到稳定的解，通常取 M 大约是 $(L+1)^2$ 的 2~3 倍。由于实际的测量方向 $M = 493$(表 1 – 4)，因此理论上可获得的最高展开阶数 $L \approx 11 \sim 14$，这里保守地取 $L = 9$。

将每名个体 $M = 493$ 个测量方向的个性化 ITD 按式(1 – 21)进行 $L = 9$ 的空间球谐函数展开，其中 $0 \leq l \leq 9$ 阶个性化球谐展开系数由式(1 – 23)确定。式(1 – 21)中第 l 阶谐分量对 ITD 的相对贡献可采用 52 名个体的平均球谐谱 η 评估：

$$\eta(l) = \sqrt{\frac{\sum_{m=0}^{l}\sum_{s=1}^{52}|a_{lm}(s)|^2 + |b_{lm}(s)|^2}{52(2l+1)}}$$

(1 – 24)

图 1-11 是平均球谐谱 $\eta(0 \leqslant l \leqslant 9)$。其中，$l=0$ 阶球谐分量的贡献近似为零，$l=1$ 阶球谐分量的贡献最大，随后各阶球谐分量的贡献随阶数的增大而依次减小。$l=0$ 阶球谐分量表示与空间方位无关的 ITD 分量（即空间直流分量），因其贡献微小故可略去；其他低阶球谐分量反映了 ITD 随空间方位的平缓变化部分，而高阶球谐分量反映了 ITD 随空间方位的快速变化部分。低阶球谐分量占有较大的相对比重，反映了 ITD 随声源方向平滑缓变的空间特征。计算表明，在 $0 \leqslant l \leqslant 9$ 阶球谐展开中，$\eta(0 < l \leqslant 6)$ 的累计百分比达到 95%。这不仅证明 ITD 球谐函数展开是收敛的，也说明采用 $0 < l \leqslant 6$ 阶球谐展开已保留了 ITD 空间变化的绝大部分信息，因此取最高展开阶数 $L=6$。

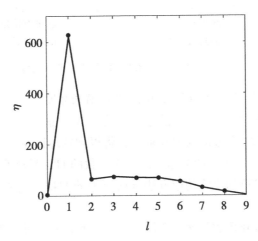

图 1-11　52 名个体 ITD 球谐展开的平均球谐谱

由于人类生理结构具有一定程度的左右对称性，在人类听觉可分辨的误差范围内，生理结构所产生的 ITD 也是近似左右对称，即 $\mathrm{ITD}(\alpha,\beta) = -\mathrm{ITD}(\alpha,360°-\beta)$。这意味着 ITD 球谐展开表达式中只应包含 $Y_{lm}^2(\alpha,\beta)$，即仅 $\sin(m\beta)$ 项有贡献。据此，式 (1-21) 可进一步简化为：

$$\mathrm{ITD}(\alpha,\beta,s) = \sum_{l=1}^{L=6} \sum_{m=0}^{l} b_{lm}(s) Y_{lm}^2(\alpha,\beta) \tag{1-25}$$

上式包含 21 项球谐函数的线性组合（见表 1-9 的 1~3 列）。这就是基于空间球谐函数展开的个性化 ITD 模型。

对于每个个体，将其 M 个离散方向的 ITD 数据代入式 (1-23) 得到展开系数 $b_{lm}(s)$，再将这些展开系数代入式 (1-25)，就得到了该名个体空间方向连续的个性化 ITD 表达，其中未测方向的 ITD 将由式 (1-25) 自动插值得到。计算求得 52 名个体空间方向连续的个性化 ITD 表达，相应的 ITD 和原始测量 ITD 的平均偏差（取绝对值，下同）为 4~24μs，基本不大于原始测量的时间分辨率 22.7μs；主要误差出现在水平面附近的侧向方位角 0° 和 270°，见图 1-12a；进一步关于 493 个空间方向的平均偏差仅为 11.3μs。作为例子，图 1-12b 给出了编号 3 个体的 ITD 偏差的空间分布。这些结果进一步从数值上证明了式 (1-25) 的模型和球谐函数截断是合理的。虽然式 (1-25) 对 ITD 进行了简化，但保留了个性化 ITD 的本质特征，故称为 ITD 的基准值。

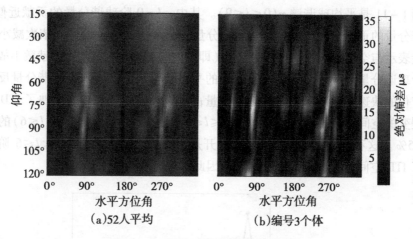

图1-12 标准ITD和测量ITD的偏差

式(1-25)表明,ITD可近似采用21项球谐函数展开。类似式(1-22),只要适当选择 $M'=21$ 个空间方向,使得相应的球谐函数矩阵 Y 非奇异,则21个球谐系数 $b_{lm}(s)$ 可通过矩阵 Y 的逆和21个方向的ITD求出;将得到的球谐系数代入式(1-25)即可得到方向连续的ITD表示。需要说明的是,由于大多数的ITD测量不满足矩阵 Y 非奇异的条件,实际上采用式(1-23)的矩阵伪逆方法求解所需的ITD测量数目 M' 大约是待求球谐系数数目的2~3倍。

式(1-25)的展开系数包含了个体特征,因此,我们进一步采用多元线性回归的方法确定了生理参数和ITD球谐展开系数的统计关系。从数据库中随机抽选40名个体(20男,20女)作为计算组,用于推导包含生理参数的ITD预测公式;其余12名个体(6男,6女)作为验证组,用以验证预测公式的有效性。按照式(1-25),求得计算组中每名个体ITD的球谐展开表达。40名个体共有 40×21 个球谐展开系数,相当于式(1-25)的每个展开系数 $b_{lm}(s)$ 有40个观测值,表1-9第4列是每个展开系数的平均值和标准差。将每个展开系数的40个观测值和17个生理参数逐个进行相关分析,表1-9第5、6列是最大相关系数和对应的生理参数。其中,展开系数和生理参数的最大相关系数仅为0.64,且有17个展开系数和生理参数的最大相关系数低于0.5。这意味着很难直接建立各个展开系数和生理参数之间的统计关系。

对ITD图形的观察发现,不同个体的ITD具有相似的空间变化趋势,但最大值有较明显的差异。据此,我们将ITD分解为随空间变化的公共部分 $T_1(\alpha,\beta)$ 和个性化部分 $T_2(s)$ 之积。$T_1(\alpha,\beta)$ 和 $T_2(s)$ 的计算方法如下:

(1) 将平均展开系数 $\bar{b}_{lm}$(表1-9第4列)代入ITD球谐展开式(1-25),得到一个平均ITD函数。进一步将平均ITD函数对其幅度最大值进行归一化,得到 $T_1(\alpha,\beta)$。

(2) 计算每名个体ITD的最大值,即 $|ITD|_{max}$。将40名个体的结果与17个生理参数进行多元线性回归,得到 $|ITD|_{max}$ 的生理参数预测公式($F=63.76$,$p=1.33 \times 10^{-15}$),即 $T_2(s)$。

表1-9 ITD球谐展开系数及其与生理参数的相关分析

编号	l	m	平均展开系数±标准差	最大的相关系数	生理参数
1	1	1	1099.8±63.3	0.60	头最大宽 x_2
2	2	1	122.7±87.7	-0.24	耳屏到枕后点距 x_6
3	2	2	-22.8±14.5	-0.47	相应耳翼点高度 x_{12}
4	3	1	-80.7±97.4	0.23	耳屏到枕后点距 x_6
5	3	2	-8.1±9.5	-0.35	耳道至肩的垂直距离 x_{17}
6	3	3	-61.6±4.8	-0.52	鼻尖点至枕后点距 x_5
7	4	1	73.1±94.2	-0.23	耳屏至枕后点距 x_6
8	4	2	-9.8±9.7	-0.27	耳背至耳屏距离 x_{16}
9	4	3	-11.3±4.1	0.48	相应耳翼点高度 x_{12}
10	4	4	-10.2±5.9	-0.40	前弧长 x_{14}
11	5	1	-51.2±58.9	0.24	耳屏至枕后点距 x_6
12	5	2	1.4±13.0	-0.31	后弧长 x_{15}
13	5	3	-5.3±3.9	0.21	后弧长 x_{15}
14	5	4	2.9±6.0	-0.62	前弧长 x_{14}
15	5	5	23.0±3.0	0.64	前弧长 x_{14}
16	6	1	45.4±42.5	-0.27	耳屏至枕后点距 x_6
17	6	2	2.5±8.4	0.27	头全高 x_1
18	6	3	2.5±3.9	0.29	耳凸起角 x_{13}
19	6	4	5.6±3.1	0.33	耳前后偏转角 x_{10}
20	6	5	3.1±2.3	-0.27	耳前后偏转角 x_{10}
21	6	6	1.3±3.8	-0.37	后弧长 x_{15}

通过上述步骤,我们得到了基于空间球谐函数展开的个性化ITD模型(钟小丽等,2013):

$$\text{ITD}(\alpha,\beta,s) = T_1(\alpha,\beta) \times T_2(s), \quad (1-26)$$

其中,
$$T_1(\alpha,\beta) = \frac{1}{614.6}\sum_{l=1}^{L=6}\sum_{m=0}^{l} \bar{b}_{lm} Y_{lm}^2(\alpha,\beta)$$
$$= \frac{1}{614.6}\sum_{l=1}^{L=6}\sum_{m=0}^{l} \bar{b}_{lm} N_{lm}^2 P_l^m(\cos\alpha)\sin(m\beta);$$
$$T_2(s) = 31.9 + 1.3x_3(s) + 3.4x_{12}(s) + 8.1x_{14}(s) + 5.3x_{15}(s)$$

上式中 $T_2(s)$ 和上一节的式(1-10)都是最大双耳时间差 $|ITD|_{max}$ 的生理参数预测公式，两者都包含了生理参数 x_3。然而，由于式(1-10)主要考虑头部生理参数和 $|ITD|_{max}$ 的统计关系，而式(1-26)考虑了头部、耳部、躯干的生理参数和 $|ITD|_{max}$ 的统计关系，因此两者包含的生理参数不完全一样。2019 年，Alotaibi 等提出了基于深度神经网络（deep neural network，DNN）的 $|ITD|_{max}$ 预测模型。在模型的构建阶段，采用 CIPIC HRTF 数据库中的 32 名个体作为训练集，5 名个体作为测试集。模型输入采用了描述头部三维尺寸和描述耳部在头部相对位置的 6 个生理参数，不过文中并没有阐述选取这些生理参数的依据（Alotaibi et al.，2019）。

式(1-26)包含 4 个生理参数，如图 1-13 所示。如果将新个体的 4 个生理参数代入，便可得到空间方向连续的个性化 ITD 函数。将验证组 12 名个体的生理参数分别代入式(1-26)，得到每人 ITD 的连续表达式；再将 493 个空间测量方向代入，可得到 493 个空间方位的 ITD 预测值。比较 ITD 预测值和 ITD 基准值之间的偏差，可以发现：每名个体的预测效果略有不同，预测误差主要出现在高仰角的侧向方位；12 名个体在 493 个空间方向的最大偏差在 19～57μs 之间，方向平均偏差在 4～17μs 之间（不大于原始测量的时间分辨率22.7μs），其中有 8 名个体的方向平均偏差小于 10μs。这说明式(1-26)具有良好的预测效果。进一步计算了 12 名个体个性化 ITD 之间的偏差，共有 66 个比较对。结果表明，不同个体 ITD 的最大偏差在 72～121μs 之间，方向平均偏差在 15～26μs 之间；而在绝大多数空间方向，个体个性化 ITD 的预测偏差小于他与其他个体 ITD 之间的差异。可见，虽然式(1-26)有一定的预测偏差，但是预测偏差小于不同个体 ITD 之间的偏差，故式(1-26)（即基于空间球谐函数展开的个性化 ITD 模型）有效反映了 ITD 的个性化特征。

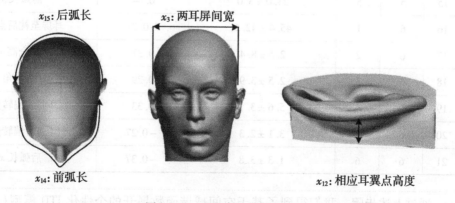

图 1-13 生理参数的示意图

1.2 双耳声级差因素

由于头部等生理结构的遮掩作用，经不同的传播路径分别到达左耳和右耳的声信号具有不同的幅度。这种双耳声信号的幅度差异称为双耳声级差（interaural level difference ILD）。通常认为，在 1.5kHz 以上的频段，ILD 是声源定位的主要因素之一。ILD 可由双耳 HRTF 的幅度推知：

$$\text{ILD} = 20\lg\left|\frac{H_R(r,\theta,\varphi,f)}{H_L(r,\theta,\varphi,f)}\right| \quad (1-27)$$

式(1-27)表明 ILD 是声源距离、声源空间方向以及频率的复杂函数。

图 1-14 是 r 为 1.5m（远场）时水平面的 ILD。图中显示，在低频（如 0.5kHz），ILD 较小且几乎不随方位角变化；随着频率的升高，ILD 逐渐变大且随方位角平缓变化。当 f 为 1.5kHz 和 3.0kHz 时，虽然在侧向方位 θ = 90°和 270°附近，头部遮掩作用明显，但是由于通过多个头部绕射路径到达声源异侧耳的声波将发生相干叠加，使得异侧耳声压增强（即形成声压"亮点"），因此 ILD 在侧向方位出现较小值。随着频率的进一步升高（f=5kHz），ILD 幅度仍有一定增大且随方位角剧烈变化。此外，由于高频 ILD 和个体耳廓的生理形态密切相关，高频 ILD 的个性化特征明显。

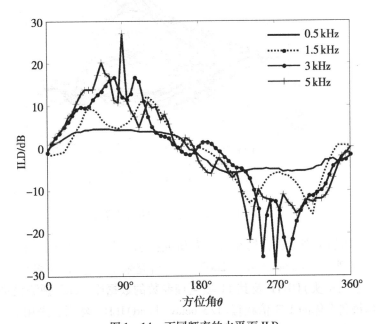

图 1-14 不同频率的水平面 ILD

心理声学和生理声学的研究指出，人类的听觉系统可视为由一系列具有不同中心频率的带通滤波器交叠组成。如果将这些带通滤波器等效为矩形滤波器，矩形滤波器的带宽（equivalent rectangular bandwidth，ERB）和中心频率 f 的关系为：

$$\text{ERB} = 24.7(4.37f + 1) \quad (1-28)$$

其中，ERB 的单位为 Hz；f 的单位为 kHz。利用等效矩形听觉滤波器的概念，可引入一个新的频率标度，即 ERB 数（number of ERB，简记为 N），它与 f（单位为 kHz）的关系为：

$$N = 21.4\lg(4.37f + 1) \quad (1-29)$$

对应听觉系统的信号处理模式，我们通过积分求出各个 ERB 带宽内的双耳 HRTF 的能量，再算出每个 ERB 带宽的双耳声级差 $\text{ILD}(\theta,\varphi,N)$：

$$\mathrm{ILD}(\theta,\varphi,N) = 10\lg \frac{\int_{\mathrm{ERB}} |H_{\mathrm{L}}(\theta,\varphi,f)|^2 \mathrm{d}f}{\int_{\mathrm{ERB}} |H_{\mathrm{R}}(\theta,\varphi,f)|^2 \mathrm{d}f} (\mathrm{dB}) \quad (1-30)$$

图 1-15 是 52 名个体在水平面的平均双耳声级差 ILD(简称 $\mathrm{ILD}_{\mathrm{ave}}$)(Xie et al., 2007)。当 $N<31(f \leqslant 6.2\mathrm{kHz})$,正前和正后方的 $|\mathrm{ILD}_{\mathrm{ave}}| \approx 0\mathrm{dB}(\leqslant 1.0\mathrm{dB})$。当 $N \geqslant 32$,$|\mathrm{ILD}_{\mathrm{ave}}|$ 有所增加,但也不超过 4.5dB。当声源偏离正前(后)方时,$\mathrm{ILD}_{\mathrm{ave}}$ 表现出与频率复杂的关系。当声源靠近双耳方位时,由于头部的阴影作用,$|\mathrm{ILD}_{\mathrm{ave}}|$ 将增加;但对于低频 $N \leqslant 8(f \leqslant 0.3\mathrm{kHz})$,$|\mathrm{ILD}_{\mathrm{ave}}|$ 不大于 4.7dB(钟小丽,2006a)。

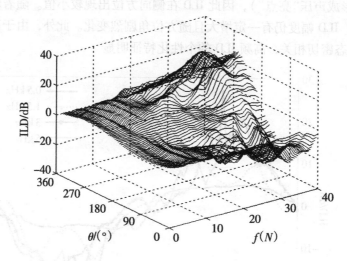

图 1-15 水平面的平均双耳声级差 ILD

ILD 和个体的生理参数密切相关,有研究提出了基于个体生理参数的水平方向个性化 ILD 预测模型(Watanabe et al., 2007)。该研究采用了包含 59 名个体(43 名男性、15 名女性和 1 个人工头)HRTF 及其 11 项生理参数的数据库。ILD 预测模型的建立方法是:首先,计算每名个体的 1/3 倍频程(1/3 octave band)ILD;然后,采用 1~10 阶正弦函数的加权组合拟合每个 1/3 倍频程 ILD 随水平声源方位的变化;由于个性化特征体现为不同个体的 ILD 正弦函数组合的权重,最后采用多元线性回归分析确定了个性化权重和生理参数之间的数学表达式。对于一名新个体,其各个水平方位的 1/3 倍频程 ILD 预测步骤为:测量相关生理参数;将生理参数带入个性化权重的数学表达式中,得到个性化权重;最后将个性化权重代入 ILD 正弦函数的加权组合,便可得到新个体的 ILD。数据库中 54 名个体的数据用于上述 ILD 预测模型的建立,其余的用于模型验证。误差分析显示:虽然不同个体的误差大小不同,但是整体上预测 ILD 和测量 ILD 之间的偏差随着频率的增大而增大;在 3kHz 以下偏差为 1~3dB,而在 10kHz 附近偏差达到 5~7dB。

1.3 单耳定位谱因素

单耳定位谱因素即谱因素(spectral cue),指声波从声源到双耳的声传输过程所引发的声源信号频谱的改变,主要归因于外耳的滤波作用。谱因素是仰角方向定位的重要因素。特别是在中垂面上,前述的双耳定位因素(ITD 和 ILD)近似为零,此时谱因素对仰角定位的意义尤为凸显(Kulkarni et al., 1998)。通常,谱因素表征为 HRTF 频谱的峰谷结构,下文简称定位谱。

在一定程度上,定位谱中峰结构的形成可以采用基于波动理论的共振模型来解释。耳廓沟槽与耳道耦合形成了一个滤波系统,该系统所固有的多个中、高频共振模式是峰结构形成的主要原因。定位谱中谷结构的形成相对复杂,并不能单纯地使用直达声与反射声相互叠加的简化模型来解释。有研究采用声场仿真的方法研究谷结构的形成,发现谷结构是由来自多路径的不同相位的直达、反射及散射声波在耳道口汇合共同作用形成的一个频谱幅度极小值(Lida, 2019)。现有研究普遍认为,在声源定位中,定位谱的整体包络结构比其精细结构更为重要,其中重要的谱特征成分主要集中在 3.8 ~ 16kHz 之间,可分解为多个峰谷成分类型,例如图 1-16 中 N_1、N_2、N_3 表示前 3 个谱谷,P_1、P_2、P_3 表示前 3 个谱峰。由于不同个体的耳廓尺寸以及形态都不尽相同,因此定位谱是一个高度个性化的定位因素。

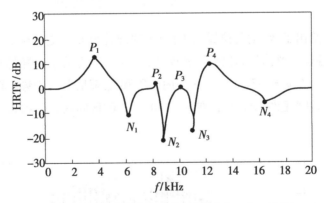

图 1-16 定位谱结构的示意图(修改自 Lida, 2019)

在定位谱特征的提取方面,Raykar 等采用线性预测模型、窗函数、自相关函数、群延时函数等多种信号处理方法,提出了一套从 HRTF 数据中提取谱谷位置的算法(Raykar et al., 2005)。该算法具有良好的稳健性,其后许多关于谱特征分析的相关研究都借助此算法或以此算法为对比对象来开展工作。

1.3.1 定位谱峰谷随声源方位的变化

描述定位谱中峰谷的特征参数主要有两个,即出现的频率位置和幅度。其中,谱谷的位置备受关注,被认为是仰角定位的重要依据之一。图 1-17 是一个典型个体在中垂面($\theta=0°$)的3个空间方位($\varphi=-30°,0°,45°$)HRTF(相对)幅度谱(钟小丽,2013)。图中可见,随着仰角φ的上升,N_1谱谷的位置由7kHz左右上升到9kHz和10kHz附近。考虑到谱谷是一个个性化的参量,我们选取了5个真人个体的HRTF数据库(共计351名个体),提取与分析了中垂面上谱谷N_1、N_2的统计规律(赖焯威等,2018)。

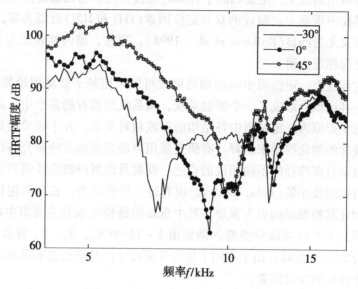

图1-17 中垂面3个方位的定位谱

图1-18给出了N_1谱谷位置f_{N_1}随仰角的统计分布。更为全面的统计结果表明,除RIEC库的谱谷位置整体偏高以外,各库的谱谷位置(f_{N_1}和f_{N_2})随仰角φ的变化规律基本一致。具体地,在$\varphi=-30°\sim60°$区间内,f_{N_1}和f_{N_2}都呈上升趋势;在$\varphi=60°\sim110°$区间内,f_{N_1}和f_{N_2}都呈平稳缓变趋势;在$\varphi=110°\sim250°$区间内,f_{N_1}和f_{N_2}都呈下降趋势。

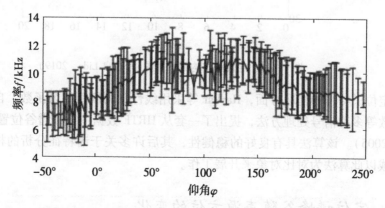

图1-18 5个数据库的中垂面N_1的谱谷位置f_{N_1}的统计分布

通常认为,谱峰的位置是基本恒定的,与仰角的变化无关,而谱谷的位置却与仰角变化密切相关,如图1-19所示。

1 双耳听觉定位的原理

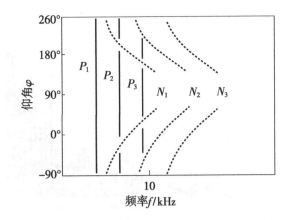

图 1-19 定位谱的峰谷随仰角的变化(修改自 Lida, 2019)

1.3.2 定位谱的左右对称性

在许多研究和实际应用中,通常假定 HRTF 是左右对称的,即左右耳之间的 HRTF 满足关系 $H_R(\theta, \varphi, f) \approx H_L(360° - \theta, \varphi, f)$。然而,耳廓的左右不对称性将导致 HRTF 频谱(即定位谱)在高频出现左右不对称。基于中国人 HRTF 数据库(表1-4),我们定义水平面 $\varphi = 0°$ 上各 ERB 频带范围内(式(1-28))左右 HRTF 的能量比值(Xie et al., 2007):

$$\Delta(N) = \frac{1}{72} \sum_{\theta=0°}^{355°} \left| 10\lg \frac{\int_{ERB} |H_R(\theta, 0°, f)|^2 df}{\int_{ERB} |H_L(360° - \theta, 0°, f)|^2 df} \right| (dB) \qquad (1-31)$$

上式右面的分子表示与 θ 方向声源对应的右耳 HRTF 在频率标度为 N 的 ERB 频带内的能量,分母表示与 $(360° - \theta)$ 方向的声源对应的左耳 HRTF 在标度为 N 的 ERB 频带范围内的能量,绝对值号内的计算求出以 dB 为单位的能量比值,求和号及除以 72 表示对水平面 72 个 θ 方向取平均。在左右对称的情况下 $\Delta = 0$dB,$\Delta > 0$dB 表示左右不对称。

图 1-20 是数据库中 52 名个体的平均结果 $\Delta_{ave}(N)$。对于每个个体,都有 $\Delta \geqslant 0$dB。因此,每个个体的贡献不会因统计平均而相互抵消。在低频 $N \leqslant 16$($f \leqslant 1$kHz),$\Delta_{ave}(N) \leqslant$ 1dB,定位谱呈现良好的左右对称性。然而,随着频率的增加,当 $N \geqslant 30$($f \geqslant 5.5$kHz),$\Delta_{ave}(N)$ 明显增加。这是由于在高频,耳廓和头部细微结构对声波的作用逐渐明显(当然也包括一定的实验误差),它们的左右不对称将导致 HRTF 以及定位谱的左右不对称。需要说明的是,不同个体 HRTF 左右不对称的起始频率和程度是不同的;即便同一个个体,不同 θ 方向的左右对称性也不尽相同。这里给出的是对水平面 72 个方向和 52 名个体的平均结果,但足以说明在高频 HRTF 的左右对称性将受到破坏。

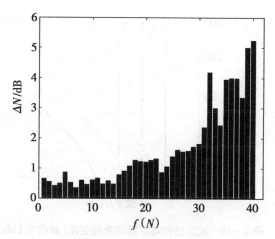

图 1-20 52 名个体的平均 $\Delta(N)$

基于 Moore 响度模型(Moore et al.，2007)，我们进一步探讨了定位谱的左右不对称可能导致的听觉影响(Zhong et al.，2018)。

1.3.3 定位谱谷的可闻阈值

根据 1.3.1 节基于 5 个真人数据库中垂面上定位谱特征的统计结果，并结合二阶滤波器设计方法，我们采用"两峰两谷"(即 P_1—N_1—P_2—N_2)的定位谱模式构造出了 7 个目标角度($\varphi = -30°,-15°,0°,15°,30°,45°,60°$)的简化 HRTF。进一步，将简化 HRTF 与白噪声卷积形成测试信号，通过自行设计的 MATLAB GUI 平台，测量了谱谷位置偏移的可闻阈值(赖焯威，2020)。实验采用"三下一上"策略的自适应阈值测量法(详见 3.3.1 节)，其中响应方式为"3I3AFC"，终止条件为"8 次反转"。实验选取 7 个目标角度；每个目标角度包含两个谱谷的位置阈值的测量；对每个谱谷分别进行左右逼近测量，故共计 28 种组合。

实验结果统计分析表明：

(1) 左右逼近因素对可闻阈值无统计意义上的显著影响(显著性水平 $a = 0.05$)，但从显著性检验数值来看，N_1 位置的可闻阈值受左右逼近因素的影响程度高于 N_2 位置的可闻阈值。

(2) 谱谷目标中心频率因素对可闻阈值有统计意义上的显著影响(显著性水平 $a = 0.05$)。可闻阈值随中心频率的上升而上升，例如 N_1 位置的左逼近可闻阈值从约 0.4kHz 升至约 0.7kHz，右逼近可闻阈值从约 0.5kHz 升至约 0.8kHz；N_2 位置的左逼近可闻阈值从约 0.8kHz 升至约 1.2kHz，右逼近可闻阈值从约 0.8kHz 升至约 1.1kHz。

(3) 谱谷位置的可闻阈值的测量结果和谱谷位置的统计结果以及已有的中垂面定位实验结果之间存在一定的一致性。这说明仰角定位在一定程度上依赖对谱谷位置变化的感知。

1.4 反射声对双耳听觉定位的影响

常见的室内环境中存在大量的反射界面。因此，到达双耳的声波，除了直达声，还有大量来自界面的反射声。这导致了室内环境下双耳定位比自由场情况下更为复杂。由于室内声环境的多样性，该领域的研究多拘泥于个例，暂时没有系统的理论和普适的结论。

按照声波到达的时间顺序，处于室内的听者首先接收到来自声源方向的直达声（direct sound，DS），随后接收到来自多个不同空间方向的早期反射声（early reflection，ER），最后接收到来自多个不同空间方向的后期反射声（或后期混响声）（late reflection，LR）。一般情况下，早期反射声在直达声后 50～80ms 到达，听觉系统能够将早期反射声和直达声进行整合感知，从而影响语言清晰度及听觉定位表现；后期混响声由一系列密集的、强度递减的高阶反射声组成，可以使听者产生空间感与包围感等。如果声源距听者比较近，则直达声在听觉感知中起主导作用，反射声的影响不是一个重要的考虑因素；然而，如果声源距听者比较远，反射声将对整体感知产生显著的影响。对声源的准确空间定位是人类复杂精密的听觉感知系统正常运转的外在表现之一。如前所述，在没有反射声的自由场中，双耳时间差 ITD、双耳声级差 ILD 以及单耳定位谱等都是重要的听觉定位因素。在包含反射声的混响场（reverberant sound field）中，来自多个方向的反射声（早期反射声和后期混响声）将对上述定位因素产生不同程度的影响。需要说明的是，通常的混响场应当包含直达声、早期反射声和后期混响声；然而，在有些研究中，为了凸显特定反射声的影响，可能采用简化的室内声场，例如只包含直达声和部分早期反射声。虽然简化的室内声场不是严格意义上的混响场，但是参照惯例，除必要时，我们对两者不刻意区分。

双耳时间差 ITD 是低频声源（如语音）定位的主要因素。在室内环境中，不同时刻、来自不同方向的反射声将引起瞬时 ITD 的波动（Gourévitch et al.，2012；Ihlefeld et al.，2011；Devore et al.，2010），如图 1-21a、c 所示。双耳声级差 ILD 是高频声源定位的主要因素。反射声的存在削弱了声源同侧耳和声源异侧耳之间的能量差异，从而使得 ILD 减小，如图 1-21b 和图 1-21d 所示。由于中垂面附近的 ILD 较小，因此相对于自由场而言，混响场中听者对高频声源的方位感知可能更接近于中垂面。此外，由于反射声使得 HRTF 频谱产生波动，因此基于双耳 HRTF 频谱的 ILD，见式（1-27），在混响场中也具有一定的波动性（Devore et al.，2010；Kopčo et al.，2002）。图 1-22 给出了反射声对单耳定位谱（即 HRTF 频谱）的影响。图中可见，反射声会引起 HRTF 频谱的波动，在高频显得尤为明显。随着声源从正前方（$\theta = 0°$）向侧向（$\theta = 30°$）偏移。声源异侧耳（即 $\theta = 30°$ 的左耳）HRTF 频谱的波动增大，而声源同侧耳（即 $\theta = 30°$ 的右耳）HRTF 频谱波动减小。同时，反射声引发的频谱波动填充了 HRTF 的高频谱谷（见图 1-22 中左耳谱线）（Kopčo et al.，2002；Shinn-Cunningham et al.，2005）。可见，理论上反射声对听觉定位因素产生了负面影响。然而，人类在复杂多变的实际声环境中依然可以保持听觉定位的准确性。因此，混响场的双耳听觉定位尚需要细致、具体的研究。囿于条件，早期的研究往往采用真实房间的扬声器重放方式；随着虚拟声重放和室内可听化技术的发展，近期的研究多采用虚拟空间的耳机重放方式。后者在空间设计(例如空间的尺寸、声特征等)和参数调整方面具有明显的灵活性和精准性。

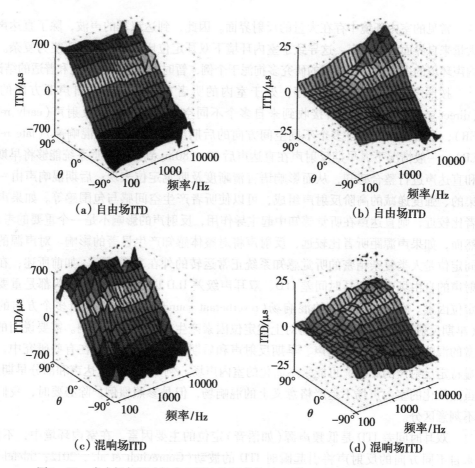

图1-21 自由场与混响场中双耳定位因素的对比(修改自 Devore et al., 2010)

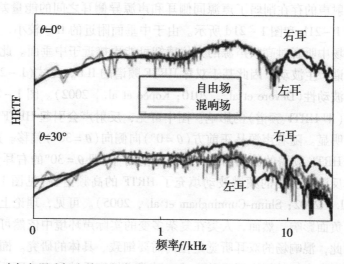

图1-22 自由场与混响场中单耳定位谱(即 HRTF 频谱)的对比(修改自 Kopčo et al., 2002)

1983年，Hartmann等采用扬声器研究了室内声源定位表现与房间声学特性以及声源性质之间的关系(Hartmann et al.，1983)。实验采用了8个等间隔(4°)放置的扬声器；实验时，仅其中一个扬声器播放正弦信号，而被试者的任务是识别放声扬声器的空间方位。实验在一个中型厅堂(长24m，宽15.5m，高3.5m或11.5m)内进行，通过调整障板与吸声材料的布置构建出4个不同的房间环境：吸声室(absorbing room，T_{60} = 1s)、反射室(reflecting room，T_{60} = 5.5s)、低天花室(low ceiling，T_{60} = 2.8s)、镜像吸声室(mirror reversed，T_{60} = 1s)。其中，镜像吸声室中的听音位置和扬声器位置与吸声室环境中对应的位置呈镜像翻转。实验1比较了反射室和吸声室内声源定位的表现，声源为50ms的500Hz正弦信号。被试者1～7在反射室进行第一轮实验，在吸声室进行第二轮实验，在低天花室进行第三轮实验。被试者8～13在吸声室进行第一轮实验，在反射室进行第二轮实验，在低天花室进行第三轮实验。为了研究学习效应对听觉定位的影响，设置了与第一轮实验相同的第四轮实验。相应的实验结果表明：① 混响时间的改变不会影响被试者对短时正弦信号的听觉定位效果；② 短期的学习效应没有对声源定位产生影响。实验2要求被试者在吸声室内对缓变的(需要6～10s才能达到最大强度)200Hz、500Hz、5000Hz正弦信号进行听觉定位，同时对比研究了被试者在吸声室与反射室中对缓变宽带噪声的定位表现。相应的实验结果表明：① 吸声室环境下对缓变的低频正弦信号定位非常困难，对高频正弦信号的听觉定位表现稍好，对缓变的宽带噪声取得了最佳的定位效果；② 增加混响可以显著降低缓变噪声信号的定位表现。

1985年，Rakerd等研究了单次反射声对听觉定位的影响(Rakerd et al.，1985)。研究通过在消声室(长4.6m，宽3.4m，高2.4m)内放置一块可移动的反射板(1.2m×2.4m)，产生不同方向的单次反射声。在无反射以及包含来自地板、天花板、左侧墙和右侧墙单次反射的情况下，分别进行了听觉定位实验。实验1的声源为50ms的500Hz正弦脉冲，通过8个等间隔(3°)排列的扬声器重放，听音位置距扬声器3m。实验2考察了单次反射声对低频缓变正弦信号定位的影响，实验方案与实验1大致相同，不同之处主要在于使用的正弦信号存在7s的上升时间，从而使被试者在听觉定位过程中无法使用瞬态线索。实验结果表明：侧向反射将显著降低脉冲正弦信号的水平定位表现，而来自天花和地板的垂直方向反射对脉冲正弦信号的定位无显著性影响。在没有瞬态信息的情况下，室内环境中正弦信号的定位十分困难，因为持续的声场无法提供关于声源方位的可靠信息。在自由场中，被试者定位脉冲声要比定位缓变声刺激更准确、更稳定。因此，瞬态线索在自由场听觉定位中也十分重要。

1992年，Begault采用虚拟信号合成的方式研究了反射声对听觉定位的影响(Begault，1992)。图1-23是合成时长800ms混响场脉冲响应，包括直达声(DS)、两次地面反射声(ERF)、早期反射声(ERM)和后期混响声(LR)。其中，ERF来自(θ = ±36°，φ = -36°)，相对直达声分别存在5ms与5.5ms的延迟，强度上存在6dB的衰减；早期反射声(ERM)包括采用声线追踪模型计算出64个早期反射声；后期混响声(LR)采用指数衰减噪声建模。实验采用的单通路"干"信号为45个单音节或双音节单词。实验中，被试者需要在自由场和合成混响条件下，对水平面上0°、180°、±30°、±60°、±120°与±150°共计10个空间方位的声刺激进行听觉判断，包括方位角、仰角和距离的估计。实验结果表明，有25%的自由场刺激没有产生外化感知，而只有3%的混响刺激未能形成外化感知；声像外化和听觉定位表现之间可能存在某种关系，空间混响的加入使定位误差增大，同时也显著提升了感知声像的外化程度。

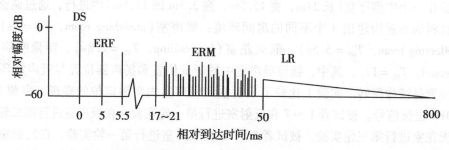

图1-23 合成的混响场脉冲响应(修改自 Begault,1992)

1993年，Giguère等人研究了混响时间、刺激中心频率、刺激上升/下降时间和扬声器阵列位置对被试者听觉定位表现的影响(Giguère et al.，1993)。研究选择了混响时间T_{60}分别为0.2s与1.0s(500Hz)的吸声室和混响室。6个扬声器水平均匀相隔30°，放置在距离听音位置1m处。以被试者为中心，采用了两种扬声器排布方式：正向排布，即扬声器放置在$\theta = -75°, -45°, -15°, 15°, 45°, 75°$的位置；侧向排布，即扬声器放置在$\theta = 15°, 45°, 75°, 105°, 135°, 165°$的位置。声源采用不同中心频率(500Hz、1000Hz、2000Hz、4000Hz)、不同线性上升/衰减时间(5ms/200ms)的1/3倍频程噪声，时长均为500ms。实验结果表明，与侧向阵列相比，被试者对正向扬声器阵列的定位表现相对较好，两者总体正确定位率差异为17%；与Hartmann等的研究结果一致(Hartmann et al.，1983)，吸声室内听觉定位的表现优于混响室。

2000年，Shinn-Cunningham研究了长期学习效应对混响场听觉定位的影响(Shinn-Cunningham，2000)。声源采用矩形脉冲噪声的序列：含5个时长150ms、间隔30ms的脉冲噪声，频率范围为0.2～15kHz。听觉定位实验在$T_{60} \approx 0.55s$的室内进行，声源随机放置在距被试者1m以内的右半侧空间，被试者需要指出声源的具体空间位置(包括方位角、仰角、距离)。被试者在3～5天内进行了多轮实验，每轮大约持续1h(约进行200次定位)。实验结果表明，混响声的存在降低了被试者对声源方向的感知，但随着在同一室内空间中听觉经验的累积，被试者的听觉定位能力有所提高；混响声的存在增强了被试者对声源距离的感知，距离定位精度也随着听觉经验的积累而提高。一般情况下，有混响声和无混响声条件下的听觉定位误差存在较大差异；即使在1000次听音实验后(大约5h)，前者(有混响声)的方位角定位误差仍比后者(无混响声)大。

2001年，Begault等研究了虚拟听觉技术中混响环境、HRTF类型以及头部追踪等因素对听觉定位准确性、声像外化程度以及感知真实性的影响(Begault et al.，2001)。研究对三类混响情况进行了模拟：无混响(anechoic condition)、早期反射(early-reflection condition)和全混响(full-auralization condition)，其中早期反射与全混响条件的双耳房间脉冲响应(binaural room impulse response, BRIR)通过房间建模软件(CATT-Acoustic)模拟计算得到(Kleiner et al.，1993)，建立的矩形室容积约为1000m³(长14.3m，宽8.9m，高

7.9m),混响时间为 1.5s(500Hz,T_{30})。HRTF 类型包括个性化 HRTF 和基于人工头测量得到的非个性化 HRTF(Wisniewski et al.,2016)。头部跟踪分为开启和关闭两种情况(Su et al,2019)。上述 3 个因素共有 12 种组合,3 种混响环境×2 种 HRTF 类型×2 种头部追踪情况。实验选取时长 3s 的语音信号作为声源,在 θ = ±45°,±135°,0°,180°共 6 个水平位置呈现。被试者需要在交互式软件界面上对方位角、仰角、距离和真实感做出判断。实验结果显示,只有混响环境是影响方位角和仰角定位的显著性因素,而 HRTF 类型和头部追踪均未对听觉定位产生显著性影响;头部追踪明显降低了前后混乱率,从 59%降低到 28%,而混响环境和 HRTF 类型均未对前后混乱率产生显著性影响。此外,混响环境对声像外化有显著的主效应:在混响环境下,有 79%的声刺激产生了明显的外化声像感知;而在无混响环境下,这一比例仅为 40%。事后检验表明,对于外化声像而言,早期反射和全混响之间没有显著差异,这意味着采用简化的混响声场便可产生显著的声像外化效果。

2011 年,Zheng 等研究探讨了噪声和混响声对双侧人工耳蜗(bilateral cochlear implant,BCI)听觉定位能力的影响(Zheng et al.,2011)。为了模拟自由场与混响场环境,利用人工头录制了消声室和混响室($T_{60} \approx 0.2 \sim 0.4s$)的 BRIR。声源信号是一个由 3 个词组成的短语,分布在水平面($\theta = -90° \sim +90°$)间隔 22.5°的 9 个位置;具有语音频谱的噪声固定在正前方($\theta = 0°$),改变其声压级以达到不同的信噪比。7 名听力正常的成年人(normal hearing,NH)和 2 名接受双侧人工耳蜗植入的成年人(BCI)参与了实验,所有被试者在无噪声及 0dB、-4dB、-8dB 三种信噪比的自由场和混响场环境下进行听觉定位,BCI 被试者增加了 +4dB 信噪比的测试。实验结果显示,在所有声场环境下,BCI 被试者的定位准确性都显著低于 NH 被试者;混响声的加入对 NH 被试者听觉定位表现无显著性影响,但显著降低了 BCI 被试者定位准确性;在两种声场环境(自由场与混响场)下,只有当信噪比达到 -8dB 时,NH 被试者定位性能才会下降。

2016 年,Zheng 等进一步细化了混响环境(Zheng et al.,2016)。研究采用 KEMAR 人工头测量了消声室和低混响房间($T_{60}=0.2s$)的 BRIR,利用 MATLAB 合成了 $T_{60}=0.6s$,0.9s 环境下的 BRIR。6 名 BCI 和 10 名 NH 参与了实验,实验任务和之前类似(Zheng et al.,2011)。结果显示,随着混响时间的增加,两组听者的定位准确性均显著降低。事后检验表明,对于 NH 听者,无混响环境和 $T_{60}=0.9s$ 环境下听觉定位表现存在显著性差异;对于 BCI 听者,无混响环境与 $T_{60}=0.6s$,0.9s 环境下听觉定位表现存在显著性差异。可见,混响环境对 BCI 的影响大于对 NH 的影响。此外,在所有情况下,BCI 的定位准确性都明显低于 NH。

2007 年,Rychtáriková 等研究了不同混响环境和不同重放方式下的听觉定位表现(Rychtáriková et al.,2007)。实验采用时长 1s 的宽带电话铃声作为声源信号,所有听者均进行了一次初测和一次复测。在消声室中,13 个扬声器环形布置在水平面($\theta = -90° \sim +90°$)均匀间隔 15°的空间方位,扬声器距听音位置 1m。消声室场景下进行了两种不同重放方式的听觉定位实验:① 在消声室内通过真实扬声器重放;② 根据消声室内测量到的 HRTF,进行耳机重放。在混响室中,扬声器与听音位置设置间隔 1m、2.4m 两种距离,其他设置与消声室相同。混响室进行 3 种不同重放方式的听觉定位实验:① 通过真实扬声器重放；②使用人工头测量的 BRIR 进行耳机重放；③通过 ODEON 软件进行混响环境模拟（Naylor，1993），利用模拟计算得到的 BRIR 进行耳机重放。实验结果表明，初测数据与复测数据无显著性差异，说明学习效应未产生显著性影响。通过分析混响场景下两种不同距离设置的结果发现，不同重放方式造成的听觉定位表现差异不显著。相对而言，定位误差因混响声的存在而增大，并随着扬声器与被试对象之间距离的增加而增大。

2009 年，在之前研究的基础上，Rychtáriková 等进一步对混响场与自由场中人类双耳听觉定位表现进行了研究（Rychtáriková et al.，2009）。共选择了 3 类声刺激进行实验：①为了分析 ITD 对听觉定位的影响，选取中心频率 500Hz、时长 200ms 的 1/3 倍频程噪声；②为了分析 ILD 对听觉定位的影响，选取中心频率 3150Hz、时长 200ms 的 1/3 倍频程噪声；③选取持续时间为 1s 的宽带电话铃声，包含了低频和高频成分以及瞬态信息。与之前的实验一致（Rychtáriková et al.，2007），设置了消声室与混响室内不同重放方式的听觉定位实验。实验结果表明，对于 3150Hz 的声刺激，扬声器重放的听觉定位结果明显优于耳机重放。由于自由场与混响场两类声场环境下所有类型刺激的听觉定位表现没有显著差异，该研究认为混响声的加入对听觉定位表现无显著性影响。

2011 年，Rychtáriková 等对不同混响环境下语言感知与听觉定位能力进行了研究，包括语音可懂度（speech intelligibility）和声源前后定位两个实验（Rychtáriková et al.，2011）。定位实验的测试环境布置如图 1-24a 所示。定位测试包含 7 个位置声源，呈半圆形分布在被试对象右侧的水平面（$\theta = 0° \sim 180°$，均匀间隔 30°），距离被试对象 1m，距离地面 1.2m。声源是具有人类语音频谱的噪声。自由场场景（如消声室）设计了 3 种不同条件的听觉定位实验：①在消声室内通过真实扬声器重放；②根据消声室内人工头上助听器测量（hearing aid measured，HAM）得到的 HRTF，实现耳机重放虚拟听音实验；③根据消声室内人工头测量（artificial head measured，AHM）得到的 HRTF，实现耳机重放虚拟听音实验。除了进行自由场场景下 3 种不同听音条件的声源定位测试外，混响场场景下还进行两种虚拟听觉定位实验：①通过 ODEON 软件，结合人工头测量（artificial head simulated，AHS）得到的 HRTF 进行混响室模拟，利用模拟计算得到的 BRIR 进行耳机重放虚拟听音实验；②通过 ODEON 软件，结合助听器测量（hearing aid simulated，HAS）得到的 HRTF 进行混响室模拟，利用模拟计算得到的 BRIR 进行耳机重放虚拟听音实验。语音可懂度测试的实验布置如图 1-24b～d 所示。人声语料通过正前方 0°的扬声器播放，而具有人类语音频谱的噪声分别由正前方（SON0）、正右方（SON90）、正后方（SON180）3 个扬声器分别播放。测量了上述 3 种情况下的语音接收阈值。

实验结果表明，扬声器重放与耳机重放下的听觉定位表现有显著差异，其中基于助听器测量 HRTF 的耳机重放实验中，所有被试者定位表现最差。此外，自由场与混响场下扬声器重放听觉定位的结果表明，混响声的存在不影响被试者定位的准确性。有趣的是，在 AHM 和 AHS 条件下进行测试时，即当测试者使用人工头测量 HRTF 实现虚拟听音时，混响环境中的定位表现比自由场环境的更好。这可能是因为在混响环境中，被试者能够从直达混响比的角度依赖性中提取到额外的听觉定位信息。语音可懂度测试发现，在自由场环境下，信号与噪声之间不同的空间分离度可使语音可懂度产生显著差异，信

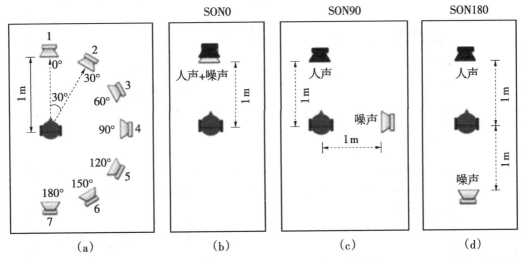

图 1-24 声源前后定位实验与语音可懂度实验的测试环境布置(修改自 Rychtáriková et al.，2011)

号和噪声的空间分离有助于提高语音理解能力；在混响室内，不同空间分离度造成的语音可懂度差异很小；在所有声场景下，自由场语音可懂度均明显优于混响环境。

2015 年，Rychtáriková 等在自由场环境和 3 种不同特性的混响场环境下，研究了被试者前后听觉定位能力(Rychtáriková et al.，2015)。实验采用了 4 种单通路声信号：① 时长 200ms 的白噪；② 时长 1000ms 的管弦乐；③ 时长 1000ms 的间断管弦乐；④ 时长 200ms、中心频率分别为 0.5kHz、3.15kHz 的 1/3 倍频带噪声。如图 1-25 所示，使用 ODEON 对 3 个矩形混响室(房间 A、B、C)与 1 个消声室(房间 D)进行建模。房间 A 最小，体积为 144m³(长 8m，宽 6m，高 3m)，房间 B 和 C 的体积均为 3888m³(长 24m，宽 18m，高 9m)。房间 A 和 B 的体积不同，但混响时间相同；而房间 B 和 C 的体积相同，但混响时间不同。实验采用虚拟重放技术，在每个房间中与听音位置距离 1m 的圆周上以 22.5°等间隔布置 16 个虚拟声源。双耳虚拟声信号采用耳机重放，要求被试者判断声源方位。实验结果表明，被试者在房间 A 和房间 C 中的定位表现显著优于在消声室 D 中的定位表现；窄带噪声的定位准确性显著低于其他声信号。小房间 A 内的前后定位误差较大。这可能是因为相对于大房间而言，小房间的反射声可较早、较强到达被试者，从而迅速影响了直达声的感知，扰乱直达声携带的声源方位信息。对于体积相同的两个房间，被试者在混响较大的房间 C 中的前后判断准确性高于混响较小的房间 B。该研究认为，听觉感知中直达混响比可能存在一个最优水平，而房间 C 比在房间 B 更接近这个水平。

综上所述，目前关于反射声对水平面听觉定位影响的相关研究存在 3 种不同的结论：① 混响声不会对水平面听觉定位造成显著影响；② 混响声可显著增大水平面听觉定位的误差；③ 混响声可显著提高水平面听觉定位的表现。

对于结论①，有研究认为可以从优先效应对混响声的抑制来理解。优先效应或第一波前定律是一种双耳心理声学效应。若一个声音相对另一个声音略有滞后，中间的时间延迟足够短(低于被试者感知阈值)，被试者将会感知到一个单一的听觉事件，感知到的声像空间方位由先达声(第一波前)的位置决定(Clifton et al.，2002；Brown et al.，

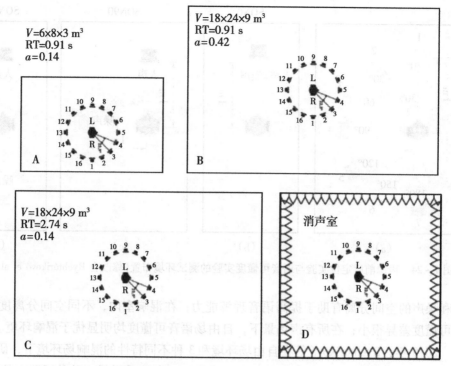

图1-25 模拟房间的示意图(修改自 Rychtáriková et al., 2015)

2015)。虽然滞后声也会影响空间听觉感知,但是其影响被先达声所抑制。因此,对于室内环境,滞后的房间反射声的感知将被直达声所抑制,对于空间听觉定位的影响不显著。

对于结论②,有研究认为是混响声对主要的定位因素产生了干扰。混响声的存在将使ITD产生扰动,引起双耳去相关;同时,混响声的存在降低了ILD,增加了ILD的频率变化性,如图1-21所示。此外,混响声对HRTF的频谱也会产生影响(Shinn-Cunningham, 2001)。虽然在大多数频率上HRTF的平均频谱形状相似,但混响声增加了频谱的波动性。此外,混响声对HRTF的高频耳廓谷进行了填充,如图1-22所示。

对于结论③,有研究认为混响声带来的声像外化效果有助于听觉定位。一方面,混响声通过声像展宽的方式引发声像模糊效应,使定位准确性降低。另一方面,混响声的存在增强了声像的外化程度(Li et al., 2018),而定位准确性将随着声像外化程度的增加而提高。当声像的外化效应大于声像的模糊效应时,听觉定位的表现将得到提升。此外,混响声的存在可使被试者感知到的声像更贴近其听觉经验,即带来听觉的"真实感"(Picinali et al., 2017;Moore, 2002)。这也有可能提升听觉定位表现。

由于已有研究采用的室内空间尺寸、混响环境等因素各不相同,因此难以对各研究结果进行直接对比、分析和论证。为了系统性地研究混响声对水平面听觉定位产生的影响,需要对相关因素进行变量控制。我们选取典型室内空间(如教室),改变墙壁吸声系数以调节混响时间,较为全面系统地研究了混响时间与水平听觉定位能力的关联;通过不同混响场景下的水平面听觉定位实验,试图找到水平听觉定位能力随混响时间的变化规律(杨子晖, 2021)。

为了系统性地研究混响环境对水平面听觉定位产生的影响,我们选取混响时间作为混响环境的客观表征，构建了一系列容积尺寸、听音设置相同但混响时间不同($T_{60}=0s$，0.3s，0.6s，0.9s，1.2s，1.5s)的房间模型，设计了不同混响环境的耳机重放虚拟听音水平面听觉定位实验($\theta=0°$，15°，30°，45°，60°，75°，90°)。实验结果表明，混响时间与声源方位角是影响被试者混响场听觉定位准确性的主要因素。对声源角度而言，被试者对于正前方($\theta=0°$)声源的定位表现最好，而对$\theta=45°$声源的定位准确性最差。对混响时间而言，少量混响声($T_{60}=0.3s$，0.6s)的存在将显著改善听觉定位表现，自由场($T_{60}=0.0s$)与长混响($T_{60}=1.2s$，1.5s)情况下被试者定位准确性相对较差。混响声的引入使得感知声像外化程度提高，同时早期反射声带来了可靠的定位线索，使得听觉定位表现提高；然而，随着混响时间的增长，声像宽度也将增大，引起声像模糊。在长混响情况下，声像模糊带来的听觉定位劣化效应超过了声像外化及早期反射声带来的定位增益效应，使得定位准确性下降。实验结果为室内声学设计中最优混响时间的选择提供了行为学依据(杨子晖，2021)。

参考文献

[1] SONNADARA R R, ALAIN C, TRAINOR L J. Effects of spatial separation and stimulus probability on the event-related potentials elicited by occasional changes in sound location[J]. Brain Research, 2006, 1071: 175-185.

[2] RAJGURU C, OBRIST M, MEMOLI G. Spatial soundscapes and virtual worlds: challenges and opportunities[J]. Frontiers in Psychology, 2020, 11: Article 569056.

[3] BLAUERT J. Spatial hearing(revised edition) [M]. Cambridge, MA: MIT Press. 1997.

[4] 钟小丽. 头相关传输函数及其特性的研究[D]. 广州: 华南理工大学, 2006.

[5] XIE B S. Head-related transfer function and virtual auditory display[M]. USA: J. Ross Publishing, 2013.

[6] ALGAZI V R, AVENDANO C, DUDA R O. Estimation of a spherical-head model from anthropometry[J]. Journal of the Audio Engineering Society, 2001, 49(6): 472-479.

[7] SRIDHAR R, CHOUEIRI E Y. Capturing the elevation dependence of interaural time difference with an extension of the spherical-head model[C] // The 139th Convention of Audio Engineering Society. AES, 2015, Paper 9447.

[8] DUDA R O, AVENDANO C, ALGAZI V R. An adaptable ellipsoidal head model for the interaural time difference[C] // International Conference on Acoustics, Speech, and Signal Processing. ICASSP, 1999: 965-968.

[9] MINNAAR P, PLOGSTIES J, OLESEN S K, et al. The interaural time difference in binaural synthesis [C] // The 108th Convention of Audio Engineering Society. AES, 2000, Preprint 5133.

[10] SANDVAD J, HAMMERSHOI D. Binaural auralization, comparison of FIR and IIR filter representation of HIRs[C] // The 96th Convention of Audio Engineering Society. AES, 1994.

[11] MØLLER H, SØRENSEN M F, HAMMERSHØI D, et al. Head-related transfer functions of human subjects[J]. Journal of the Audio Engineering Society, 1995, 43(5): 300-321.

[12] 钟小丽. 双耳时间差上升沿算法中阈值的选择[J]. 电声技术, 2007, 31(9): 47-52.

[13] GARDNER W G, MARTIN K D. HRTF measurements of a KEMAR[J]. Journal of the Acoustical Society of America, 1995, 97(6): 3907-3908.

[14] XIE B S, ZHONG X L, RAO D, et al. Head-related transfer function database and its analyses[J].

[15] KULKARNI A, ISABELLE S K, COLBURN H S. Sensitivity of human subjects to head-related transfer-function phase spectra[J]. Journal of the Acoustical Society of America, 1999, 105(5): 2821–2840.

[16] KUHN G F. Model for the interaural time differences in the azimuthal plane[J]. Journal of the Acoustical Society of America, 1977, 62(1): 157–167.

[17] KATZ B F G, NOISTERNIG M. A comparative study of interaural time delay estimation methods[J]. Journal of the Acoustical Society of America, 2014, 135(6): 3530–3540.

[18] WOODWORTH R S, SCHLOSBERG H. Experimental psychology [M]. New York: Holt, Rinehard, and Winston. 1962.

[19] 钟小丽, 谢菠荪. 个性化最大双耳时间差模型[C]//中国声学学会2006年全国声学学术会议论文集. 2006.

[20] ZHONG X L, XIE B S. A novel model of interaural time difference based on spatial Fourier analysis[J]. Chinese Physics Letters, 2007, 24(5): 1313–1316.

[21] 钟小丽, 谢菠荪. 球谐函数展开的个性化双耳时间差模型[J]. 声学学报, 2013, 38(4): 477–485.

[22] 钟小丽, 谢菠荪. 一种新的双耳时间差模型的特性分析[J]. 声学技术, 2007, 26(5): 1032–1033.

[23] ZHONG X L, XIE B S. A continuous model of interaural time difference based on surface spherical harmonics[C]//The 10th Western Pacific Acoustics Conference, Beijing, China. 2009.

[24] 钟小丽, 谢菠荪. 头相关传输函数空间对称性的分析[J]. 声学学报, 2007, 32(2): 129–136.

[25] EVANS M J, ANGUS J A S, TEW A I. Analyzing head-related transfer function measurements using surface spherical harmonics[J]. Journal of the Acoustical Society of America, 1998, 104(4): 2400–2411.

[26] ZHANG W, ZHANG M Q, KENNEDY R A, et al. On high-resolution head-related transfer function measurements: An efficient sampling scheme[J]. IEEE Transactions on Audio, Speech, and Language Processing, 2011, 20(2): 575–584.

[27] ALOTAIBI S S, WICKERT M. ITD modeling based on anthropometrics and KEMAR coefficients using deep neural networks [C]//2019 IEEE Global Conference on Signal and Information Processing (GlobalSIP). IEEE, 2019.

[28] WATANABE K, OZAWA K, IWAYA Y, et al. Estimation of interaural level difference based on anthropometry and its effect on sound localization[J]. Journal of the Acoustical Society of America, 2007, 122(5): 2832–2841.

[29] KULKARNI A, COLBURN H S. Role of spectral detail in sound-source localization[J]. Nature, 1998, 396: 747–749.

[30] IIDA K. Head-related transfer function and acoustic virtual reality [M]. Singapore: Springer Nature Singapore Pte Ltd., 2019.

[31] RAYKAR V C, DURAISWAMI R, YEGNANARAYANA B. Extracting the frequencies of the pinna spectral notches in measured head related impulse responses[J]. Journal of the Acoustical Society of America, 2005, 118(1): 364–374.

[32] 钟小丽. 虚拟听觉技术中的心理声学基础—空间方位感知[J]. 演艺科技, 2013, 86(8): 12–15.

[33] 赖焯威, 钟小丽, 王杰. 基于多数据库的中垂面耳廓谷的初步研究[J]. 声学技术, 2018, 37(6): 579–580.

[34] MOORE B C J, GLASBERG B R. Modeling binaural loudness[J]. Journal of the Acoustical Society of America, 2007, 121(3): 1604-1612.

[35] ZHONG X L, GUO W Y, WANG J. Directional loudness in the median plane[C] // The 10th International Conference on Intelligent Human-Machine Systems and Cybernetics(IHMSC). IEEE, 2018.

[36] 赖焯威. 多数据库联合的声源定位谱特征研究[D]. 广州: 华南理工大学, 2020.

[37] GOURÉVITCH B, BRETTE R. The impact of early reflections on binaural cues[J]. Journal of the Acoustical Society of America, 2012, 132(1): 9-27.

[38] IHLEFELD A, SHINN-CUNNINGHAM B. Effect of source spectrum on sound localization in an everyday reverberant room[J]. Journal of the Acoustical Society of America, 2011, 130(1): 324-333.

[39] DEVORE S, DELGUTTE B. Effects of reverberation on the directional sensitivity of auditory neurons across the tonotopic axis: Influences of interaural time and level differences[J]. Journal of Neuroscience, 2010, 30(23): 7826-7837.

[40] KOPČO N, SHINN-CUNNINGHAM BG. Auditory localization in rooms: Acoustic analysis and behavior [C] // The 32nd EAA International Acoustics Conference of the European Acoustics. 2002.

[41] SHINN-CUNNINGHAM B G, KOPČO N, MARTIN T J. Localizing nearby sound sources in a classroom: Binaural room impulse responses[J]. Journal of the Acoustical Society of America, 2005, 117(5): 3100-3115.

[42] HARTMANN W M. Localization of sound in rooms[J]. Journal of the Acoustical Society of America, 1983, 74(5): 1380-1391.

[43] RAKERD B, HARTMANN W M. Localization of sound in rooms, II: The effects of a single reflecting surface[J]. Journal of the Acoustical Society of America, 1985, 78(2): 524-533.

[44] BEGAULT D R. Perceptual effects of synthetic reverberation on three-dimensional audio systems[J]. Journal of the Audio Engineering Society, 1992, 40(11): 895-904.

[45] GIGUÈRE C, ABEL S M. Sound localization: Effects of reverberation time, speaker array, stimulus frequency, and stimulus rise/decay[J]. Journal of the Acoustical Society of America, 1993, 94(2): 769-776.

[46] SHINN-CUNNINGHAM BG. Learning reverberation: Considerations for spatial auditory displays [C] // International Conference on Auditory Display, 2000.

[47] BEGAULT D R, WENZEL E M, ANDERSON M R. Direct comparison of the impact of head tracking, reverberation, and individualized head-related transfer functions on the spatial perception of a virtual speech source[J]. Journal of the Audio Engineering Society, 2001, 49(10): 904-916.

[48] KLEINER M, DALENBÄCK B I, SVENSSON P. Auralization—an overview[J]. Journal of the Audio Engineering Society, 1993, 41(11): 861-875.

[49] WISNIEWSKI M G, ROMIGH G D, KENZIG S M, et al. Enhanced auditory spatial performance using individualized head-related transfer functions: An event-related potential study[J]. Journal of the Acoustical Society of America, 2016, 140(6): EL539-EL544.

[50] SU H, MARUI A, KAMEKAWA T. The effect of HRTF individualization and head-tracking on localization and source width perception in VR[C] // The 146th Convention of Audio Engineering Society. AES, 2019, e-brief 520.

[51] ZHENG Y, KOEHNKE J, BESING J, et al. Effects of noise and reverberation on virtual sound localization for listeners with bilateral cochlear implants[J]. Ear & Hearing, 2011, 32(2): 569-572.

[52] ZHENG Y, KOEHNKE J, BESING J. Effects of reverberation on sound localization for bilateral cochlear implant users[J]. Journal of Phonetics & Audiology, 2016, 2(1): 1000108.

[53] RYCHTÁRIKOVÁ M, BOGAERT T V D, VERMEIR G, et al. Localization of the speaker in a real and virtual reverberant room[J]. Nederlands Akoestische Genootschap, NAG, 2007.

[54] NAYLOR G M. ODEON—another hybrid room acoustical model[J]. Applied Acoustics, 1993, 38(2-4): 131-143.

[55] RYCHTÁRIKOVÁ M, BOGAERT T V D, VERMEIR G, et al. Binaural sound source localization in real and virtual rooms[J]. Journal of the Audio Engineering Society, 2009, 57(4): 205-220.

[56] RYCHTÁRIKOVÁ M, BOGAERT T V D, VERMEIR G, et al. Perceptual validation of virtual room acoustics: sound localisation and speech understanding[J]. Applied Acoustics, 2011, 72(4): 196-204.

[57] RYCHTÁRIKOVÁ M, CHMELÍK V, ROOZEN N B, et al. Front-back localization in simulated rectangular rooms[J]. Applied Acoustics, 2015, 90: 143-152.

[58] CLIFTON R K, FREYMAN R L, MEO J. What the precedence effect tells us about room acoustics[J]. Perception & psychophysics, 2002, 64(2): 180-188.

[59] BROWN A D, STECKER G C, TOLLIN D J. The precedence effect in sound localization[J]. Journal of the Association for Research in Otolaryngology, 2015, 16(1): 1-28.

[60] SHINN-CUNNINGHAM B. Localization of sound in rooms. [C] // the ACM SIGGRAPH and EUROGRAPHICS Campfire: Acoustic Rendering for Virtual Environments, 2001.

[61] LI S, SCHLIEPER R, PEISSIG J. The effect of variation of reverberation parameters in contralateral versus ipsilateral ear signals on perceived externalization of a lateral sound source in a listening room[J]. Journal of the Acoustical Society of America, 2018, 144(2): 966-980.

[62] PICINALI L, WALLIN A, LEVTOV Y, et al. Comparative perceptual evaluation between different methods for implementing reverberation in a binaural context[C] // The 142nd Convention of Audio Engineering Society. AES, 2017.

[63] MOORE D R. Auditory development and the role of experience[J]. British Medical Bulletin, 2002, 63(1): 171-181.

[64] 杨子晖. 混响场水平面听觉定位及其脑电波研究[D]. 广州：华南理工大学, 2021.

2 双耳听觉定位的虚拟实现

第 1 章对人类听觉定位的分析都是基于到达双耳的声信号。不同的声源空间方位，对应着不同的双耳声信号。如果可以准确地模拟出双耳声信号，即准确重构出听觉定位信息，听者就可以感受到相应的空间声源。由于这种定位感知的形成，不需要在空间放置真实的声源，故称为双耳听觉定位的虚拟实现。头相关传输函数 HRTF 是双耳声信号模拟的关键部分，本章将围绕 HRTF 展开。

2.1 虚拟听觉的基本原理

为了采用现代信号处理方式虚拟实现人类的听觉定位效果，需要引入信号与系统的概念和思维。声源发出的声波经头部、耳廓、躯干等散射后到达双耳。这个物理过程可视为一个线性时不变的声滤波系统，其特性可由系统的频域传输函数（即频率响应函数）完全描述。HRTF 正是这个声滤波系统的频域传输函数（钟小丽等，2004；钟小丽等，2005）。在自由场的情况下，HRTF 定义为：

$$\begin{cases} H_L = H_L(r,\theta,\varphi,f,a) = P_L(r,\theta,\varphi,f,a)/P_0(r,f) \\ H_R = H_R(r,\theta,\varphi,f,a) = P_R(r,\theta,\varphi,f,a)/P_0(r,f) \end{cases} \quad (2-1)$$

其中 P_L、P_R 分别是简谐点声源在听者左、右耳产生的复数声压。P_0 是听者不存在时，头中心位置处的复数声压。一般情况下，H_L、H_R 是声源的方位角 θ、仰角 φ、声源到头中心的距离 r、声波频率 f 的函数（对于远场，即 $r>1.0\text{m}$ 的情况，H_L、H_R 基本上与 r 无关）。另外，由于不同人的头部、耳廓、躯干等的尺寸和形状是不同的，因而严格来说 HRTF 因人而异，也就是说 HRTF 是一个具有个性化特征的物理量。公式中 a 表示具有个性化特征的参量，如头部的尺寸。

值得指出的是，由于人的外耳由耳廓和耳道构成，而引起听觉感知的是鼓膜处的声压信号，所以式（2-1）中的 P_L、P_R 定义为鼓膜处的声压。考虑到耳道是一段长约 2.5cm、直径约 8mm 的管，10kHz 以下的声波在耳道的传输可近似为一维声学传输。这种一维传输大约开始于耳道入口以外数毫米处。既然耳道的传输不会增加有关声源方位的信息，那么 P_L、P_R 可以用耳道的任意截面处的声压来定义。H. Møller 等用外耳的等效电路证明，P_L、P_R 也可定义为耳道入口封闭时封闭处的声压（Møller，1992）。虽然按照不同测量点定义的 HRTF 有所不同，但它们是等价的，可以相互转换。

HRTF 在时域的表述称为头相关脉冲响应，也称为双耳脉冲响应，它与头相关传输函数 H_L、H_R 互为傅里叶变换对：

$$\begin{cases} h_L(r,\theta,\varphi,t,a) = \dfrac{1}{2\pi}\int H_L(r,\theta,\varphi,t,a)\,\mathrm{e}^{j\omega t}\mathrm{d}\omega \\ h_R(r,\theta,\varphi,t,a) = \dfrac{1}{2\pi}\int H_R(r,\theta,\varphi,t,a)\,\mathrm{e}^{j\omega t}\mathrm{d}\omega \end{cases} \quad (2-2)$$

h_L、h_R 可推广为双耳（或头相关）房间脉冲响应（binaural room impulse response，BRIR）。BRIR 包含了直达声和特定的房间反射声的空间信息，它是可听化技术的基础（Vorländer, 2008）。

2.2 头相关传输函数 HRTF 的获取

实验测量是获取个体个性化 HRTF 最直接和准确的途径。根据式（2-1）的定义，HRTF 测量本质上是一个系统辨识的问题。至今，已有多个课题组进行了 HRTF 测量，部分数据已经公开*，HRTF 数据采用统一的 SOFA 格式（spatially oriented format for acoustics），支持基于 MATLAB、OCTAVE、C++ 以及 PYTHON 的读写（Majdak et al., 2013；Perez-Lopez, 2020）。然而，测量需要特定的设备且通常比较费时。基于个体生理外形和数值计算（如边界元法）是获得个性化 HRTF 的另一种有效途径。然而，用于获取个体外形的三维扫描设备比较昂贵，而且计算全频段、多个方位的 HRTF 需要耗费较多的计算资源。为了便捷地获取个性化 HRTF，有研究提出个性化 HRTF 的定制（customization）。定制（也有文献称为"近似获取"）是指在保留个性化听觉特征的前提下，尽可能地简化个性化 HRTF 的获取过程。虽然近似获取只能得到个性化 HRTF 的近似值，但保留了个性化听觉信息。随着虚拟听觉产品的广泛应用，个性化 HRTF 的近似获取方法引起了广泛的关注（钟小丽等, 2012；Xu et al, 2007；Sunder et al., 2015）。

2.2.1 HRTF 的测量

实验测量 HRTF 可对特定的假人模型（或人工头）和真人进行。常用的假人模型包括：KEMAR（GRAS Sound & Vibration A/S, Holte, Denmark）、Neumann KU-100（Georg Neumann GmbH, Berlin, Germany）、HMS IV（HEAD acoustics GmbH, Herzogenrath, Germany），以及 B&K 4128（Brüel & Kjær, Nærum, Denmark）（Li et al., 2020）。假人模型测量得到的是特定（平均）的听觉模型情况下的 HRTF 数据，不能反映 HRTF 的个性化特征。真人测量虽然可以体现个性化，但是真人在测量过程中容易发生轻微的头部及身体的移动（特别是在测量时间较长的情况下），这将破坏 LTI 的条件，带来测量误差。另外，在测量过程中真人可能会不自觉地产生一些噪声，这对测量结果也有一定的影响。

通常，测量在消声室中进行，被试者位于坐标原点，扬声器布置在半径为 r 的球面上。为简单起见，通常取 $r>1.0\text{m}$ 的远场，这时 HRTF 近似与 r 无关。为了测量不同空间方向的 HRTF，需要改变扬声器与测量对象之间的相对位置，然后进行重复测量。这可

---

*详见 https://www.sofaconventions.org/mediawiki/index.php/SOFA_(Spatially_Oriented_Format_for_Acoustics)

以通过两种方式进行:或固定被测对象的位置,借助机械设备改变扬声器的方位;或固定扬声器的位置,借助可动转椅改变被测对象的方位。也有研究在空间不同方向布置多个相同的扬声器,每次选用一个扬声器进行测量。这种方法较为复杂,并且扬声器对声波的反射作用可能会影响测量的准确性。

随着计算机技术的发展,目前 HRTF 的测量过程可以完全采用软件控制。测量中,扬声器产生测量信号,同时使用位于双耳处的传声器捡拾双耳声压信号。虽然可以直接按式(2-1)计算频率域的 HRTF,但由于需要测量两次声压并涉及频域相除,所以比较繁琐。通常的做法是先测量时间域的 HRIR,然后通过傅里叶变换得到频率域的 HRTF。

理想的测量信号应当具有平直的频谱特性和低的峰值因子。伪随机噪声信号与这种理想信号十分接近,所以测量信号多采用伪随机噪声信号。伪随机噪声信号中的最大长度序列(maximum length sequence,MLS)信号是由移位寄存器产生的周期性的二进制信号,图 2-1 是 MLS 信号片段。由于 MLS 信号的自相关函数近似为 δ 函数,所以通过将双耳声信号与原始的 MLS 进行互相关计算即可得到 HRIR。此外,还需要对扬声器和传声器等的传输特性(频率响应)进行补偿,也可能要采用平滑、滤波等方法消除噪声。除了 MLS 信号,也有研究采用 Golay code,inverse repeated sequence(IRS),扫频信号(sweep signals)等(Li et al.,2020)。

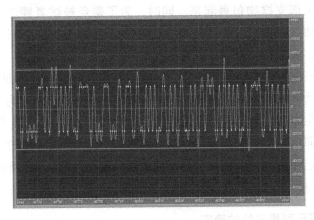

图 2-1 MLS 信号的片断

如前所述,测量点可以选在从耳道入口开始到鼓膜间的任意截面处。对于人工头的情况,这还是相对可行的。但对于真人,虽然可将探针传声器放入耳道内测量,但是由于测量位置不容易控制,同时考虑到探针传声器的频响特性的限制,主流研究多采用微缩传声器对封闭耳道的 HRTF 进行测量。封闭耳道法可以避免耳道的个体差异对测量结果的影响;即使对人工头进行测量,封闭耳道法也可以省去耳道模拟器。

2004~2005 年,我们采用封闭耳道法测量了中国人的个性化 HRTF。具体的做法是:将一对微缩传声器(DPA 4060 High End Binaural Microphones)嵌入经过改装的游泳用耳塞,并塞入被试者的耳道入口处捡拾声信号,见图 2-2。传声器的输出经 B&K 适调放大器(2690A 0S4)放大,再经声卡 A/D 变换后输入到计算机。经用 MATLAB 语言自行编制的软件作去卷积运算,得到原始的时域 8191 点 HRIR。原始 HRIR 经过矩形时间窗的截取(用以消除房间反射声)和对扬声器、传声器系统的传输特性的均衡之后,最终得到相应声源方向的512点HRIR。对它进行离散傅里叶变换即可得到512点HRTF。测量在经过强吸声处理的听音室(在125Hz至8kHz的频率范围内,混响时间不大于0.15s)内进行,本底噪声不大于30dB。严格来说,测量应该在自由场条件下进行。为了消除地面反射,扬声器(即声源)与被试者之间的地面铺设了两块$1m^2$的玻璃棉吸声材料,每块4层,其密度由上到下分别为$20kg/m^3$、$24kg/m^3$、$28kg/m^3$、$32kg/m^3$,其上还加有一层吸声海绵;天花板上也悬挂了活动吸声材料,以消除天花板的反射。测量$\varphi = -30°$仰角时,地面只放置了两块(仅一层)$32kg/m^3$玻璃棉吸声材料,上加一层吸声海绵。测量$\varphi = 90°$仰角

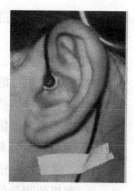

图2-2 封闭耳道法示意图

时,前后左右共放置了4块(每块4层)玻璃棉吸声材料,上加一层吸声海绵。声源到接收点的脉冲响应的测量结果以及直达声和房间反射声的声程差计算结果都表明,经上述处理后房间的首次反射声出现在直达声到达13ms以后。因此,原始HRIR经过512点(11.6ms)的矩形时间窗截取,可以完全消除房间反射声的影响。最终得到512点的HRIR或HRTF(采样率为44.1kHz)。此外,为了尽量减少和消除反射,我们使用吸声海绵将转椅以及头部支撑物包裹起来。同时,为了避免被试者膝部反射对HRTF的影响,测量中被试者膝部覆盖了一层吸声海绵。测量中,要求被试者摘掉眼镜和各种饰物;对于女性被试者,要求其头发不能遮盖耳廓。

测量中,被试者坐在特制转椅上。转椅的高度可以调节,保证每个被试者的耳道入口距离地面的垂直高度为1.15m(受室内高度的限制,$\varphi = 75°$时为1.10m)。扬声器与被试者头中心的距离为1.5m(即测量得到的是远场HRTF)。通过调节固定扬声器的吊杆可以改变声源的仰角φ;通过转动转椅可以改变被试者与声源之间的方位角θ。固定在转椅上的激光和固定在地面上半径为2.0m的圆坐标系统(圆心与转椅的转轴重合)可以准确指示出被试者与声源之间的方位角θ。

2.2.1.1 HRTF测量方位的确定

根据定义,HRTF是声源空间方位的连续函数。然而,测量只能在有限的空间方向上进行。因此,如何确定测量点的空间分布是HRTF测量的一个重要问题。我们对HRTF进行了针对方位角的空间傅里叶展开(Zhong et al., 2005),根据HRTF的空间变化特性确定了测量点的空间分布,见表1-4。

在远场,HRTF近似与r无关,它只是(θ, φ, f)的连续函数。对于某仰角$\varphi = \varphi_0$,由于HRTF是方位角θ的以2π为周期的函数,所以它可以按θ展开为空间傅里叶级数,见式(2-3)。由于H_L和H_R的分析是类似的,所以除非必要,后文将略去下标L和R,统称H。

$$H(\theta, \varphi_0, f) = \sum_{q=-\infty}^{+\infty} d_q(f) e^{iq\theta}, \quad d_q(f) = \frac{1}{2\pi}\int_0^{2\pi} H(\theta, \varphi_0, f) e^{-iq\theta} d\theta \quad (2-3)$$

可见，H 可以分解为无限个方位角谐波分量的线性组合，其中与频率相关的展开系数 $d_q(f)$ 要由连续的 $H(\theta, \varphi_0, f)$ 函数求出。如果存在整数 Q，使得 $|q| > Q$ 时，$d_q(f) = 0$，即高阶谐波分量为零，那么式(2-3)可简化为：

$$H(\theta, \varphi_0, f) = \sum_{q=-Q}^{+Q} d_q(f) e^{iq\theta} \qquad (2-4)$$

此时，H 由 $(2Q+1)$ 个方位角的谐波分量组成，并由 $(2Q+1)$ 个系数 $d_q(f)$ ($|q| \leqslant Q$) 完全决定。这时并不需要知道关于 θ 连续的 $H(\theta, \varphi_0, f)$ 函数，而只需要在 $0 \leqslant \theta < 2\pi$ 的范围内，对 $H(\theta, \varphi_0, f)$ 进行 M 点均匀采样，得到 M 个离散的采样值 $H(\theta_m, \varphi_0, f)$。由式(2-4)得：

$$H(\theta_m, \varphi_0, f) = \sum_{q=-Q}^{+Q} d_q(f) e^{iq\theta_m}, \quad \theta_m = \frac{2\pi m}{M}, \ m = 0, 1, \cdots, M-1 \qquad (2-5)$$

当 $M \geqslant (2Q+1)$ 时，求解式(2-5)的 M 个线性方程组就可以得到 $d_q(f)$。事实上，利用 $\{\exp(iq\theta_m)\}$ 的正交完备性可得到：

$$d_q(f) = \frac{1}{M} \sum_{m=0}^{M-1} H(\theta_m, \varphi_0, f) e^{-iq\theta_m}, \quad |q| \leqslant Q$$

$$d_q(f) = 0, \quad \begin{array}{l} \text{如果 } M \text{ 是奇数}, \ Q < |q| \leqslant (M-1)/2; \\ \text{如果 } M \text{ 是偶数}, \ -(M/2) \leqslant q < -Q \text{ 和 } Q < q \leqslant (M/2)-1 \end{array} \qquad (2-6)$$

将式(2-6)代回式(2-4)，可得到对 θ 连续的 HRTF 的插值公式：

$$H(\theta, \varphi_0, f) = \frac{1}{M} \sum_{m=0}^{M-1} H(\theta_m, \varphi_0, f) \frac{\sin\left[\left(Q + \frac{1}{2}\right)(\theta - \theta_m)\right]}{\sin\left(\frac{\theta - \theta_m}{2}\right)} \qquad (2-7)$$

基于上述推导，我们得到了有关 HRTF 空间方向的采样和恢复定理：对于某仰角(纬度面) $\varphi = \varphi_0$，如果存在整数 Q，使 $|q| \geqslant Q$ 时 HRTF 的所有高阶方位角谐波分量的系数 $d_q(f)$ 都为零，那么只要在 $0 \leqslant \theta < 2\pi$ 范围内对 $H(\theta, \varphi_0, f)$ 进行 M 点均匀采样(满足 $M \geqslant 2Q+1$)，就可以利用 M 个离散的采样值 $H(\theta_m, \varphi_0, f)$ 通过空间插值的方法完全恢复在 θ 上连续的 HRTF 函数(Zhong et al., 2009)。

上面的结果表明，HRTF 的空间采样点数取决于其方位角谐波的情况。为了探讨 HRTF 各阶方位角谐波分量的贡献，我们采用式(2-8)探讨各阶方位角谐波的能量占总能量的相对比重：

$$\eta_s(f) = \frac{|d_s(f)|^2 + |d_{-s}(f)|^2}{\sum_{q=-\infty}^{+\infty} |d_q(f)|^2}, \ s = 1, 2, 3, \cdots \qquad (2-8)$$

上式分母是对系数 $|d_q(f)|^2$ 的无限项求和。由式(2-3)可知，只有利用连续的 $H(\theta, \varphi_0, f)$ 才能得到这些系数。但是，实际的测量和计算都难以得到全频带范围的连续方向 $H(\theta, \varphi_0, f)$。作为一种近似，如果有一组 HRTF 数据，其空间方向的实际采样点数 $M = (Q_1 + Q_2 + 1)$ 足够多，满足 $M \geqslant (2Q+1)$，那么高阶的 $d_q(f)$ 都为零，用这组离散的数据可求出所需要的 $d_q(f)$。此时，式(2-8)可改写为：

$$\eta_s(f) = \frac{|d_s(f)|^2 + |d_{-s}(f)|^2}{\sum_{q=-Q_1}^{+Q_2} |d_q(f)|^2}, \quad \begin{array}{l} s = 1,2,3,\cdots,\min(Q_1,Q_2); \\ \text{如果 } M \text{ 是奇数}, Q_1 = Q_2 = \frac{(M-1)}{2}; \\ \text{如果 } M \text{ 是偶数}, Q_1 = \frac{M}{2}, Q_2 = \left(\frac{M}{2}\right) - 1 \end{array}$$

(2-9)

前 S 阶方位角谐波分量的能量之和占总能量的比重 η:

$$\eta = \frac{\sum_{s=-S}^{+S} |d_s(f)|^2}{\sum_{q=-Q_1}^{+Q_2} |d_q(f)|^2} \tag{2-10}$$

确定方位角谐波的最高阶数 Q 和最小采样点数 $M_{\min} = (2Q+1)$ 的步骤为:

(1) 确定方位角谐波的最高阶数 Q。

取 $S = 1,2,3,\cdots,\min(Q_1,Q_2)$, 按式 (2-10) 分别计算相应的 η, 直到某个值 $S = S_1$, 使得此时的 $\eta \geq 0.99$ 或 0.95 (η 可以根据误差要求设定), 即前 S_1 阶方位角谐波能量之和占总能量的 99% 或 95%。此时, 取 $S_1 = Q$, 相应的 $M_{\min} = (2S_1 + 1)$。

(2) 比较 S_1 和 $\min(Q_1,Q_2)$。

① 如果 $S_1 < \min(Q_1,Q_2)$, 则 $(2S_1 + 1) < (Q_1+Q_2+1)$, 即 $M > (2S_1 + 1) = M_{\min}$。可见, 所分析的 HRTF 实际采样点数 M 大于实际所需要的 HRTF 最小采样点数 $M_{\min}$, 故所分析的 HRTF 数据在空间方向的采样点数是有冗余的。

② 如果 $S_1 = \min(Q_1,Q_2)$, 则无法判定所分析的 HRTF 实际采样点数 M 是恰好足够还是不足, 我们将保守地认为是不足。

MIT 媒体实验室对 KEMAR 测量所得的远场 ($r = 1.4\text{m}$) HRTF 数据被广泛应用 (Gardner et al., 1995)。该库具有较高的 HRTF 空间采样率, 见表 2-1; 这里略去了 $\varphi = +40°$ 时 HRTF 的非均匀采样数据。MIT KEMAR 测量时左、右耳分别配有不同大小的耳廓, 我们采用配备小耳廓 (DB 61) 的左耳 HRTF 数据进行分析。

表 2-1 MIT HRTF 测量的空间采样情况

仰角 φ	-30°	-20°	-10°	0°	10°	20°	30°	50°	60°	70°	80°	90°
采样点数 M	60	72	72	72	72	72	60	45	36	24	12	1
水平间隔 $\Delta\theta$	6°	5°	5°	5°	5°	5°	6°	8°	10°	15°	30°	—

表 2-1 中的每个纬度面的 HRTF 数据对应着一个矩阵。例如, 水平面 $\varphi = 0°$ 上共有 72 个不同方位角 θ 的空间采样点。它们构成一个 72×512 矩阵:

$$\begin{bmatrix} H(\theta_0, 0, f_0) & H(\theta_0, 0, f_1) & \cdots & H(\theta_0, 0, f_{512-1}) \\ H(\theta_1, 0, f_0) & H(\theta_1, 0, f_1) & \cdots & H(\theta_1, 0, f_{512-1}) \\ \vdots & \vdots & \vdots & \vdots \\ H(\theta_{72-1}, 0, f_0) & H(\theta_{72-1}, 0, f_1) & \cdots & H(\theta_{72-1}, 0, f_{512-1}) \end{bmatrix} \tag{2-11}$$

其中， $f_n = n \times (44100/512)\text{Hz}, \ n = 0,1,2,\cdots,(512-1)$

将式(2-11)沿每一列分别进行关于 θ 的空间傅里叶展开，可以得到不同频率的各阶方位角谐波分量的系数。将系数代入式(2-9)，便可以计算出每个频率的 $\eta_s(f)$，如图2-3所示。

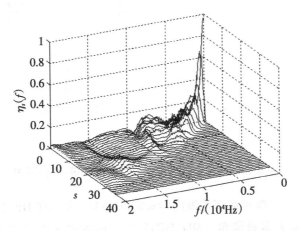

图2-3　水平面上KEMAR HRTF的方位角谐波系数随频率的变化

图中显示，低阶方位角谐波分量在低频时就占有较大的相对比重，并且一直延伸到高频；而高阶方位角谐波分量在低频时近似为零，只是随着频率的增大才逐渐起作用。例如，$\eta_{s=20}(f=172\text{Hz}) = 3.2 \times 10^{-5}$，而 $\eta_{s=20}(f=15.4\text{kHz}) = 0.12$。从成因上看，方位角谐波分量由头部、耳廓等对入射声波的散射引起；低阶方位角谐波分量反映了HRTF随方位角 θ 的平缓变化部分，它主要由近似规则的头形引起；而高阶方位角谐波分量反映了HRTF随方位角 θ 的快速变化部分，它主要由头部形状的细微变化、耳廓等几何不对称因素引起。通常，在 f 为 2～3kHz 的情况下，头部可简化为规则球体。这时低阶方位角谐波分量的线性组合足以表示此频段的HRTF。但是随着频率的升高，头部的不规则变化和耳廓开始起作用，此时HRTF的高阶方位角的谐波分量不能忽略。其他纬度面HRTF的分析也有类似的结果。

按式(2-10)及其后面给出的方法进行计算，得到不同仰角以及不同频率时HRTF的最小空间采样点数，如图2-4所示。其中，图2-4a为 $\eta \geqslant 0.95$ 的情况，图2-4b为 $\eta \geqslant 0.99$ 的情况。由于 $\varphi = 10°$ 和 $-10°,20°$ 和 $-20°,30°$ 和 $-30°$ 的最小采样点数的变化情况几乎相同，所以图2-4略去了 $-10°,-20°$ 和 $-30°$ 的图线。图2-4a和b的共同趋势是：对于固定的仰角 φ，最小采样点数 $M_{\min}$ 随着频率的升高而逐渐增大；而对于固定的频率，最小采样点数 $M_{\min}$ 随着仰角的升高而逐渐减小。通常在谐波截取中，只需截取能量大于总能量的95%（$\eta \geqslant 0.95$），而 $\eta \geqslant 0.99$ 是更为严苛的截取条件。比较图2-4a和b可以发现，对于同一仰角或同一频率，$M_{\min}(\eta \geqslant 0.99)$ 总是大于 $M_{\min}(\eta \geqslant 0.95)$。

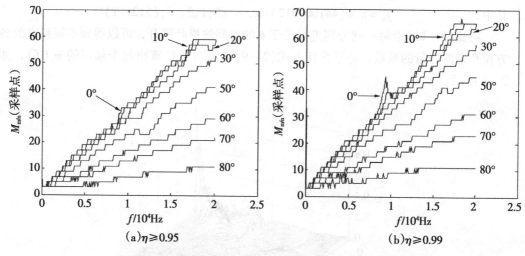

图 2-4 不同仰角时 KEMAR HRTF 的最小空间采样点数

表 2-2 给出了可听声频率范围内($f \leqslant 20\text{kHz}$)$M_{\min}$ 和 MIT HRTF 的实际空间采样点数 M。表中显示,对大多数仰角,MIT HRTF 的空间方向采样点数是足够的;然而,$\eta \geqslant 0.95$ 时 $\varphi = 70°,80°$ 纬度面上的采样可能不足,$\eta \geqslant 0.99$ 时 $\varphi = 50°,70°,80°$ 纬度面上的采样可能不足。

表 2-2 KEMAR HRTF 最小采样点数和 MIT 实际测量点数的比较

φ	-30°	-20°	10°	0°	10°	20°	30°	50°	60°	70°	80°
M	60	72	72	72	72	72	60	45	36	24	12
$M_{\min}(\eta \geqslant 0.99)$	57	63	63	65	65	65	57	45	31	23	11
$M_{\min}(\eta \geqslant 0.95)$	53	57	57	59	59	59	53	41	29	23	11

根据表 2-2 的计算结果,我们自建了中国人(远场)HRTF 数据库的方位角 θ 的空间采样率,见表 1-4。当 $\varphi = \pm 30°, \pm 15°, 0°$ 和 $45°$ 时,采用 72 点均匀采样;当 $\varphi = 60°$ 时,采用 36 点均匀采样;而当 $\varphi = 75°$ 时,结合表 2-2 中 $\varphi = 70°$ 和 $80°$ 的最小采样点,选用 24 点均匀采样。至于仰角 φ 方向的采样,也可采用类似的方法进行研究。由于 HRTF 沿仰角的变化比沿方位角的变化平缓,所以沿仰角 φ 的空间采样率为 $15°$。

为了证明上述确定的 HRTF 空间采样率的合理性,进一步采用上述方法对自建的 HRTF 数据库进行分析。以库中编号 25 被试者水平面上左耳的 HRTF 为例,与图 2-3 相对应,图 2-5 是计算得到的 $\varphi = 0°$ 时方位角谐波系数随频率变化的三维曲线图。可以看出,编号 25 被试者和 KEMAR 的结果是类似的。

图 2-6 是采用编号 25 被试者 HRTF 计算得到的 $\varphi = 0°$ 和 $30°$ 的最小采样点数 $M_{\min}$。与图 2-4 对比可以发现:真人 HRTF 的最小采样点数的变化规律与 KEMAR HRTF 的相似;然而,同等条件下真人 HRTF 的最小采样点数比 KEMAR 的多。从图 2-6 可知,在可听声频率范围内($f \leqslant 20\text{kHz}$)且采用 $\eta \geqslant 0.99$ 判据时,对真人而言,水平面 HRTF 采样

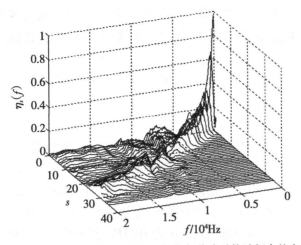

图 2-5 编号 25 被试者 HRTF 方位角谐波系数随频率的变化

72 个点是不足的。实际上，由于真人的生理形态和外貌较人工头复杂，并且在测量过程中真人可能会发生轻微的头移动，这都将增加 HRTF 的空间域复杂性(特别是高阶谐波)。因此，我们采用 $\eta \geqslant 0.95$ 作为判据，以便排除测量中无意引入的虚假高阶谐波项。

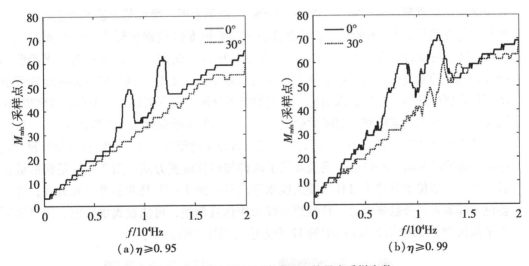

图 2-6 编号 25 被试者 HRTF 的最小采样点数

对自建数据库中 52 名被试者的统计结果表明：在可听声频率范围内($f \leqslant 20 \text{kHz}$)，采用 $\eta \geqslant 0.95$ 判据时，有 51 人的 $M_{\min}(\varphi=0°)$ 在 49～69 个采样点之间，仅 1 人为 71 个采样点(对于此名被试者，实际采用的 72 点采样在 16kHz 以下是足够的)，平均为 63 个采样点，所以表 1-4 中水平面 72 点均匀采样是足够的；对于其他纬度面，计算得到的所有被试者的最小采样点数都小于表 1-4 中的实际采样点数。各个纬度面上平均最小采样点数分别为 $M_{\min}(\varphi=-30°)=58$，$M_{\min}(\varphi=-15°)=62$，$M_{\min}(\varphi=15°)=61$，$M_{\min}(\varphi=30°)=56$，$M_{\min}(\varphi=45°)=50$，$M_{\min}(\varphi=60°)=34$，$M_{\min}(\varphi=75°)=22$。这说明表 1-4 是合理的，即自建 HRTF 数据库的空间采样率是足够的。

由表 2-2 的数据可推知,仰角 φ 所对应的纬度面上的最小采样点数 $M_{\min}(\varphi)$ 和水平面最小采样点数 $M_{\min}(\varphi=0°)$ 之间存在如下的近似关系(相关系数为 0.996):

$$M_{\min}(\varphi) = M_{\min}(0°)\cos\varphi \qquad (2-12)$$

有研究将上述方法推广至近场 HRTF 测量中采样点数的确定(余光正等,2010)。

2.2.1.2 封闭耳道法的评估

理想情况下,HRTF 的测量可选取鼓膜作为双耳声压的测量点。对于人工头,可采用放置在耳道模拟器末端的压力场传声器进行测量。对于真人被试者,虽然有研究采用探针传声器测量鼓膜处的声压,但是一方面由于探针传声器的灵敏度和频响特性并不理想,另一方面其测量位置不易固定,而且操作稍有不慎即可能对被试者造成伤害。因此,大部分研究采用封闭耳道法测量真人被试者 HRTF。封闭耳道法是将微缩传声器放置在耳道入口,并在耳道入口封闭的情况下测量双耳声压。目前,对微缩传声器的放置方式还没有严格的量化标准,很大程度上依赖于实验者的经验,即使同一名实验者也无法确保每次的放置方式完全一致;并且实验过程中真人被试者轻微的面部肌肉运动也可能导致微缩传声器的轻微移动。所以,对于不同次测量实验,甚至同一次实验的不同阶段,传声器位置所带来的实验误差都不尽相同。Riederer 研究了封闭耳道法中微缩传声器的不同放置对测量结果重复性的影响(Riederer,1998)。结果表明,微缩传声器的放置对 HRTF 幅度谱重复性测量的影响较大,重复测量的 HRTF 幅度谱差别随频率的增高而增大,在 10kHz 以下频段的平均差别为 3~5dB,在 10kHz 以上误差可达 20dB;对于无经验的实验者,测量的重复性更差。已有研究主要是从数学意义上分析微缩传声器的放置所引起的测量重复性问题。然而,人类听觉系统的频率分辨率是有限的,位于高频的窄带 HRTF 幅度谱差别并不一定能够引起听觉感知。因此,还需从听觉意义上开展研究。

基于 KEMAR 人工头 HRTF 的测量,我们研究了封闭耳道法中微缩传声器放置对测量结果的影响(Zhong,2013a)。测量采用了两种传声器放置方式:图 2-7a 是标准放置方式,即传声器位于耳道入口且振膜法线水平向外;图 2-7b 是非标准放置方式,即传声器位于耳道入口外数毫米处,且振膜法线未作认真调整,可能偏离水平面。测量得到了水平面从 0°到 330°均匀间隔 30°的 12 个方位的双耳 HRTF。

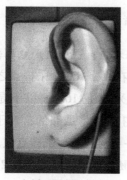
(a)标准放置方式

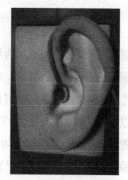
(b)非标准放置方式

图 2-7 微缩传声器的放置方式

采用谱失真 SD(spectral distortion)评估两种传声器放置方式对 HRTF 幅度谱的影响:

$$\mathrm{SD}(\theta, f) = \left| 20\lg \left| \frac{H_2(\theta, f)}{H_1(\theta, f)} \right| \right| (\mathrm{dB}) \qquad (2-13)$$

其中,下标 1 代表标准放置方式,下标 2 代表非标准放置方式。为了进一步研究不同放置方式所引起的 HRTF 幅度谱差异的听觉影响,我们采用反映人类听觉系统非均匀频率分辨率的 ERB 滤波器模型,见式(1-28),对 HRTF 进行了平滑滤波。图 2-8 是平滑前的谱失真 $\mathrm{SD}(\theta)$ 和平滑后的谱失真 $\mathrm{SD}_S(\theta)$(已对频率进行平均)。图中显示,非标准放置传声器可能导致高达 3~4dB 的 HRTF 频谱偏离,该偏离和声源方位角没有明显的关联;然而,人类听觉可在一定程度上减轻非标准放置的负面影响。

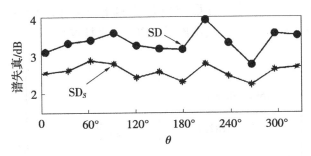

图 2-8 平滑前后的谱失真

2.2.1.3 被试者着装影响的评估

测量中真人必定有衣服覆盖。通常认为,衣服对 HRTF 的幅度具有削减的作用,例如厚衣服可以使 HRTF 在 2~4kHz 削减 2~3dB。然而,这些研究只是列举衣服对 HRTF 幅度大小的影响,并没有得出相应规律,也没有深入讨论衣服覆盖躯干对 HRTF 的影响。其实,从 HRTF 描述的头部、耳廓和躯干对声波散射的物理过程来看,衣服主要是通过影响声波的肩部反射从而影响 HRTF 的。Algazi 等人对 KEMAR 人工头 HRTF 进行了测量和分析,证明肩部反射对 HRTF 有明显的影响,它是低频声源的定位因素之一(Algazi et al., 2001a)。然而,该文献的研究条件和实际情况有一定的差异。首先,人工躯干的材料比实际皮肤硬得多,且没有被衣服覆盖,而实际上人每天会穿着不同的衣服,因此人工躯干的表面声阻抗级肩部反射和真人的情况明显不同;其次,为了突出肩部反射,研究中使用的是没有配备耳廓的 KEMAR。

鉴于上述原因,我们进一步研究了不同服装以及耳廓的有无对肩部反射进而对 HRTF 的综合影响(Zhong et al., 2006)。首先,对不同条件下的 HRTF 进行了测量,包括:

(1) 耳廓的有无。在有耳廓的测量中,KEMAR 配备的是型号为 DB 60/61 的一对耳廓;在无耳廓的测量中,我们用橡皮泥将 KEMAR 原装置的耳廓凹陷处填平,仅留下耳道入口,如图 2-9 所示。对于真人,我们只能测得有耳廓的 HRTF。

(2) 躯干的覆盖物。包括无覆盖物(仅限 KEMAR)、厚毛衣和表面光滑的运动衣。

(3) 声源的方位。共 3 个方位($\varphi = 0°$;$\theta = 0°, 30°, 90°$)。

组合以上 3 类条件可得到 27 种 HRTF。

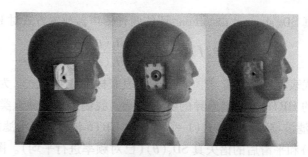

图 2-9　不同耳廓情况下的 KEMAR 人工头

从左至右依次为有耳廓、无耳廓和耳廓凹陷处被橡皮泥填平的情形

图 2-10 和图 2-11 分别是无耳廓和有耳廓的情况下，$\theta=90°$、KEMAR 无覆盖物时右耳的头相关脉冲响应 HRIR（只画出了前 200 个采样点）。

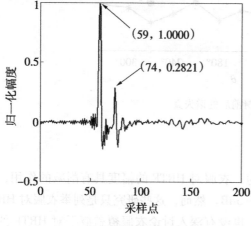

图 2-10　无耳廓、无覆盖物、$\theta=90°$时右耳的 HRIR

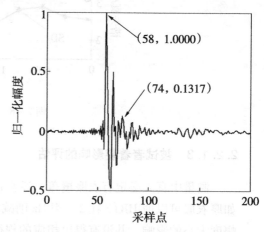

图 2-11　有耳廓、无覆盖物、$\theta=90°$时右耳的 HRIR

比较两图可以发现，无耳廓时的脉冲响应相对简单。在直达声产生的主峰出现之后，响应很快回落到零附近，但在继主峰出现 15 个采样点后，出现了第二个明显的峰（即次峰），其高度较主峰低（相对幅度为 0.2821）。这个次峰是由肩部反射声引起的。事实上，由两个峰之间的时间间隔（15 个采样点，44.1kHz 采样率）不难估计，直达声与反射声的声程差约为 0.12m，这正好是肩部反射声与直达声的声程差。而图 2-11 给出的有耳廓时的脉冲响应则相对复杂。图中可见由于耳廓的反射与共振，继主峰出现后有一较长（大约 38 个采样）的衰减振荡过程。这个较长的衰减过程几乎掩盖了肩部反射所引起的次峰（相对幅度仅为 0.1317）。正因如此，过去许多关于肩部反射的研究都采用了无耳廓的人工头/躯干模型。下面将看到，这会忽略耳廓与肩部反射的相互作用。

图 2-12 和图 2-13 分别给出了无耳廓的 KEMAR 分别覆盖表面光滑的运动衣和厚毛衣情况下，$\theta=90°$时右耳的头相关脉冲响应 HRIR。从肩部反射所引起的次峰的相对幅度来看，它由无覆盖物时的 0.2821 降为覆以运动衣时的 0.2206 和覆以毛衣时的 0.0979。这是由于衣服的吸声作用可使肩部反射声的振幅减小，从而使 HRIR 中由肩部反射所引

起的次峰的相对幅度减小。其中,衣服的吸声作用越强,次峰的相对幅度越小,图 2-13 中可见覆以厚毛衣时肩部反射所引起的次峰几乎消失。另一方面,不同衣服,肩部反射所引起的次峰的位置也有微小的变动。它从无覆盖物时的 74 点变为覆以运动衣时的 73 点和覆以毛衣时的 75 点。这是由覆盖物厚度的不同和表面声阻抗的不同引起的。

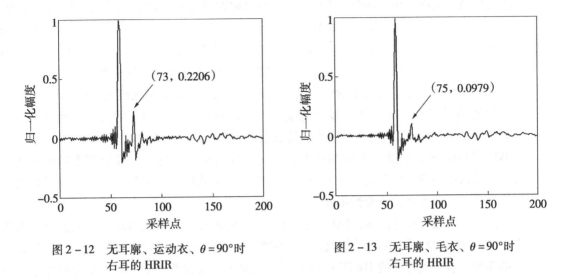

图 2-12　无耳廓、运动衣、$\theta = 90°$时右耳的 HRIR　　　图 2-13　无耳廓、毛衣、$\theta = 90°$时右耳的 HRIR

为了更清楚地进行比较,图 2-14 给出了无耳廓的 KEMAR 在无覆盖物、覆盖表面光滑的运动衣、覆盖厚毛衣 3 种情况下,$\theta = 90°$时右耳 HRTF 的振幅谱。可以看出,无覆盖物时(见图中粗实线),由于肩部反射声与直达声的叠加干涉导致 HRTF 在 1.5kHz、4.7kHz、7.3kHz、10.4kHz、13.0kHz 等处有明显的谷,而在 3.0kHz、6.1kHz、8.8kHz、11.7kHz 等处有明显的峰。利用 HRTF 振幅谱的周期性计算得到直达声和反射声的声程差为 0.11~0.13m。这个结果和利用图 2-10 的 HRIR 得到的结果在误差范围内是一致的。

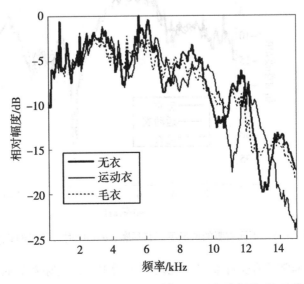

图 2-14　不同衣服的情况下,无耳廓、$\theta = 90°$时右耳 HRTF 的振幅谱

此外，比较图 2-14 中 3 种着装情况下 HRTF 的振幅曲线可以发现，不同衣服对 HRTF 的影响主要体现在高频。图中可见在 3.0kHz 以下 3 条曲线十分吻合；3 种着装情况下肩部反射所引起的第一个干涉谷（位于 1.5kHz）和第一个干涉峰（位于 3.0kHz）几乎相同，只是在 2.0～3.0kHz 之间覆盖运动衣时 HRTF 的幅度相对于无衣时的有不大于 1dB 的偏离。因而，在 3.0kHz 以下不同衣服对肩部反射和 HRTF 几乎没有影响。然而，从 5.0kHz 开始，覆以运动衣时 HRTF 振幅谱的峰、谷逐渐偏离无覆盖物的情况。具体表现为其峰、谷逐渐向高频移动。在 10.0kHz 附近，两者谷位置相差约 0.6kHz。虽然覆以运动衣时 HRTF 振幅谱的峰、谷逐渐向高频移动，但其幅度大小没有明显的变化。而覆以毛衣时 HRTF 振幅谱的变化恰恰相反：其峰、谷的位置几乎和无覆盖物时的完全吻合，只是幅度明显变小，特别是干涉谷明显变浅。例如，在 13.0kHz 附近，两者的差异达 4.3dB。因而在无耳廓的情况下，不同的衣服对肩部反射有一定的影响，从而使频率大于 5.0kHz 的 HRTF 振幅谱有明显的改变，主要表现为振幅谱的峰、谷沿频率轴的移动和峰、谷深浅的改变。对于同一件衣服，这两种不同方式的影响是同时存在的，只是对于不同性质的衣服两者的重要性不同。

图 2-15 是有耳廓的 KEMAR 在无覆盖物、覆盖表面光滑的运动衣、覆盖厚毛衣情况下，$\theta = 90°$时右耳 HRTF 的振幅谱。比较图 2-15 和图 2-14 可以发现，在 3.0kHz 以下的频段，有、无耳廓的 HRTF 完全类似，此时不同衣服覆盖对 HRTF 的影响很小。这是因为耳廓的生理尺寸较小，所以它对 3.0kHz 以下的声波几乎没有作用。但是与无耳廓时不同的是，随着频率的升高，有耳廓时不同衣服的 HRTF 振幅谱仍然比较吻合；并且当频率大于 5.0kHz 时，肩部反射所引起的 HRTF 的峰与谷已不明显。正如前面分析时域 HRIR 所提到的一样，这是由于耳廓的存在会掩盖肩部反射声的高频部分。

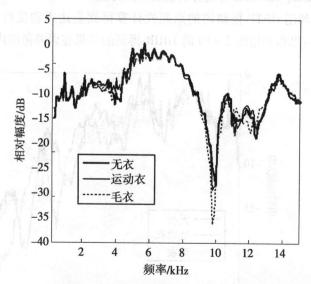

图 2-15 不同衣服的情况下，有耳廓、$\theta = 90°$时右耳 HRTF 的振幅谱

上面的结果非常具有实际意义。在现实生活中，人类穿着的衣服是经常变换的，但是人类对声源的定位能力并没有因衣服的变换而改变。这是因为虽然在无耳廓的情况下，

不同的衣服引起的肩部反射不同，从而使频率大于 5.0kHz 的 HRTF 振幅谱有明显的改变，但是耳廓的存在可以在不改变 3.0kHz 以下肩部反射声低频部分的情况下，掩盖不同衣服对肩部反射声高频部分的影响。因而，当人类的听觉系统利用 3.0kHz 以下的肩部反射声进行低频声源的定位，同时利用耳廓对声波的散射（它只和耳廓的形态有关）进行高频声源的定位时，人类的定位能力是不会随衣服的变换而改变的。另外，过去的研究认为，耳廓的主要作用是散射高频声波以产生 HRTF 高频的谷，从而作为高频声源的定位因素。而这里的研究表明，耳廓的存在掩盖了肩部反射声的高频部分，从而消除或减少了不同衣服对肩部反射和声源定位的影响。这可能是人类耳廓在生物学上的另一个功能。

对 $\theta = 0°, 30°$ 的 HRTF 进行同样的分析发现，虽然声波的入射角度不同，肩部反射也会不同，因而定量的结果有所不同，但是定性结论是类似的。更严格地，应选用不同类型的衣服、不同的声源方向 (θ, φ) 进行实验，但从逻辑上来说，这里简单的实验已足以说明耳廓、不同的衣服对肩部反射有一定的影响。

上面的讨论只是针对 KEMAR 人工头。此模型是依照欧洲人平均生理尺寸制造的。它不仅不具有头发，而且其表面声阻抗和真人的皮肤也不同。因而 KEMAR 只是一个理想模型，它和真人还有一定的差距。为了比较，图 2-16 给出了一个真人覆以运动衣和毛衣时，$\theta = 90°$ 的右耳 HRTF 的振幅谱。比较图 2-15 和图 2-16 可以看出，一方面，由于真人的头部、躯干和耳廓等的生理形态（包括大小和形状）和 KEMAR 有一定的差异，所以对于同一衣服，图 2-15 和图 2-16 中峰、谷的位置以及深浅有一些偏离；另一方面，可以看出，图 2-15 中 KEMAR 覆盖不同衣服时 HRTF 仍吻合，而图 2-16 中真人覆盖不同的衣服时高频（$f > 10$kHz）的 HRTF 在形状上类似，但在频率轴上出现一定偏离。然而，一方面考虑到人类听觉系统对高频声波的频率分辨率不高（在 10kHz 附近，听觉临界频带的宽度大约是 2.5kHz）；另一方面，当声波具有较宽的频带时，声波的中、低频成份对定位具有决定的作用。所以，即使在覆盖不同的衣服时，真人 HRTF 在高频出现了一定的偏离（约 700Hz），其声源定位能力也不会受到太大影响。此外，测量中，KEMAR 可以在不改变位置的情况下更换不同衣服，而真人却不得不离开转椅更换衣服再重新坐下进行测量。从这个角度讲，不同衣服时真人 HRTF 在高频的微小偏离，极可能是真人更换衣服后重新坐下但却未完全恢复之前坐姿的缘故。

上面的研究表明，在无耳廓的情况下，不同衣服对肩部反射以及 HRTF 有一定的影响，但主要影响的是频率高于 5.0kHz 的高频部分，对频率低于 3.0kHz 的低频部分几乎没有影响。耳廓的存在掩盖了肩部反射声的高频部分，从而消除或减少了不同衣服对肩部反射和声源定位的影响（这可能是人类耳廓在生物学上的另一个功能）。因此，3.0kHz 以下的肩部反射能够成为一个稳定的声源定位因素。

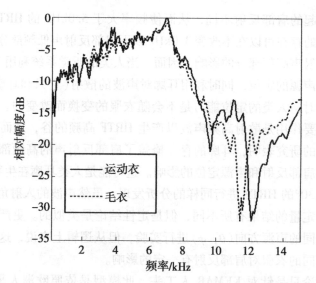

图 2-16 真人覆以运动衣和毛衣时，$\theta=90°$ 的右耳 HRTF 的振幅谱

上述结论对我们的测量具有一定的指导价值。由于不同衣服对频率低于 3.0kHz 的低频部分几乎没有影响，并且真人被试者肯定具有耳廓，所以测量中不用过多考虑不同衣服对 HRTF 的影响。另外，为了尽量消除不同服装的影响，测量中我们要求被试者穿着较为吸声的服装，并且每次测量时着装的面料和厚薄程度尽量相近。

2.2.1.4 生理参数的测量

HRTF 描述了生理结构（如头部、耳廓和躯干）对声波的散射过程。由于每个人的生理结构存在尺寸和细节上的差异，使得 HRTF 成为一个个性化的物理量。研究与 HRTF 相关的生理结构，不仅有助于理解 HRTF 中所蕴含的定位因素及其形成机理，还能够从生理的角度探究 HRTF 的空间特性。因此，大部分 HRTF 数据库都包含了被试者的生理参数信息。

目前较为常用的 HRTF 相关的生理参数集合是 CIPIC 数据库定义的 27 个生理参数（Algazi et al., 2001b），如图 2-17 所示。描述头部和躯干的 17 个生理参数分别是：x_1 头宽(head width)，x_2 头高(head height)，x_3 头深(head depth)，x_4 耳廓下偏量(pinna offset down)，x_5 耳廓后偏量(pinna offset back)，x_6 颈宽(neck width)，x_7 颈高(neck height)，x_8 颈深(neck depth)，x_9 躯干上宽(torso top width)，x_{10} 躯干上高(torso top height)，x_{11} 躯干上深(torso top depth)，x_{12} 肩宽(shoulder width)，x_{13} 头前偏量(head offset forward)，x_{14} 高度(height)，x_{15} 坐高(seated height)，x_{16} 头围(head circumference)，x_{17} 肩围(shoulder circumference)。描述耳廓的 10 个生理参数分别是：d_1 耳甲腔高(cavum concha height)，d_2 耳甲艇高(cymba concha height)，d_3 耳甲腔宽(cavum concha width)，d_4 三角窝高(fossa height)，d_5 耳长(pinna height)，d_6 耳宽(pinna width)，d_7 屏间切迹宽(intertragal incisure)，d_8 耳甲腔深(cavum concha depth，备注 back)，θ_1 耳旋转角(pinna rotation angle)，θ_2 耳张角(pinna flare angle)。这 10 个描述耳廓的生理参数适用于左耳和右耳。

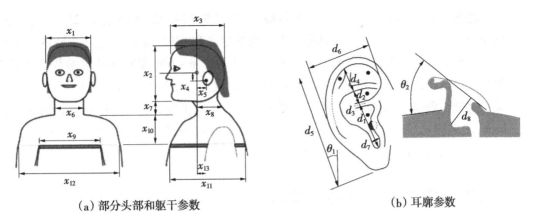

(a) 部分头部和躯干参数　　　　　　(b) 耳廓参数

图 2-17　CIPIC 数据库的部分生理参数(Algazi et al., 2001b)

2006 年，我们在建立中国人(远场)HRTF 数据库时，综合考虑 HRTF 的形成过程，参考了 CIPIC 数据库生理参数的定义和我国成年人头面部尺寸的国家标准 GB/T 2428—1998，对被试者的 17 个生理参数进行了测量和统计(钟小丽，2006；Xie et al., 2007)。表 2-3 是全部生理参数的统计情况。

表 2-3　中国人(远场)HRTF 数据库中生理参数的统计

名称	定义来源	平均值	标准差	性别影响
头全高	GB/T 2428—1998	222/mm	13.6/mm	＊＊
头最大宽	GB/T 2428—1998	157/mm	6.8/mm	＊＊
两耳屏间宽	GB/T 2428—1998	141/mm	6.2/mm	＊＊
头深	CIPIC	184/mm	7.9/mm	＊＊
鼻尖点至枕后点距	GB/T 2428—1998	200/mm	7.9/mm	＊＊
耳屏至枕后点距	GB/T 2428—1998	92/mm	11.6/mm	无
耳宽	CIPIC	32/mm	2.2/mm	(＊)
耳长	CIPIC	61/mm	5.0/mm	＊
容貌耳长	GB/T 2428—1998	58/mm	4.4/mm	＊
耳前后偏转角	CIPIC	19/(°)	5.8/(°)	无
耳屏至耳翼水平距离	我们提出	31/mm	2.7/mm	＊＊
相应耳翼点高度	我们提出	20/mm	2.7/mm	＊＊
耳凸起角	CIPIC	42/(°)	7.3/(°)	(＊)
前弧长	我们提出	274/mm	11/mm	＊＊
后弧长	我们提出	210/mm	13.1/mm	＊＊
耳背至耳屏距离	我们提出	24/mm	2.7/mm	＊
耳道至肩的垂直距离	我们提出	139/mm	11.6/mm	无

其中＊＊表示性别影响高度显著，＊表示影响显著，(＊)表示有一定的影响。

近期，Brinkmann 等人从头部和躯干的三维扫描模型提取了 25 个生理参数（Brinkmann et al.，2019）。大部分生理参数的定义和 CIPIC 数据库生理参数的定义保持一致。出于测量点选取的考虑，Brinkmann 等人对少量 CIPIC 数据库生理参数进行了细化和调整。例如，d_5 耳长和 d_6 耳宽不再沿着斜轴定义，而改为沿着正交垂直的 y、x 轴定义。此外，Brinkmann 等人将 CIPIC 数据库中 d_8 耳甲腔深（cavum concha depth，备注 back）更名为 d_9，新定义 d_8 为耳甲腔垂直深（cavum concha depth，备注 down），新定义 d_{10} 耳轮脚斜高（crus helix slant height）。

2.2.2 HRTF 数据库的一致性分析

随着三维空间音频的发展，越来越多的虚拟声应用场景需要 HRTF 的数据支持。自 2012 年，奥地利科学院声学研究所 Majdak 教授团队一直致力于 HRTF 的存储规范化和数据库汇总等工作。在各国研究团队的支持下，已汇编了多个真人 HRTF 数据库，例如 ARI、CIPIC、RIEC、Aachen、HUTUBS、Listen、SCUT 等和人工头 HRTF 数据库，例如 MIT、TU – Berlin、Club Fritz、PKU – IOA ARI、SCUT 等*。

虽然 HRTF 具有明确的定义，但是由于缺乏统一规范，不同实验室采用不同的测量方案，包括测量环境、测量设备、测量方法以及后处理方法等。为了探究不同实验室 HRTF 测量之间的差异，2004 年 Katz 和 Begault 发起了一个名为"Club Fritz"的 HRTF 测量循环赛。他们将同一个假人头 KU – 100 寄往各国从事 HRTF 测量的实验室，要求每个实验室按照自己的测量规范进行 KU – 100 的 HRTF 测量，并上传测量数据。截至 2015 年，共收集到来自 10 个实验室的数据。对不同测量方案的 HRTF 幅度谱进行直接比较发现，谱偏差在 6kHz 以下的频段达到 12.5dB，而在 6kHz 以上的频段达到 23dB（Andreopoulou et al.，2015）。这是关于不同测量方案对 HRTF 影响的较为全面和详尽的研究。然而，该研究所采用的 HRTF 都是通过固定在耳膜处的 KU – 100 内置传声器捡拾，因而未能研究不同测量点（耳膜或者封闭耳道入口）和不同传声器类型对 HRTF 的影响；此外，该研究仅进行了不同测量方案的数值比较，没有采用主观听音实验进一步探究不同测量对 HRTF 的听觉影响。我们也于 2013 年开始关注不同实验室测量 HRTF 的一致性问题（Zhong et al.，2013）。我们的目的不仅仅是对比不同实验室测量 HRTF 的异同，更重要的是，我们希望通过了解不同实验室测量 HRTF 的一致性，进而评估不同 HRTF 数据库联合使用的可行性。HRTF 是具有个性化的物理量，如果采用信号处理方式可以降低不同测量方案所导致的不同数据库之间的差异，那么就可以实现多个真人 HRTF 数据库的联合使用，联合数据库将为个性化 HRTF 的研究和应用提供丰富的基础数据。

考虑到 KEMAR 人工头比 KU – 100 更接近真实人类的生理外形，已被广泛应用于双耳听觉研究和虚拟声重放技术。我们选取来自 5 个不同测量数据库的 KEAMR HRTF 为研究对象，采用谱差异计算和主观听音实验相结合的方法，全面、系统地研究了不同测量

---

*这些数据库的描述和下载链接详见 https://www.sofaconventions.org/mediawiki/index.php/Files.

方案对 HRTF 的听觉影响(钟小丽等,2018)。具体的,从 5 个不同的 HRTF 数据库,即 CIPIC(Algazi et al.,2001b)、MIT(Gardner,1995)、SCUT1、SCUT2、SCUT3(Xie et al.,2010),选取 KEMAR(配小耳廓)数据作为研究对象。表 2-4 是不同数据库的测量情况。

表 2-4 5 种不同 KEMAR HRTF 的测量情况

数据库名称	CIPIC	MIT	SCUT1	SCUT2	SCUT3
测量环境	非消声室	消声室	非消声室	非消声室	非消声室
距离 r/m	1.0	1.4	1.5	1.0	1.0
采样率/kHz	44.1	44.1	44.1	44.1	44.1
HRIR 长度(采样点)	200	512	512	512	512
测量点	封闭耳道入口	耳膜	封闭耳道入口	耳膜	耳膜
传声器型号	Etymotic ER-7C	Etymotic ER-11	DPA 4060	B&K4192	B&K4192
声源型号	Bose AcoustimassTM	Realistic Optimus Pro 7	KEF-Q1	椭球形声源	球形正十二面体声源

2.2.2.1 HRTF 的预处理

表 2-4 中不同数据库 IIRIR 长度不完全相同。为了确保数据具有同样的频率分辨率,先参照 CIPIC 数据的情况,采用 200 点矩形时间窗对其他数据进行截断;再用 256 点离散傅里叶变换得到 256 点频域 HRTF。

根据信号与系统的理论,HRTF 可分解成两个子系统的级联,即 HRTF 等于公共传输函数和方位传输函数的乘积。根据 HRTF 的形成过程,公共传输部分主要包括 HRTF 中与空间方位无关的特征,例如耳道共振引起的位于 3~4kHz 附近的 HRTF 幅度峰,以及测量系统的部分特征。通常,公共传输函数定义为空间所有方位 HRTF 幅度值的均方根。采用公共传输函数对 HRTF 进行归一化处理,就得到了扩散场 HRTF 的 H_{diff}:

$$H_{\text{diff}}(\theta_i,\varphi_i,f) = \frac{H(\theta_i,\varphi_i,f)}{\sqrt{\frac{1}{M}\sum_{i=1}^{M}|H(\theta_i,\varphi_i,f)|^2}} \quad (2-14)$$

式中,M 表示 HRTF 总的空间测量方位。相对于原始测量 HRTF,H_{diff} 在一定程度上去除了测量系统的影响,因此可以减小不同测量方案对 HRTF 测量结果的影响。此外,H_{diff} 消除了 HRTF 中空间方位的公共特征,仅保留了随空间方位变化的特征,因此也称为指向性传输函数 DTF(directional transfer function)。

由于人类在水平面和中垂面上的定位机制有所不同,上述扩散场均衡分别在水平面和中垂面上进行。在水平面 $\varphi=0°$,将各数据库中均匀间隔 $\Delta\theta=5°(0°\leq\theta<360°)$ 的 72 个空间方位的 KEMAR HRTF 数据代入式(2-14)进行均衡处理。在中垂面 $\theta=0°$,选取各数据库(除 SCUT1)中均匀间隔 $\Delta\varphi=10°(-30°\leq\varphi\leq90°)$ 的 13 个空间方位的 KEMAR HRTF 数据代入式(2-14)进行均衡处理。需要说明的是,个别数据库(如 CIPIC)在中垂面上的测量方位不完全满足均匀间隔 $\Delta\varphi=10°$,我们采用空间插值的方法从已测空间方

位 HRTF 数据得到所需空间方位的数据。上述均衡对左右耳分别进行。

2.2.2.2 基于谱差异的客观评估

和式(2-13)类似，定义谱失真 SD(spectral deviation)为：

$$\text{SD}_{(i,j)}(\theta,\varphi,f) = \left|20\lg_{10}\frac{|H_i(\theta,\varphi,f)|}{|H_j(\theta,\varphi,f)|}\right|(\text{dB}) \qquad (2-15)$$

H_i 和 H_j 分别表示来自第 i 个和第 j 个数据库的 KEMAR HRTF。SD 越接近 0dB，表示不同 HRTF 测量之间的偏差越小。水平面上，5 种 KEMAR HRTF 共有 10 个比较对；中垂面上，4 种 KEMAR HRTF 共有 6 个比较对。进一步，将每个比较对的 SD 对声源方位、频率、左右耳取平均，得到 SD_{mean}。SD_{mean} 从整体上表征了不同测量方案 KEMAR HRTF 之间的谱差异。表 2-5 是有均衡和无均衡情况下的全频段平均谱差异 SD_{mean}。

表 2-5 不同测量方案 KEMAR HRTF 的全频段平均谱差异 SD_{mean}

比较对	水平面 SD_{mean}/dB		中垂面 SD_{mean}/dB	
	无均衡	有均衡	无均衡	有均衡
CIPIC-MIT	7.4	2.7	6.9	2.6
CIPIC-SCUT1	5.8	2.9	—	—
CIPIC-SCUT2	8.0	2.9	7.8	2.6
CIPIC-SCUT3	10.0	3.0	9.9	2.7
MIT-SCUT1	6.7	2.7	—	—
MIT-SCUT2	6.0	2.8	5.8	3.1
MIT-SCUT3	6.8	2.8	6.7	3.0
SCUT1-SCUT2	5.1	2.4	—	—
SCUT1-SCUT3	6.0	2.3	—	—
SCUT2-SCUT3	2.8	1.1	2.9	1.3

表 2-5 表明，无论是水平面还是中垂面的声源方向，扩散场均衡都可以明显地减小不同测量方案 HRTF 之间的频谱偏差，最大减幅达到 7.2dB。扩散场均衡后，不同测量方案的 SD_{mean} 基本在 3dB 以内。由于人类听觉有限的频谱分辨能力，这些 HRTF 谱差异是否会引起听觉上的差异还需要进一步采用主观听音实验进行研究。

2.2.2.3 基于听觉感知实验的主观评估

虚拟声像的感知包括方位感知、音色感知等多个方面。我们先采用定位实验研究了不同测量方案对 HRTF 定位效果的影响，其本质是探究不同测量方案对 HRTF 所包含的定位信息，例如双耳时间差、双耳声级差等的影响。即便两种不同测量方案的 HRTF 具有等同的定位效果，也可能由于不同测量方案所导致的 HRTF 频谱结构差异，从而产生音色差异。因此，我们在定位实验的基础上，挑选出定位效果等同的两种测量方案（两个数据库），进一步采用区分实验研究不同测量方案对 HRTF 音色的影响。

1. 定位实验

选取上述 5 个数据库 KEMAR 水平面 HRTF 数据进行声像定位实验。首先,将 HRIR 与单通路白噪声信号(2s 长,0～12kHz 频段,44.1kHz 采样,16bit 量化)进行时间域卷积,合成虚拟双耳声信号;然后,采用 KEMAR 的耳机到耳道传输函数(headphone to ear-canal transfer function,HpTF)对合成声信号进行耳机均衡,以消除耳机对重放效果的影响;最后采用一对高保真耳机(森海塞尔 HD250II)重放合成声信号给被试者聆听,被试者指出感知的虚拟声像角度。水平面虚拟声像的 7 个目标方位角 θ = 0°,30°,60°,90°,120°,150°,180°。8 名年龄介于 22～25 岁之间、听力正常且有听音实验经历的被试者参与实验。每名被试者共进行 280 次判断,即 2 种 HRIR(未均衡和均衡)×5 个数据库×7 个目标方位×4 次重复;每种实验条件下(HRIR 类型、数据库类型、目标声像方位)有 32 次判断,即 8 名被试者×4 次重复。中垂面定位实验中,由于数据库 SCUT1 缺乏中垂面 HRTF 数据,因此选取其他 4 个数据库 KEMAR 中垂面 HRTF 数据进行。中垂面上合成虚拟双耳声信号的方法和水平面是一样的。中垂面虚拟声像的 5 个目标仰角方向 φ = −30°,0°,30°,60°,90°。7 名被试者参与实验,每名被试者共进行 240 次判断,即 2 种 HRIR×4 种数据库×5 个目标方位×6 次重复;每种实验条件下有 42 次判断,即 7 名被试者进行 6 次重复。

上述实验在一间经过简单吸声处理的房间中进行,本底噪声低于 30dB(A)。由于采用封闭式耳机(森海塞尔 HD250II),实验的信噪比可进一步提高。定位实验采用自制的空间坐标系统。它主要由一个水平面圆环和一个中垂面圆环组成,圆环上均匀标有刻度用以指示方位角和仰角。上述实验流程均采用 MATLAB 软件控制。采用外置声卡 ESI UGM96 连接耳机和电脑。

定位实验结果的评判指标有两个:无符号角度偏差和混乱率。对于每一个虚拟声像,假设目标方位为 ψ_s,而被试者的感知方位为 $\psi(n)$(n = 1,2,$\cdots$,N,N 表示重复判断的总次数),那么无符号角度偏差 $\Delta\psi$ 定义为:

$$\Delta\psi = \frac{1}{N}\sum_{n=1}^{N}|\psi(n) - \psi_s| \qquad (2-16)$$

上式中,水平面上 ψ 代表方位角 θ,N = 32;中垂面上 ψ 代表仰角 φ,N = 42。$\Delta\psi$ 表征了实际感知的声像方位和目标方位之间的绝对偏离。在虚拟听觉重放中,经常出现前方(或后方)目标声像被感知在后方(或前方),即出现前后混乱;有时,位于上方(或下方)的目标声像被感知在下方(或上方),即出现上下混乱。通常,混乱率 γ 定义为出现声像混乱的实验次数和总实验次数的比率。我们首先剔除原始数据中出现头中定位的部分;然后统计混乱率 γ,并通过空间对称反演的方式,将发生混乱的感知声像方位反演至目标声像方位所在的象限;最后计算无符号角度偏差 $\Delta\psi$。

表 2-5 是从谱失真的角度证明了扩散场均衡的预处理方法可以减小不同测量方案所导致的 HRTF 差异。进一步,我们通过定位实验比较有均衡和无均衡情况下 HRTF 的定位效果,如表 2-6 所示,均衡后 HRTF 的混乱率 γ 和无符号角度偏差 $\Delta\psi$ 都有不同程度的降低,不同数据库(即不同测量方案)的降低程度不同;相对于水平面声源方向,采用均衡后,中垂面的 r 和 $\Delta\psi$ 下降更为明显。

表2-6 不同测量方案 KEMAR HRTF 的定位效果

声源方位	数据库	混乱率 γ		无符号角度偏差 $\Delta\psi$	
		无均衡	有均衡	无均衡	有均衡
水平面	CIPIC	41.9%	24.5%	10.6°	7.0°
	MIT	26.3%	19.6%	10.8°	7.5°
	SCUT1	23.8%	22.2%	10.3°	6.8°
	SCUT2	27.3%	26.3%	9.6°	6.5°
	SCUT3	33.3%	31.8%	10.4°	8.3°
中垂面	CIPIC	7.1%	4.4%	26.6°	19.2°
	MIT	15.2%	11.2%	30.0°	17.4°
	SCUT2	15.7%	7.1%	30.7°	19.5°
	SCUT3	14.3%	11.6%	28.2°	20.6°

图 2-18 和图 2-19 给出了不同测量方案下混乱率 γ 和无符号角度偏差 $\Delta\psi$ 随方位角的变化情况。由于 $\theta=90°$ 恰好处于前后平面的分界线上,所以不存在混乱现象,即 $\gamma=0$。图 2-18 表明,各个数据库的混乱率随方位角的变化趋势基本一致,在正前方 $\theta=0°$ 和正后方 $\theta=180°$ 容易出现前后混乱现象,而在 $\theta=120°$ 前后混乱率几乎为 0。图 2-19 显示,不同测量方案的 $\Delta\psi$ 随方位角的变化趋势基本一致,在正前方 $\theta=0°$ 和正后方 $\theta=180°$ 的定位误差较小,而在侧向(特别是 $\theta=60°$)的定位误差较大,最大误差接近 20°。

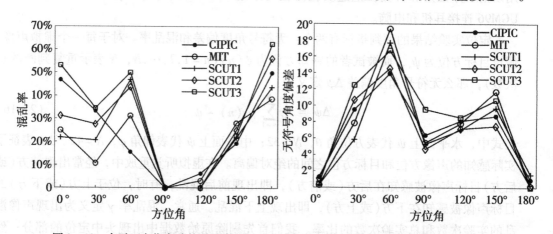

图 2-18 水平面定位实验的混乱率 γ　　图 2-19 水平面定位实验的无符号角度偏差 $\Delta\psi$

图 2-20 和图 2-21 给出了不同测量的混乱率 γ 和无符号角度偏差 $\Delta\psi$ 随仰角的变化情况。由于仰角 $\varphi=0°$ 恰好处于上下平面的分界线上,所以不存在混乱现象,即 $\gamma=0$。图 2-20 中不同测量方案的 γ 随仰角的变化没有明显规律,MIT 在低仰角的混乱率达到最大($\gamma=34.2\%$)。图 2-21 中不同测量方案的 $\Delta\psi$ 都随着仰角的增大而逐渐增大。

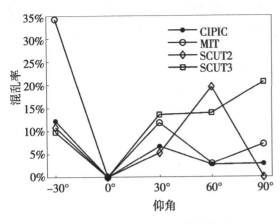 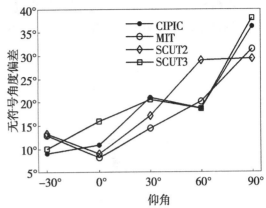

图 2-20 中垂面定位实验的混乱率 γ　　图 2-21 中垂面定位实验的无符号角度偏差 $\Delta\psi$

总体而言,水平面的定位准确度明显高于中垂面,但水平面更容易出现镜像声像混乱现象。进一步,分别对水平面和中垂面上每个方位的定位结果进行单因子方差检验。结果发现:对于大多数空间方位,不同测量方案对 HRTF 在中低频段(0～12kHz)的定位效果影响不大,5 个数据库的定位效果不存在统计上的差异;而在 $\theta=120°$ [$F_{0.05}(4,155)=2.77$], CIPIC 和 SCUT2 存在一定差异;在 $\varphi=60°$ [$F_{0.05}(3,164)=3.21$],MIT 和 SCUT2 存在一定差异。

2. 区分实验

在定位实验中,被试者报告不同测量方案 HRTF 有音色差异,但 SCUT1、SCUT2 和 SCUT3 在音色上非常接近。表 2-4 表明 SCUT2 和 SCUT3 的测量非常相似(除了声源不同),因此通过均衡理应可以消除声源不同所导致的 HRTF 的差异,那么两者音色一致也就是合理的。然而,SCUT1 和 SCUT2 在多个测量参数上(声源和传声器类型、HRTF 测量点等)存在差异。因此,进一步选取 SCUT1 和 SCUT2 水平面 HRTF 数据进行主观区分实验。虚拟声像的目标方位选取 7 个方位角 $\theta=0°,30°,60°,90°,120°,150°,180°$。分别采用来自 SCUT1 与 SCUT2 数据库的 KEMAR HRTF 合成参考信号 A 和对比信号 B,方法同前。为了进一步消除响度的不同对实验结果的影响,采用 Moore 响度模型对双耳信号进行了响度校正。实验采用三间隔、两强制选择的实验范式。每组信号包含三段:第一段是信号 A,后两段是信号 A 和 B 以随机的次序排列,即有 AAB 和 ABA 两种组合方式。被试者的任务是判断后两段信号中哪一段与参考信号 A 不同;如果不能判定,则强制进行随机选择。6 名被试者参与实验,每名被试者共进行 84 次判断,即 7 个目标方位进行 12 次重复;每个目标声像方位共有 72 次判断,即 6 名被试者进行 12 次重复。在实验中,被试者只需要根据整体的音色感知判断信号的异同,无须描述音色的主观属性。

被试者每次判断用随机变量 x 表示,判断正确时 $x_i=1$,反之 $x_i=0$。对于每个虚拟声像方向,得到 72 个独立观测值 $(x_1,x_2,\cdots,x_{72})$。x 可视为一个服从(0-1)分布或二项式分布的随机变量,记为 $x\sim B(1,p)$,p 为正确率。如果被试者无法区分 SCUT1 和 SCUT2 的听觉效果,那么在置信度为 0.05 的情况下,p 应落在 [0.385,0.615] 的区间。

图 2-22 是两种数据库在 7 个方向的判断正确率 p，图中的两条水平线表示 $p=0.385$ 和 0.615。图中显示不同方位的判断正确率 p 都落入接受域[0.385, 0.615]内。可见，虽然这两个数据库 HRTF 是在不同的测量下获得的，但是它们在听觉上没有差异。

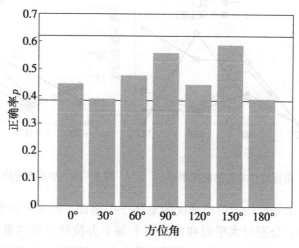

图 2-22 区分实验的正确率 p

综上可知：

(1)扩散场均衡可有效地减小不同测量对 HRTF 的影响，表现为不同测量谱差异的减小和声像定位准确性的提高。

(2)中低频段(0～12kHz)水平面和中垂面的定位实验发现，不同测量方案 KEMAR HRTF 具有相似的声像混乱率和无符号角度偏差；且不同测量方案的定位结果在绝大多数空间方位不存在显著的统计差异。这说明不同测量方案基本上不影响 HRTF 在中低频段的定位效果。

(3)进一步的区分实验发现，虽然不同测量方案容易引起 HRTF 的音色变化，但是经过扩散场均衡后，来自同一个实验室的不同测量方案 HRTF(如 SCUT1 和 SCUT2)没有音色差异，在主观听感上是不可区分的。

本研究有两方面的意义。第一，发现了不同测量方案对 HRTF 高频定位和音色有较大影响，因此有必要建立统一的 HRTF 测量规范。第二，证明了扩散场均衡后不同测量方案对 HRTF 的中低频定位效果基本没有影响，这为解决多个不同测量方案的真人 HRTF 数据库是否可以联用以及如何联用提供了有益探索(钟小丽等，2018)。

2.2.3 HRTF 的空间插值

通过测量，只能获取有限的、离散的空间方向的 HRTF 数据。然而，本质上 HRTF 是空间方向的连续函数，因此需要通过空间插值的方法获取未测空间方向的 HRTF 数据。实践中，应用得较多的是相邻线性插值法和三次样条插值法。相邻线性插值法是用直线拟和两个已知点之间的空间曲线，从而得到处于其间的未知点；而三次样条插值法是用曲线(三次多项式)拟和两个已知点之间的空间曲线,从而得到处于其间的未知点。近些年,随着机器学习的发展,也有研究采用各类神经网络进行 HRTF 的空间插值(钟小丽,2007；Zhong,2013b；Kestler et al.,2019)。

2.2.3.1 纬度面上沿方位角 θ 的空间插值

在 2.2.1 节中,基于 HRTF 沿方位角 θ 的空间傅里叶展开,我们推导出了一个新的空间插值公式,即式(2-7)。公式表明,在某一纬度面 φ_0 上,只要在 $0 \leqslant \theta < 2\pi$ 范围内对 $H(\theta,\varphi_0,f)$ 进行 $M \geqslant (2Q+1)$ 点均匀采样,利用这 M 个离散测量值 $H(\theta_m,\varphi_0,f)$ 就可以构造关于 θ 连续的 HRTF 函数,从而得到此纬度面上所有未测方向的 HRTF。新方法中 M 个空间方向的所有测量值对插值结果都有贡献,因此属于全域插值。这是和相邻线性插值最大的区别。

由于水平面上 HRTF 的空间变化最复杂,所以式(2-7)的插值效果的验证在水平面上进行(钟小丽,2006)。可以采用类似的方法对其他的纬度面进行分析。选取了 MIT 媒体实验室测量的 KEMAR 左耳 HRTF 数据。在水平面 $\varphi = 0°$ 上,MIT 给出的是每隔 $5°$ 共 72 个方向的测量数据($\theta = 0°,5°,\cdots,355°$)。为了比较,将 KEMAR 左耳的每隔 $10°$ 共 36 个方向($\theta = 0°,10°,\cdots,350°$)的 HRTF 测量数据作为式(2-7)的计算数据,而将其余 36 个方向($\theta = 5°,15°,25°,\cdots,355°$)的 HRTF 测量数据作为对插值效果进行评估的参照数据。

为了定量评估空间插值带来的误差,从能量的角度定义计算插值 HRTF 和参照 HRTF 之间偏差的比例：

$$\mathrm{SDR}(\theta,\varphi_0) = 10\lg \frac{\sum\limits_{f} |H(\theta,\varphi_0,f)|^2}{\sum\limits_{f} |H(\theta,\varphi_0,f) - H'(\theta,\varphi_0,f)|^2} (\mathrm{dB}) \qquad (2-17)$$

其中,$H(\theta,\varphi_0,f)$ 是参照值,而 $H'(\theta,\varphi_0,f)$ 是插值结果。根据 HRTF 空间方向的采样和恢复定理以及图 2-4,KEMAR 水平面 36 点均匀采样的有效频段在 10kHz 以下,因此,式(2-17)中的求和范围取 $0 \leqslant f \leqslant 10$kHz。

图 2-23 是 KEMAR SDR 随 θ 的变化曲线。可以看出,当声源位于左耳同侧方向($\theta = 180° \sim 360°$)时,SDR 较高;反之,当声源位于左耳异侧方向($\theta = 0° \sim 180°$)时,SDR 较低。这是因为当声源位于耳的异侧时,由于头部的阴影作用,耳的声信号较弱,导致测量的信噪比较低,因而原始的 HRTF 测量数据的准确度本来就较低。但从总体上看,KEMAR 的空间方向平均 SDR 在 25dB 左右(相对误差约为 5.6%),因而新插值方法是有效的。

进一步,选取了中国人(远场)HRTF 数据库中编号 25 被试者的 HRTF 数据进行空间插值。取被试者左耳、水平面上的 72 个均匀采样的 HRTF 数据。插值方式和 KEMAR 类似。根据 HRTF 空间方向的采样和恢复定理以及图 2-5,真人水平面 36 点均匀采样的有效频段在 6.8kHz 以下,因此,式(2-17)中的求和范围取 $0 \leqslant f \leqslant 6.8$kHz。图 2-24 是编号 25 被试者的 SDR 随 θ 的变化曲线。比较图 2-23 和图 2-24 可以发现,两者的大体趋势相近,即声源在左耳同侧时的 SDR 普遍较异侧的高;但是,由于真人的生理结构比

KEMAR 复杂以及真人易动等原因使得真人的 SDR 随 θ 的变化相对复杂。总体而言，真人的空间方向平均 SDR 约为 18dB（相对误差约为 12.6%），比 KEMAR 低约 7dB。

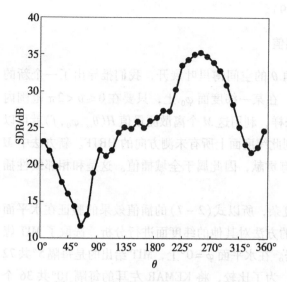

图 2-23　水平面上 KEMAR SDR 随方位角 θ 的变化

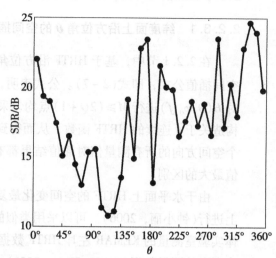

图 2-24　水平面上编号 25 被试者 SDR 随方位角 θ 的变化

从时间域来看，每个 HRIR 都包含一个与空间方向相关的起始延迟，大致对应声波从声源传播到耳的时间；双耳起始延迟的差异对应双耳时间差 ITD。可以通过沿时间轴的平移，使每个空间方向 HRIR(HRTF) 的到达时间同步，这称为 HRIR(HRTF) 的时间对齐，其本质上是移除了不同空间方向 HRTF 的部分相位。和计算 ITD 类似，可以采用上升沿法或相关法确定 HRIR(HRTF) 的到达时间。我们进一步将时间对齐算法引入 HRTF 的空间插值(Zhong et al.，2009)，步骤如下：

(1) 在某纬度面 φ_0 上，以正前方 HRTF 为参照，采用相关法计算各个离散测量 HRTF 的相对时间差 $\tau(\theta_m, \varphi_0)$ $(m=1,2,\cdots,M)$。依据相对时间差，对 M 个离散测量值 $H(\theta_m, \varphi_0, f)$ 依次进行时间对齐处理，得到 $H_{cor}(\theta_m, \varphi_0, f)$。

(2) 由于 $\tau(\theta, \varphi_0)$ 和 $H_{cor}(\theta, \varphi_0, f)$ 都是关于 θ 的周期函数，因此可以按 θ 展开为空间傅里叶级数，见 2.2.1 节。为了确保 ITD 的误差小于 $10\mu s$，$\tau(\theta, \varphi_0)$ 的傅里叶级数截断误差设置为 $5\mu s$。

(3) 根据式(2-7)分别进行未测方向的 τ 和 H_{cor} 的插值；然后，将两者的插值结果进行融合(即将插值 τ 加回插值 H_{cor})，得到未测方向的完整 HRTF。

计算结果表明：采用时间对齐算法可以在更宽的频段获得和不采用时间对齐算法等同的插值效果。例如，选取中国人(远场)HRTF 数据库中编号 23 被试者的水平面 36 个 HRTF 测量数据($\theta=0°,10°,\cdots,350°$)进行空间插值。不采用时间对齐算法时，9kHz 以下频段的平均 SDR 为 19.6dB；而采用时间对齐算法后，20kHz 以下频段的平均 SDR 可达 16.7dB。

2.2.3.2 经度面上沿仰角 φ 的空间插值

在 HRTF 的测量中,由于低仰角方向($-90°\leqslant\varphi<-40°$)的测量比较困难,通常只能得到($-40°\leqslant\varphi\leqslant90°$)仰角范围内的 HRTF,所以需要利用已知的数据进行空间插值(即外推)以得到低仰角方向的 HRTF。鉴于传统的空间插值方法(如相邻线性插值法和三次样条插值法)预测低仰角方向 HRTF 的效果不理想,我们提出利用径向基函数网络(radial basis function neural network,RBF)进行外推以获取中垂面上低仰角方向 HRTF 的方法(钟小丽,2007)。

RBF 神经网络具有优良的高维空间曲线拟合能力,它可以在一个紧集上一致逼近任何连续函数。通常,RBF 神经网络包含三层:输入层、隐层和输出层。其中,隐层由 RBF 函数族构成,用以实现输入空间到隐藏空间的非线性变换。我们采用 MATLAB 软件中的 newgrnn 设计 RBF 神经网络。实验数据为 MIT KEMAR 中垂面上($\theta=0°,180°$; $-40°\leqslant\varphi\leqslant90°$)均匀间隔($\Delta\varphi=10°$)的 27 个方向的 HRIR。需要说明的是,MIT 的原始测量数据不包含($\theta=180°,\varphi=50°$)的 HRIR。为了使输入 HRIR 呈空间均匀分布,在数据预处理阶段已通过相邻线性插值获取了此方向的 HRIR。采用 3 种网络输入模式:外推一点、外推两点和外推三点。外推一点是将($\theta=180°$, $-40°\leqslant\varphi<90°$)和($\theta=0°$, $-30°\leqslant\varphi\leqslant90°$)共计 26 个方向的 HRIR 作为网络输入,外推($\theta=0°,\varphi=-40°$)HRIR;外推两点是将($\theta=180°,-40°\leqslant\varphi<90°$)和($\theta=0°$, $-20°\leqslant\varphi\leqslant90°$)共计 25 个方向的 HRIR 作为网络输入,外推($\theta=0°;\varphi=-30°,-40°$)的情况;外推三点是将($\theta=180°$, $-40°\leqslant\varphi<90°$)和($\theta=0°,-10°\leqslant\varphi\leqslant90°$)共计 24 个方向的 HRIR 作为网络输入,外推($\theta=0°;\varphi=-20°,-30°,-40°$)的情况。

图 2-25 是外推一点时,($\theta=0°,\varphi=-40°$)方向 HRIR 外推值和测量值的比较。可以发现,虽然两者在细节上有些偏离,但整体上是一致的。表 2-7 进一步给出了 3 种输入模式下 HRIR 外推值和测量值的相关系数和相对延迟。

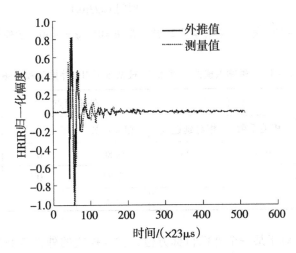

图 2-25 外推一点时,($\theta=0°,\varphi=-40°$)方向 HRIR 的外推值和测量值

表2-7　3种输入模式下KEMAR HRIR外推值和测量值的相似性

外推目标	外推一点		外推两点		外推三点	
	相关系数	相对延迟/μs	相关系数	相对延迟/μs	相关系数	相对延迟/μs
(0°, -40°)	0.93	0	0.83	45	0.85	45
(0°, -30°)	—	—	0.91	45	0.88	45
(0°, -20°)	—	—	—	—	0.92	0

为了进一步验证基于RBF神经网络的HRIR外推法对真人HRTF数据的有效性,我们选取了中国人(远场)HRTF数据库中编号25被试者的中垂面上17个(见表1-4)HRIR数据进行计算。计算方法和过程同上,只是已知的空间方向只有17个,即($\theta=0°$, 180°; $-30°\leq\varphi\leq90°$)区间上$\Delta\varphi=15°$的均匀采样。图2-26是外推一点时,($\theta=0°$, $\varphi=-30°$)方向HRIR外推值和测量值的比较图。表2-8进一步给出了3种输入模式下HRIR外推值和测量值的相关系数和相对延迟。

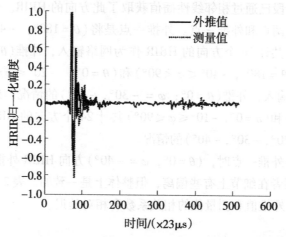

图2-26　外推一点时编号25被试者($\theta=0°$, $\varphi=-30°$)的外推值和测量值

表2-8　3种输入模式下编号25被试者HRIR外推值和测量值的相似性

外推目标	外推一点		外推两点		外推三点	
	相关系数	相对延迟/μs	相关系数	相对延迟/μs	相关系数	相对延迟/μs
(0°, -30°)	0.81	23	0.80	0	0.60	23
(0°, -15°)	—	—	0.81	0	0.72	0
(0°, 0°)	—	—	—	—	0.74	0

总的来讲,对于某一个外推目标方位,输入模式的外推点数越多,相应的外推效果越差。例如,对于外推两点和外推三点的相关系数从0.912降为0.884。这是因为RBF网络中输入的近邻已知数据越少,外推效果越差。另一方面,在已知数据一定的情况下,

插值目标点距离已知数据的空间距离越大,外推效果越差。例如,外推三点时,随着预测点逐渐远离已知点,相关系数由 0.915 逐步降为 0.845,并且出现了相对延迟。这是由于外推方向相对于已知数据的空间距离越远,RBF 网络的预测准确性越低。

观察表 2-7 和表 2-8 可以发现,真人 HRIR 的外推效果比 KEMAR 的差一些,但是两者随网络输入模式的变化规律大体相同。例如,在表 2-8 中,对于外推方向($\theta = 0°$,$\varphi = -30°$),(外推一点、外推两点、外推三点)3 种网络输入模式的相关系数依次下降。这主要是因为 3 种网络输入模式下已知数据的数量依次下降(16 个、15 个和 14 个)。另一方面,在同一种网络输入模式下,外推方向越靠近已知方向,外推效果越好。例如,在表 2-7 中,外推三点时($\theta = 0°$,$\varphi = -20°$)、($\theta = 0°$,$\varphi = -30°$)、($\theta = 0°$,$\varphi = -40°$)依次远离已知方向,相关系数依次降低(0.92、0.88、0.85),并出现了相对延迟。频域分析表明:外推误差随频率的升高逐渐变大;在低频段,外推误差主要是振幅误差;而在中、高频段,由于声波与细微生理结构(如头面部的起伏和耳廓)的相互作用逐渐明显,HRTF 相位随仰角的空间变化趋于复杂,从而导致相位误差逐渐增大。

事实上,外推效果的好坏与 RBF 神经网络以及 HRTF 的空间变化特征有关。只有在了解 HRTF 的空间变化情况的前提下,才能进一步优化神经网络,使它更好地拟和空间连续的 HRTF 函数。我们提出的基于 RBF 神经网络的外推法适用于任意经度面。

针对近场 HRTF 的插值问题(涉及方位角、仰角和距离),Gamper 提出了一种基于重心权重的四面体插值算法(Gamper,2013)。该算法首先通过狄洛尼三角剖分算法生成四面体网格,然后寻找并确定包含插值方位的四面体,最后通过处于四面体各顶点的已知 HRTF 的计权叠加获取插值方位的 HRTF。

2.2.4 个性化 HRTF 的近似获取

无论是 HRTF 的实验室测量还是仿真计算都需要消耗较大的人力和物力。在实际的对个性化 HRTF 数学精度要求不高的应用场景中,可以采用近似的个性化 HRTF。个性化 HRTF 的近似获取方法有三大类:基于生理参数的近似方法;基于主观实验的近似方法;基于稀疏测量的近似方法(钟小丽等,2012)。

2.2.4.1 基于生理参数的近似方法

HRTF 表征了声波和生理结构,如耳廓、头部以及躯干的相互作用。因此,可以假设个性化 HRTF 和个性化生理结构密切相关,由不同个体生理结构的相似度可以推知其个性化 HRTF 的相似度。Zotkin 等人提出了基于外耳生理参数匹配的个性化 HRTF 近似。该方法通过比较目标被试者的 7 个耳部生理参数(图 2-17 中 $d_1 \sim d_7$)和已知数据库(基线数据库)中所有已知被试者耳部生理参数的相似性,从基线数据库中匹配出相似性最大的被试者,并将匹配被试的 HRTF 作为目标被试个性化 HRTF 的近似(Zotkin,2004)。心理声学实验表明,相对于通用的非个性化 HRTF,该方法可提高定位准确性以及虚拟听觉的主观感知效果。然而,Zotkin 等人的研究只包括了描述耳廓结构和尺寸的生理参数,未包含描述耳廓相对于头部的位置参数,如耳前后偏转角等。从物理过程上看,耳廓相对于头部的位置参数对 HRTF 的形成也有贡献,且它们也是具有明显个性化特征的生理参数(刘雪洁等,2013)。基于这种分析,Liu et al. 结合不同被试 HRTF 的谱失真 SD,对描述耳廓的 10 个生理参数(图 2 - 17 中 $d_1 \sim d_{10}$)进行了统计分析,最终确定了一种包括 4 个耳部生理参数(d_1、d_3、θ_1、θ_2)的新匹配方案(Liu and Zhong, 2016)。计算结果表明,对于大部分被试者,新匹配方案的效果优于 Zotkin 匹配法,谱失真 SD 下降约 2dB;进一步的中垂面定位实验表明,新匹配方案选取的近似 HRTF 的角度偏差较小,且前后和上下混乱率也有一定程度的降低。Middlebrooks 认为个体之间生理结构的尺寸差异将引起 HRTF 函数沿频率轴的整体平移,进而提出了频率标度法进行个性化 HRTF 的近似(Middlebrooks, 1999)。在频率标度法中,先利用不同个体生理参数的差异推知最佳频率标度因子,进而利用频率标度因子对已知 HRTF 进行频率标度变换,从而得到目标被试个性化 HRTF 的近似。心理声学实验表明,频率标度法可以在一定程度上提高虚拟声像定位的准确性。然而,不同个体 HRTF 的差异不仅和生理尺寸有关,还和生理结构的外形有关。因此,频率标度法无法完全消除不同个体 HRTF 的差异。Guillon 进一步将耳廓旋转角度的个体差异和频率标度法相结合,以提高个性化 HRTF 的预测效果(Guillon, 2008)。

基于已知的 HRTF 和生理参数的数据库,有研究采用统计分析方法,如多元线性回归构建生理结构参数和 HRTF 幅度谱(或 HRTF 主成分分解后的权重)之间的模型。只需将目标被试者的生理参数输入模型,即可预测出目标被试者的(近似)个性化 HRTF。目前,这方面的工作已积累较多的文献,但是缺乏明确可靠、普遍认可的结论。此外,利用 HRTF 的结构模型也可以进行个性化 HRTF 的近似。在结构模型中,按照不同生理结构对 HRTF 的影响,将 HRTF 分解为若干个对应不同生理结构的独立单元。根据目标被试者的生理参数,调整各个独立单元的参数(即调整不同生理结构对 HRTF 的贡献),将各个单元的输出进行组合即可获取目标被试者的(近似)个性化 HRTF。

目前,基于生理参数的个性化 HRTF 近似中的最大问题是如何确定一组完备、相互独立、数量最少的生理参数组。基于 HRTF 边界元计算的结果,Fels 等发现 3 个头部的生理参数(耳到肩的距离、头宽、耳到头后顶点的距离)和 3 个耳部的生理参数(耳甲腔的宽度和深度、耳旋转角)对 8kHz 以下的 HRTF 有明显的影响(Fels et al., 2009)。基于水平前半平面的定位误差和不同被试者生理参数差异之间的拟合关系,Spagnol 认为头部和躯干的 3 个生理参数(头宽、头深、肩围长)至关重要(Spagnol, 2020)。也有研究利用相关分析和多元线性回归分析寻求和 HRTF 密切相关的生理参数组。值得注意的是,有些不同的研究即使采用同样的数据库(例如 CIPIC 数据库)和类似的统计方法,得到的结果也不完全一致。

2.2.4.2 基于主观实验的近似方法

相对于个性化 HRTF,采用非个性化 HRTF 进行虚拟声信号处理将导致被试者听觉定位准确性的下降。基于主观挑选的 HRTF 近似方法采用主观听觉效果作为个性化 HRTF

近似的判据。有研究采用听觉匹配的方法，从已知 HRTF 数据库中挑选出近似的个性化 HRTF。然而，这种方法的工作量较大，特别是当已知 HRTF 数据库包含较多样本时。根据 HRTF 的谱特征，So 等采用聚类的方法将 196 个被试者分为 6 个正交类，位于每个类中心被试者的 HRTF 称为典型 HRTF(So et al., 2010)。主观实验结果表明，相比于采用通用的 KEMAR 人工头 HRTF，选取典型 HRTF 作为类中被试者的个性化 HRTF 近似可明显减少定位误差。有研究参照个性化 HRTF 的特征调整通用 HRTF 的特征，从而达到提高听觉定位效果的目的。Tan 等提出一种听者根据主观听觉效果自动调整 HRTF 的定位特征，如频域子带的增强或衰减模式(Tan et al., 1998)。由于无须进行物理的和生理参数的测量，基于主观听觉的个性化 HRTF 近似方法相对简单。然而，这种方法的结果有一定的随机特性，如何设计主观实验方案以尽可能减小结果的随机性值得进一步研究。

此外，也有研究利用听觉适应性，通过适当的听觉训练以提高非个性化 HRTF 的定位准确性以及前后声像的区分能力。严格来讲，这种基于听觉适应性的方法不属于个性化 HRTF 近似，因为这种听觉适应性发生在高层听觉系统而不是 HRTF 本身。理想情况下，听觉训练应当在虚拟声源可能出现的所有方位上进行。然而，在实际应用中，由于时间制约，听觉训练只能在有限的空间方位上，通常是中垂面或前后镜像方位进行；而未训练方位上的听觉改善程度则依赖训练的泛化能力。

2.2.4.3 基于稀疏测量的近似方法

Fontana 等采用少量(稀疏)测量匹配的方法获取个性化 HRTF 的近似(Fontana et al., 2006)。这种方法只测量少量空间方位的个性化 HRTF，计算它和同方位的已知 HRTF 数据之间的谱差异，挑选出谱差异最小的已知 HRTF 作为目标被试个性化 HRTF 的近似。前面基于生理参数匹配的个性化 HRTF 近似方法中的匹配判据是生理参数的差异，这里面基于少量(稀疏)测量匹配的个性化 HRTF 近似方法中的匹配判据是 HRTF 的差异。

基于空间函数的压缩(稀疏)采样理论，可以通过个性化 HRTF 的少量测量重构其他空间方位的 HRTF。Xie 采用空间主成分分析法(SPCA)从一组高密度 HRTF 基线数据中得到 HRTF 的稀疏基函数(Xie, 2012)。基于此基函数，仅测量目标被试在少量空间方向的个性化 HRTF 就可以重构出个性化的主成分权重，进而重构出高密度的个性化 HRTF 数据。除了 SPCA，也有研究采用其他方法，如神经网络寻求个性化 HRTF 的稀疏基函数，进而从少量个性化测量中重构全空间 HRTF。基于稀疏测量的个性化 HRTF 近似方法可以比较准确地获取个性化 HRTF 数据。然而，少量 HRTF 测量仍然需要专业设备和实验场地。

上面的讨论主要是针对稳态的虚拟听觉重放的应用，忽略了头部运动带来的动态定位因素，因而对个性化 HRTF 高频谱信息的准确性要求较高。然而，在动态的虚拟听觉重放中，头部跟踪引入的动态定位因素可减少系统对个性化 HRTF 高频谱信息的依赖，因而对个性化 HRTF 的近似误差具有较高的容忍度。

近些年，移动端(例如手机)对三维空间音频的迫切需求以及机器学习的蓬勃发展为个性化 HRTF 近似的研究注入了新的动力和活力(McMullen et al., 2022)。有研究建立了正则化随机森林 RRF 机器学习模型，利用被试者的生理参数预测其对不同 HRTF 的感知差异，为个性化 HRTF 近似的挑选提供指导（Pelzer et al.，2020）。也有研究建立了深度神经网络 DNN，利用被试者的生理参数预测其的个性化 HRTF（Lu et al.，2021）。

2.3 特征面 HRTF 的研究

HRTF 的特征面一般是指水平面和中垂面。虽然人类对声源空间方向的判定涉及方位角和仰角，然而遵循物理的化繁为简以及控制变量的思维方式，方位角的研究和仰角的研究往往是分开进行的。在水平面上，仰角固定而方位角变化，此时的定位因素主要是双耳时间差 ITD 和双耳声级差 ILD；在中垂面上，方位角固定而仰角变化，此时的定位因素主要是（单耳）谱因素。

2.3.1 特征面 HRTF 的降维

2.3.1.1 主成分分析

主成分分析（principle component analysis，PCA）是一种有效的数据降维（压缩）算法。它可将大量 HRTF 数据空间分解为有限个公共谱形状基函数的加权线性组合。Kistler 和 Wightman 采用 PCA 分解 HRTF 的对数幅度谱，研究表明：PCA 可将 5300 个 HRTF 压缩成 5 个公共谱形状基函数的加权线性组合，代表原始数据 90% 的空间特征（Kistler et al.，1992）。Hwang 对 CIPIC 数据库的中垂面 HRIR 进行了 PCA 分解，研究表明：当重构误差设置为 5% 时，PCA 可将 2205 个 HRIRs 降维成 12 个公共谱形状基函数的加权线性组合（Hwang et al.，2007）。这说明了对 HRTF 进行主成分分析是有意义而有价值的，因为它能对多维数据进行大幅度压缩降维，同时保留数据主要空间信息和个性化特征。需要指出的是，PCA 的降维效果和数据预处理有一定关联，例如 PCA 对水平面 HRTF 线性幅度谱的降维效果优于对数幅度谱的情形（Liang et al.，2009）。再例如，我们研究了舍弃 HRTF 中共轭对称部分对 PCA 的影响，结果表明：舍弃共轭对称部分可以使得 HRTF PCA 分解和重构所需要的基函数的数目减少将近一半，相应的数据存储量有一定减少；然而，权重系数由实数变为复数，实际滤波器实现的算法将变复杂（张亮等，2011）。

大部分 HRTF 的 PCA 研究仅采用单个个体或单个数据库的 HRTF 数据，例如我们对配备大耳廓（DB-065）和小耳廓（DB-061）的 KEMAR HRTF 分别进行了 PCA 分析，初步探究了个体耳廓差异所导致的 PCA 基函数和权重系数的差异（Zhong et al.，2014）。为了获取一套具有普适性的 HRTF 公共基函数（即主成分），需要从大范围的人群中采集个性化 HRTF。如前所述，目前已有多个课题组公开了各自独立测量的真人 HRTF 数据库，如果能消除不同数据库间的固定差异（即系统差异）进行多库联合，就可以得到一个较大、较完备的个性化 HRTF 数据集合。由于不同实验室采用不同的测量系统和测量范式，一个适当的消除数据库间系统差异的 HRTF 预处理方法显得尤为重要（Middlebrooks et al.，

1992)。钟小丽等的研究发现了 HRTF 的扩散场均衡算法可有效减少不同 HRTF 数据库之间的测量系统差异(钟小丽等,2018)。据此,我们选取 4 个真人 HRTF 数据库中垂面 HRTF 数据,开展了基于联合数据库的 HRTF 个性化特征的研究(Peng et al.,2016; Zhong et al.,2017a)。

表 2-9 为 4 个真人 HRTF 数据库的基本参数。由表可知,4 个实验室采用的 HRTF 声源距离、采样率和空间分辨率均不相同。如果对真人 HRTF 数据库进行联合,则应尽可能统一数据参数。因此,在进行 PCA 分析之前,分别对各数据库进行相应的数据预处理。首先,分别提取各个数据库的中垂面 HRTF 数据;然后,对采样率为 44.1kHz 的数据库进行重采样,变换至采样率为 48kHz;接着,按照相同的仰角顺序对所有被试者个性化 HRTF 数据进行空间插值(三次样条插值),并提取仰角从 $-30°\sim210°$ 均匀间隔 ($\Delta\varphi=10°$)的 HRTF 数据;进一步,对各个数据库分别进行扩散场均衡处理,最终获取了一个样本容量为 295 名被试者的联合中垂面 HRTF(本质上是 DTF,但是为了后续表述的不失普遍性,仍泛称为 HRTF)数据库。上述数据处理采用 MATLAB 软件进行。

表 2-9 4 个 HRTF 数据库的参数

数据库	距离/m	仰角间隔 $\Delta\varphi$	传声器位置	采样率/kHz	采样点	人数
ARI(奥地利)	1.2	5°	封闭耳道入口	48	256	96
LISTEN(法国)	1.95	15°	封闭耳道入口	44.1	512	51
CIPIC(美国)	1	5.625°	封闭耳道入口	44.1	200	43
RIEC(日本)	1.5	5°	耳道入口	48	512	105

PCA 将 HRTF 数据集分解为公共谱形状基函数的加权线性组合。其中,公共谱形状基函数只与频率有关,而权重系数与空间方位、个性化特征有关。所以,HRTF 的个体差异信息主要集中反映在权重系数上。PCA 分解(或展开)的目的不仅是对 HRTF 数据集进行降维,更重要的是提取所有被试者在不同仰角方向的权重系数。

在中垂面上,每一个仰角方向存在一对 HRTF。假设对于特定耳,特定被试者在特定仰角方向和频率的 HRTF 可记为 $H(\varphi_m, f_k, i) = H(m, k, i)$,$m$ 是仰角方向的编号,k 是离散频率点的编号,i 是被试者的编号,那么 HRTF 幅度谱的 PCA 展开可表示为:

$$|H(m,k,i)| = \sum_q d_q(k) W_q(m,i) + H_{av}(k) \quad (2-18)$$

$$m = 0,1,\cdots,(M-1), \quad k = 0,1,\cdots,(N-1), \quad i = 1,2,\cdots,I$$

式(2-18)中 q 代表展开阶数,d_q 代表公共谱形状基矢量,W_q 代表权重系数,H_{av} 代表 HRTF 在各频率点对空间方向和被试者的平均。

对式(2-18)的前 Q 阶进行截断(即忽略高阶小量),则 HRTF 幅度谱可近似重构为:

$$|H(m,k,i)|' = \sum_{q=1}^{Q} d_q(k) W_q(m,i) + H_{av}(k) \quad (2-19)$$

式(2-19)的近似程度可采用能量累计比 CP 进行评估:

$$\mathrm{CP} = \frac{\sum_{q=1}^{Q} \lambda_q}{\sum_{q=1}^{N} \lambda_q}. \tag{2-20}$$

其中 λ_q 是 HRTF 自协方差矩阵的本征值。如图 2-27 所示，当 PCA 的最高展开阶数 $Q=13$ 时，CP 可以达到 0.90。

图 2-28 是取 $Q=13$ 时，CIPIC 数据库被试 003 在仰角 $\varphi = -30°, 0°, 30°, 90°$ 的 PCA 近似重构效果。图中显示，近似重构的 DTF 对数幅度谱和原始的 DTF 对数幅度谱比较吻合，特别是高频峰谷频率位置的重构效果良好。由于略去了 PCA 高阶展开项，近似重构效果主要表现为对原始数据曲线的平滑。

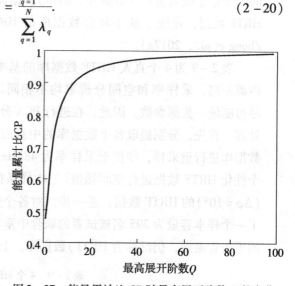

图 2-27 能量累计比 CP 随最高展开阶数 Q 的变化

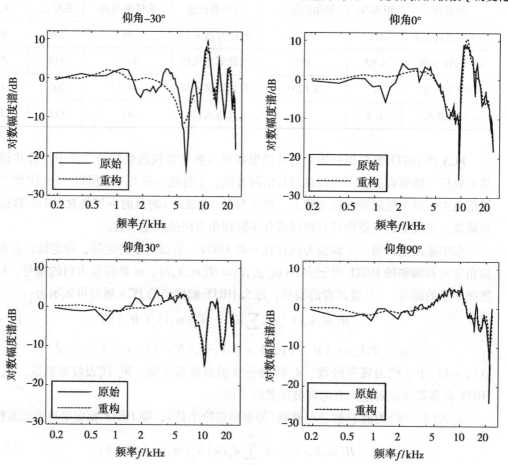

图 2-28 DTF 对数幅度谱的 PCA 近似重构效果

图 2-29 是 PCA 公共谱形状基函数 $d_q(q=1\sim12)$ 随频率的变化。当 $f<1\mathrm{kHz}$ 时，各阶公共谱形状基函数曲线基本无波动。这表明 DTF 对数幅度的低频谱特征主要表征为对所有被试和所有空间方位的平均 DTF，见式(2-18)中的 H_{av}。当 $1\mathrm{kHz}<f<5\mathrm{kHz}$ 时，各阶公共谱形状基函数曲线的变化趋势较为平缓且单一，均为缓慢上升或下降；而当 $f>5\mathrm{kHz}$ 时，各阶公共谱形状基函数曲线的波动较为频繁和明显。这说明 DTF 对数幅度谱的高频峰谷特征主要体现为 PCA 展开的公共谱形状基函数的高频部分。

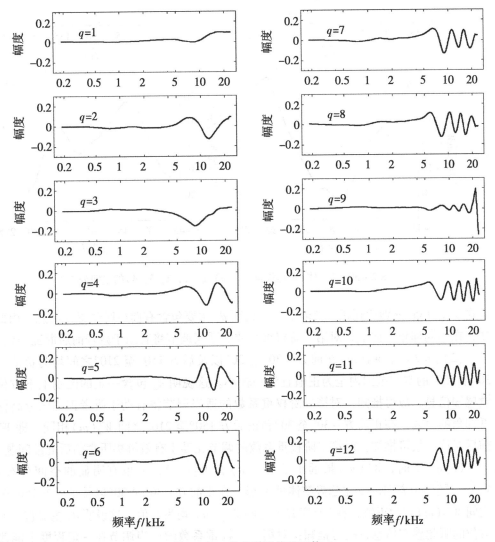

图 2-29 公共谱形状基函数 d_q

PCA 展开中，权重系数 $W_q(m,i)$ 不仅是被试者 i 的函数，还是空间方位 m 的函数。为分析不同空间方位个性化权重系数的差异性，将 $W_q(m,i)$ 对被试者 i 取平均，得到(个体)平均权重 $W'_q(m)$。它表征了 DTF 在不同仰角方向的空间差异。图 2-30 为平均权重 $W'_q(m)$ 在不同展开阶数的空间分布情况。从图中可见：

(1) $q=1$ 时，$W'_1(m)$ 在前方 $-30°$ 到 $90°$ 之间为正数，在后方 $90°$ 到 $210°$ 时为负数，

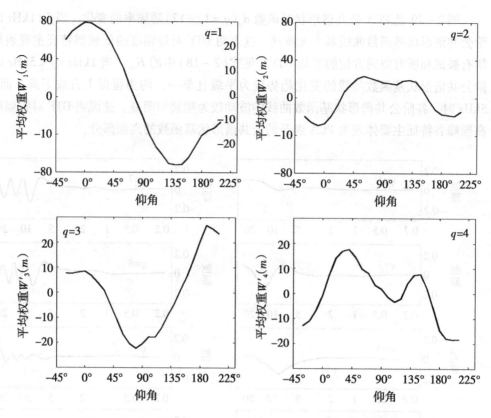

图 2-30 （个体）平均权重 $W'_q(m)(q=1,2,3,4)$ 的空间分布

且在 0°和 135°分别达到正、负峰值。这说明 d_1 主要包含有前后听觉感知信息。由此可推知，在不同仰角方向上，对第一阶权重系数的适当调节将有助于减轻前后混乱问题。

(2) $q=2$ 时，$W'_2(m)$ 在前方 -30°至 30°以及后方 150°至 210°之间均为负值，而在 30°至 150°的空间范围内全为正值且波动较小。这说明 d_2 包含一定的区别上下方位的听觉感知信息，故可推知：对第二阶权重系数的适当调节将有助于听者正确区分高仰角和低仰角的声源。在正前方 -30°至 30°和正后方 150°至 210°之间 $W'_2(m)$ 相同，即 $W'_2(m)$ 前后对称，故可推知：对第二阶权重系数的调节无助于有效解决听觉前后混乱问题。

(3) $q=3$ 时，$W'_3(m)$ 虽远小于 $W'_1(m)$ 和 $W'_2(m)$，但也有明显的空间分布规律。$W'_3(m)$ 随仰角方向的变化趋势整体呈 V 形。在正前方 -30°至 30°以及正后方 150°至 210°之间 $W'_3(m)$ 均为正值，在 30°到 150°之间 $W'_3(m)$ 均为负值。这说明 d_3 主要包含有上下方位的听觉感知信息，故可推知：对第三阶权重系数的适当调节在一定程度上能改善听觉上下混乱问题；和 $W'_2(m)$ 类似，$W'_3(m)$ 的前后对称性预示着第三阶权重系数的调节并不能改善听觉前后混乱问题。

(4) $q=4$ 时，$W'_4(m)$ 呈双峰结构：在正前方 -30°至 15°以及正后方 165°至 210°之间均为负值，在 15°到 165°之间全为负值。说明 d_4 包含有一定的上下方位的听觉感知信息。

可见，前四阶谱形状基函数主要蕴含了 DTF 的空间差异信息，即上下听觉感知信息和前后听觉感知信息。然而，当 $q=5\sim13$ 时，平均权重 $W'_q(m)$ 的空间变化几乎无规律可循。

通过 PCA 分析得到了 295 名真人被试者在不同仰角方向的权重系数 $W_q(m,i)$。为了评估不同被试者的个性化差异，我们计算 $W_q(m,i)$ 在各仰角方向上的标准方差 $S(q,m)$。某仰角方向的 S 值越大，说明在该仰角方向上不同被试者 $W_q(m,i)$ 的差异越大。图 2-31 为仰角 $\varphi=0°$ 的个性化权重标准方差 S 随展开阶数 q 的变化曲线。由图可知，随着展开阶数 q 的增大，S 逐渐减小。在其他仰角方向，S 随 q 的变化趋势与仰角 $\varphi=0°$ 时基本一致。这说明 $q=1$ 时，$W_q(m,i)$ 包含的 DTF 个体差异信息最多；随着 q 的增大，$W_q(m,i)$ 包含的 DTF 个体差异信息逐渐减少。

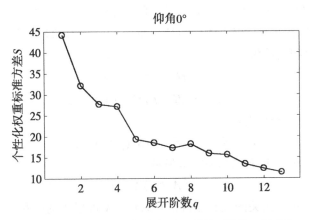

图 2-31 个性化权重标准方差 S 随展开阶数 q 的变化

图 2-32 是个性化权重标准方差 S 的空间分布情况。对于同一展开阶数 q，圆圈半径越大，表明 S 越大；需要说明的是，不同展开阶数之间的 S 不能通过圆圈半径大小进行比较。图中可见，$q=1$ 时，较大的标准方差主要分布在前后的高仰角方向（30°~120°）；$q=2,4$ 时，较大的标准方差主要分布在前方的低仰角方向（0°~50°）；$q=3,5,6$ 时，较大的标准方差主要分布在后方的低仰角方向（130°~180°）；而 $q=7\sim13$ 阶时，较大的标准方差主要集中在前后的低仰角方向（-30°~30°）和（150°~210°）。虽然上述分析有助于了解不同个体 DTF（HRTF）的个性化特征的空间分布，但其背后的物理成因尚不明确。

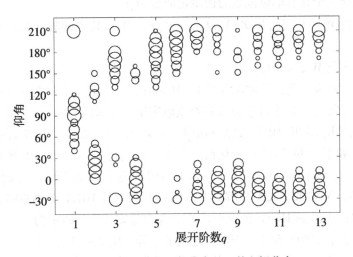

图 2-32 个性化权重标准方差 S 的空间分布

2.3.1.2 独立成分分析

PCA 采用二阶统计量度量数据的冗余度，分解后的基矢量只是互不相关，而非相互独立。在统计分析领域中，独立成分分析（independent component analysis，ICA）是另一种特征提取方法，已广泛应用于人脸识别、盲信号分离、数据挖掘等领域。ICA 采用更高阶的统计量分析（例如峭度），分解后的基矢量具有高阶独立性。通常，PCA 是 ICA 的一个好的预处理步骤。我们将 ICA 引入中垂面 HRTF 谱特征的研究中，通过特征提取建立了谱模型，并采用听音实验验证了模型的有效性（刘雪洁，2014）。

假设中垂面上有 M 个方向的 HRTF，每个方向的 HRTF 包含 N 个频率点，那么基于 ICA 的 HRTF 模型表示为：

$$H_{M \times N} = A_{M \times Q} S_{Q \times N} \quad (2-21)$$

式中，

$$H_{M \times N} = [H_1(f) H_2(f) \cdots H_M(f)]^T$$

表示 M 维中垂面 HRTF 集合；

$$S_{Q \times N} = [S_1(f) S_2(f) \cdots S_Q(f)]^T$$

表示 Q 维相互独立且和方位无关的基矢量；

$$A_{M \times Q} = [A_1(\varphi) A_2(\varphi) \cdots A_Q(\varphi)]$$

表示 $M \times Q$ 个与频率无关的混合矩阵。HRTF ICA 可以视为一种 HRTF 的线性分解方式，其重点在于确定基矢量 S（即独立分量或谱特征）。ICA 通过求解一个分离矩阵 W，使得 H 通过它之后所得的输出 Y 是 S 的最优逼近，

$$S \approx Y = WH \quad (2-22)$$

为了实现快速收敛，采用基于负熵的快速不动点算法（简称 FastICA）确定基矢量 S。基于负熵的快速不动点算法以负熵作为衡量各个分量之间独立性的目标函数，采用牛顿迭代算法对 HRTF 进行批处理，每次从 H 中分离出一个独立分量 S_i，直到分离出所有的独立分量。具体过程为：

(1) 对 H 进行中心化并使其均值为 0，然后进行白化，得到 Z；

(2) 选择一个具有单位范数的初始化向量 W_i；

(3) 更新 $W_i \leftarrow E\{Zg(W_i^T Z)\} - E\{g'(W_i^T Z)\}W_i$，其中函数 g 是负熵定义式中函数 G 的导数；

(4) 标准化 W_i，即 $W_i = W_i / \|W_i\|$；

(5) 如果尚未收敛，返回步骤(3)；如果收敛，得到一个独立分量；

(6) 判断所需的 Q 个独立分量是否获取完毕；如果没有，返回步骤(2)。

该研究采用 CIPIC HRTF 数据库中 KEMAR 人工头（配 DB60/61 耳廓）的中垂面 HRTF 数据，采样频率为 44.1kHz，量化精度为 16 bit。首先，对原始 HRIR 进行 512 点的傅里叶变换（FFT），保留前 232 点（0～20kHz）HRTF 进行 ICA 分解。也就是说，式(2-21)中的 $M = 25$，$N = 232$。ICA 分解对左耳 HRTF 和右耳 HRTF 分别进行，进而得到包含 Q 个独立分量的中垂面 HRTF 谱模型。为了合理选取 Q 值（即重构阶数），采用谱失真 SD 评估原始(参考)HRTF 和重构 HRTF 之间的差异。图 2-33 是 SD 随 Q 的变化情况。从图中可以看到，无论左耳还是右耳，中垂面 25 个方向的平均 SD 值随着 Q 的增加都呈逐渐

下降趋势。这说明中垂面 HRTF 谱重构中采用的独立成分越多，重构效果越好；当 $Q=5$ 时，左、右耳的 SD 值都降至 2dB 以下；而从 $Q=6$ 开始，SD 随 Q 的变化趋于平稳。上述计算结果表明，包含前 6 个独立成分的中垂面 HRTF 谱模型可以表征原始 HRTF 的主要谱特征。

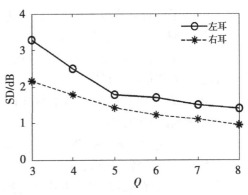

图 2-33　平均谱失真 SD 随独立分量数 Q 的变化

图 2-34 是 $Q=6$，$\varphi=-45°,0°,45°$ 时原始 HRTF 幅度谱（实线）和 ICA 重构 HRTF 幅度谱（虚线）的比较。图中显示，在全频段的范围(0.5~20kHz)，ICA 重构 HRTF 和原始 HRTF 非常吻合，特别是和空间定位有关的谱峰和谱谷的位置。需要指出的是，$\varphi=0°,45°$ 时，重构 HRTF 和原始 HRTF 的第一个谱谷有一定的幅度差异，见图 2-34b 和 c。然而，由于人类听觉的高频分辨率偏低，且听觉系统对 HRTF 频谱具有平滑作用。因此，这种有限重构阶数所导致的谱谷的幅度差异未必会引起听觉感知。

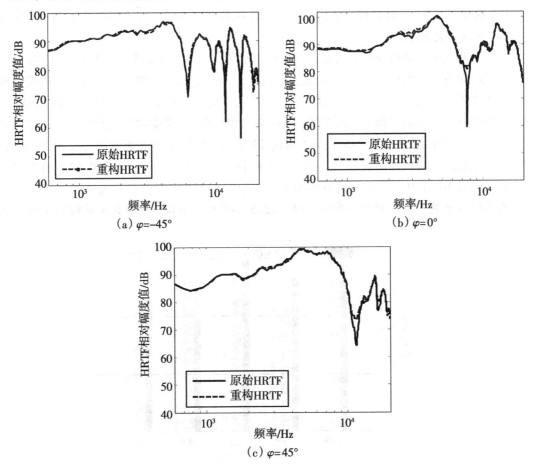

图 2-34　原始 HRTF 和 ICA 重构 HRTF 的幅度比较

为了从听觉感知的角度探究上述结论的合理性,进一步开展了听音辨别实验。采用1.5s 白噪声为单通路信号源。采用三间隔两强制选择(three-intervals two-alternatives Forced choice,3I2FAC)的实验范式。其中,参考信号 A 采用原始 KEMAR HRIR 和单通路信号卷积得到;目标信号 B 采用 ICA 重构 KEMAR HRIR 和单通路信号卷积得到。需要指出的是,这里 A、B 信号中的 HRIR 都是最小相位函数,分别由原始测量 HRTF 幅度和 ICA 重构的 HRTF 幅度决定。每段信号(A 或者 B)前后各有 0.25s 的淡入、淡出处理。实验中,采用"A – B – A"和"A – A – B"两种信号组合进行随机播放,每段信号之间间隔0.5s。一组信号播放后,被试者需要判定后两段信号中的哪一段和第一段相同;如果不能判断,则强制以随机的方式进行选择。实验采用森海塞尔 HD250 耳机重放。实验前,信号都进行了耳机均衡处理,以尽量消除耳机对重放效果的影响。

实验选取了中垂面上 5 个仰角方向($\varphi = -45°, 0°, 22.5°, 45°, 67.5°$)进行虚拟重放;分别采用 4 种 ICA 重构阶数($Q = 3, 4, 5, 6$)合成目标信号 B。6 位被试者(22~27 岁)参与了实验,其中有 4 位曾经参与过听音实验。为了进行有效的统计分析,听音实验的样本数通常大于 30。这里,每名被试者在每个虚拟声源方向进行 6 次重复判断,其中"A – B – A"和"A – A – B"各重复 3 次。因此,对于每种实验条件,一共有 36 个样本(6 名被试×6 次重复判断)。每名被试者需要进行 120 次判断(5 个声源方位×4 种 HRTF 的重构阶数×6 次重复判断)。

每次判断用随机变量 x 表示,判断正确记为 $x_i = 1$,判断错误记为 $x_i = 0$。对于每个虚拟声源方向,得到了 36 个独立观测值($x_1, x_2, \cdots, x_{36}$)。x 可视为一个服从二项式分布的随机变量,记为 $x \sim B(1, p)$,其中 p 为判断的正确率。在显著性水平为 0.05 的情况下,如果被试者的判断正确率 p 落在 $[0.33, 0.67]$ 的区间内,说明被试者无法区分 A 信号和 B 信号,即原始 KEMAR HRTF 和 ICA 重构 KEMAR HRTF 不存在听觉差异。图 2 – 35 是 6 位被试者的平均判断正确率,图中的两条水平线分别表示 $p = 0.33$ 和 0.67。图 2 – 35 表明,随着 HRTF ICA 重构阶数 Q 的增大,中垂面上各个虚拟方位的被试判断正确率 p 都有不同程度的下降。对于中垂面 $\varphi = 0°, 22.5°, 45°$ 仰角方向,6 阶 ICA 重构的正确率已落

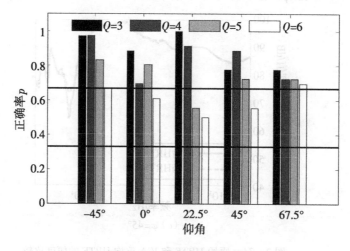

图 2 – 35 辨别实验的结果

在[0.33, 0.67]的区间内,说明对于这些声源方向 KEMAR HRTF 的 6 阶 ICA 重构和原始 HRTF 在听觉上是等价的。然而,在低仰角 -45°以及高仰角 67.5°区域,KEMAR HRTF 的 6 阶 ICA 重构有可能被分辨出。这表明,对于处于较高和较低仰角方位的虚拟声像,需要高于 6 阶的 ICA 重构才可能满足听觉需求。然而,在实际的虚拟声应用中,绝大部分的声像出现在听者正前方的较低仰角方向(例如 ±30°),因此可以推测基于 6 阶 ICA 重构的中垂面 HRTF 谱模型可以满足实际需要。

相比于主成分分析 PCA 方法,我们提出的 ICA 方法在不增加模型复杂度的情况下,可以提取出中垂面谱特征的高阶独立基矢量,为研究定位谱特征的独立统计信息提供了途径(钟小丽等,2018)。该方法可推广至近场($r<1.0\text{m}$)以及其他空间方位,如水平面 HRTF 的分解和建模。

2.3.2 特征面 HRTF 的相似性

在第 1 章的引言中,我们说明本书主要采用以听者头中心为原点的顺时针球坐标系,声源的空间位置采用(r,θ,φ)表述。然而,在矢状面(包括中垂面以及和中垂面平行的特征面)的研究中,采用以听者头中心为原点的双耳极坐标系更为简便。其中,偏侧角 $-90°\leq\Theta\leq90°$ 表示声源与原点构成的方向矢量和声源在中垂面上的投影与原点构成的方向矢量的夹角;而仰角 $-90°\leq\Phi\leq270°$ 表示声源在中垂面上的投影与原点构成的方向矢量与水平面的夹角,如图 2-36a 所示。具体的,

$$(\Theta,\Phi)=(0°,0°) \quad \text{为正前方,}$$
$$(\Theta,\Phi)=(0°,180°) \quad \text{为正后方,}$$
$$(\Theta,\Phi)=(0°,90°) \quad \text{为正上方,}$$
$$(\Theta,\Phi)=(0°,270°) \quad \text{为正下方,}$$
$$(\Theta,\Phi)=(-90°,0°) \quad \text{为正左方,}$$
$$(\Theta,\Phi)=(90°,0°) \quad \text{为正右方。}$$

在图 2-36b 中列举了 3 个矢状面:$\Theta=0°$(即中垂面)、$\Theta=30°$ 和 $\Theta=60°$。

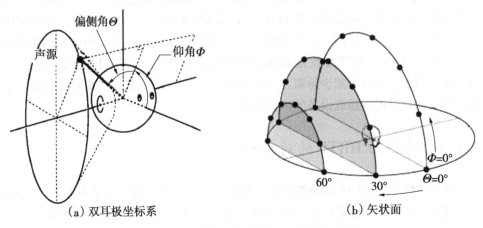

(a) 双耳极坐标系　　　　　　(b) 矢状面

图 2-36　双耳极坐标系以及矢状面的示意图

在2.2.1节中,我们对HRTF进行了针对方位角θ的沿着纬度面的空间傅里叶展开(Zhong et al.,2005)。同理,由于中垂面HRTF是仰角Φ的以2π为周期的函数,所以它可以按Φ展开为空间傅里叶级数。套用式(2-10)定义,如果取前S阶仰角角谐波分量的能量之和占总能量的比重η为99%,则中垂面HRTF在可听声频段的空间傅里叶展开的最高阶数$Q=9$(Zhong et al.,2017b)。这一方面说明HRTF在中垂面的空间变化比在水平面的平缓;另一方面,中垂面上不小于19点的均匀采样足以恢复可听声频段($f\leqslant$20kHz)的HRTF。

CIPIC HRTF数据库是目前公开的真人数据库中为数不多的采用双耳极坐标系的数据库。它包括了43名真人被试者以及佩戴大小耳廓的KEMER人工头HRTF数据(44.1kHz采样率,16bit量化,200点长度)。其中,偏侧角Θ的取值为[-80°,-65°,-55°,-45°:5°:45°,55°,65°,80°],仰角Φ的取值为[-45°+5.625°×(0:1:49)],因此每位被试者(包括KEMER人工头)的HRTF都是由偏侧角、仰角和时间构成的25×50×200三维空间数据。我们研究了每名被试者正中矢状面(即中垂面)上各仰角方向HRTF幅度谱和侧向矢状面上同仰角方向HRTF幅度谱的相似性(Zhong et al.,2017c)。相关系数的计算在0~5kHz,5~12kHz,12~20kHz,0~12kHz,0~20kHz五个频段分别进行。

计算表明:在一定的低频范围内,近耳的相关系数略大于远耳;而在高频段或者全频段,他们的结果基本一致。整体而言,无论对于远耳还是近耳,相关系数都随着声源偏离正中矢状面而逐渐降低。

图2-37是各个侧向矢状面($\Theta\neq0°$)和正中矢状面($\Theta=0°$)的关于仰角和被试者平均归一化相关系数。根据图2-36,$\Theta>0°$时,右耳是声源的同侧耳,而左耳是声源的异侧耳;而$\Theta<0°$时,左耳是声源的同侧耳,而右耳是声源的异侧耳。因此,图2-37中一个明显的规律是:无论是哪个频段,声源同侧耳的相关系数总是大于声源异侧耳;并且这种差异随着声源偏离正中矢状面而愈发明显。然而,就整体来说,不同的侧向矢状面双耳HRTF频率谱和正中矢状面(即中垂面)双耳HRTF频率谱的相关程度都较高,平均都在0.85以上。

鉴于这种HRTF频率谱的相似性,我们提出了一种基于中垂面特性的虚拟声像近似获取方法(钟小丽,2019)。其步骤为:确定目标虚拟声像所处的混乱锥纵截面和水平面的交点坐标;选取交点处的双耳HRTF,计算双耳时间差;在中垂面上,确定和目标声像同仰角的空间方位,用该方位的HRTF幅度谱代替目标声像方位HRTF的幅度谱;将目标声像方位的双耳HRTF幅度谱和双耳时间差进行合成,得到目标声像方位HRTF的近似结果。该方法可有效减少所需存储的HRTF数量,减轻虚拟声像重放系统的负担,特别适用于各种手持式播放设备的声音重放。

2.3.3 特征面HRTF的对称性

近年国际上在HRTF的物理计算、测量和分析方面已做了大量的工作,而关于HRTF的空间对称性及其与频率的关系详细研究尚不多见。为了简化,许多有关虚拟声的研究都采用HRTF左右对称的假设。在HRTF的计算中,为方便计算,也常常将头部、躯干

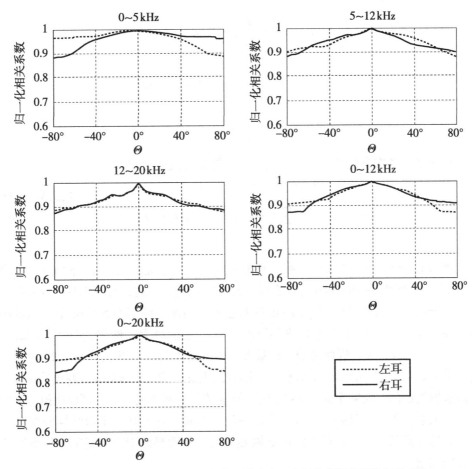

图 2-37 CIPIC 数据库中 43 名真人被试在 5 个频带范围的平均相关系数

等生理结构简化成具有一定空间对称性的几何形状(如刚球模型)。其实,因为 HRTF 反映了头部、耳廓和躯干等构成的生理系统对声波散射的综合结果,所以生理系统的空间对称性与 HRTF 的空间对称性有着密切的关系。因此,对实际测量得到的 HRTF 的空间对称性进行分析不但可以了解生理结构的对称性,还可以分析各种生理结构(如耳廓)对 HRTF 的影响以及各种生理系统简化模型的适用范围。事实上,在近代物理中对称性是一种有效的分析手段。例如在基本粒子物理的研究中,经常通过分析粒子辐射或散射强度的对称性来了解粒子的内部结构。对称性的方法也被用于凝聚态物理和声学的其他领域。

对自行测量的有、无耳廓的 KEMAR HRTF 和真人 HRTF 数据分别进行空间傅里叶展开,我们研究了耳廓对 HRTF 对称性的影响以及 HRTF 对称性模型的适用性(钟小丽等,2007)。前面式(2-3)的空间傅里叶展开采用的是指数基函数,这里为了便于对称性的分析,改为等价的三角函数形式的基函数,即

$$H(\theta, \varphi_0, f) = a_0(f) + \sum_{q=1}^{Q} [a_q(f)\cos q\theta + b_q(f)\sin q\theta] \quad (2-23)$$

其中

$$a_0(f) = \frac{1}{2\pi}\int_0^{2\pi} H(\theta,\varphi_0,f)d\theta$$

$$a_q(f) = \frac{1}{\pi}\int_0^{2\pi} H(\theta,\varphi_0,f)\cos q\theta d\theta$$

$$b_q(f) = \frac{1}{\pi}\int_0^{2\pi} H(\theta,\varphi_0,f)\sin q\theta d\theta$$

相应地,各次方位角谐波的能量所占总能量可改写为:

$$\eta_s(f) = \frac{|a_s(f)|^2 + |b_s(f)|^2}{2|a_0(f)|^2 + \sum_{q=1}^{Q}(|a_q(f)|^2 + |b_q(f)|^2)}, \quad s = 1,2,3,\cdots,Q$$

(2-24)

利用 KEMAR 左耳 HRTF 数据,算出 $\varphi_0 = 0°$ 时有、无耳廓情况下的 $\eta_s(f)$,如图 2-38 所示。比较图 2-38a 和 b 可以看到,$\varphi_0 = 0°$(水平面)时,有、无耳廓两种情况下各阶方位角谐波分量的相对比例 $\eta_s(f)$ 出现明显差异的起始频率为 5~6kHz;随着频率的升高,体现两者差异的方位角谐波分量的阶数也逐渐增大。例如,$f = 5.0$kHz,10.0kHz,15.0kHz 时,有、无耳廓两种情况的最大差异分别体现在 $s = 8$ 阶、14 阶、23 阶的谐波分量的系数上。从 HRTF 的形成上分析,上述有、无耳廓情况下 $\eta_s(f)$ 的差异是耳廓对入射声波的散射造成的。当频率高于 6kHz 时,耳廓的尺寸和声波的波长可以比拟,耳廓开始对声波起散射作用;并且频率越高,声波的波长越短,它与耳廓细微结构的相互作用就越明显,这使高频 HRTF 随着方位角 φ 剧烈变化,从而导致 HRTF 高阶方位角谐波分量相对比例的增大。

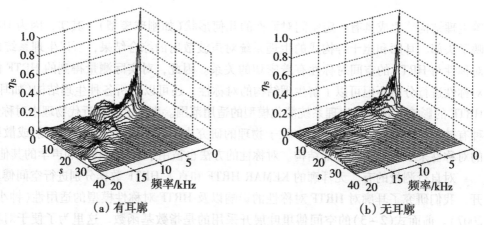

图 2-38 $\varphi_0 = 0°$ 时有、无耳廓 KEMAR 的 $\eta_s(f)$

由于 $q = 0$ 时 $\cos q\theta = 1$,所以 $a_0(f)$ 是零阶方位角谐波分量 $\{\cos q\theta, q = 0\}$ 的系数。由于 $\{\cos q\theta, q = 0,2,4,\cdots\}$ 以及 $\{\sin q\theta, q = 1,3,5,\cdots\}$ 关于 $\theta = \pi/2$ 和 $3\pi/2$ 对称,所以它们的系数反映了 HRTF 的前后对称性。式(2-25)定义了 HRTF 的前后对称系数 ρ_{FB},它反映了 HRTF 级数表达中前后对称部分的能量占总能量的比例:

$$\rho_{\text{FB}}(f) = \frac{2|a_0(f)|^2 + \sum\limits_{q=\text{even}}|a_q(f)|^2 + \sum\limits_{q=\text{odd}}|b_q(f)|^2}{2|a_0(f)|^2 + \sum\limits_{q=1}^{Q}[|a_q(f)|^2 + |b_q(f)|^2]} \quad (2-25)$$

求和号的下标 $q = \text{even}$ 表示对偶数项 $\{q=2,4,6,\cdots\}$ 求和，而 $q = \text{odd}$ 表示对奇数项 $\{q=1,3,5,\cdots\}$ 求和。由定义可知 $0 \leq \rho_{\text{FB}} \leq 1$。$\rho_{\text{FB}}$ 越接近 1，前后对称部分所占总能量的比例越大，$\rho_{\text{FB}} = 1$ 表示前后完全对称。

采用 KEMAR 左耳 HRTF 数据，计算得到水平面上有、无耳廓情况下 ρ_{FB} 随频率的变化曲线，见图 2-39a。可以看出，有耳廓时 $f \leq 3.8\text{kHz}$ 和无耳廓时 $f \leq 4.6\text{kHz}$ 的 $\rho_{\text{FB}} \geq 0.90$；然而，随着频率的升高，两种情况的 ρ_{FB} 都逐渐降低。这是因为频率越高，相应的波长越短，与之同尺度的生理系统的前后不对称性（包括面部的眼、鼻处的起伏和头形的不规则）的作用越来越明显。图中可见，特别是从 $5 \sim 6\text{kHz}$ 开始，有、无耳廓 HRTF 的 ρ_{FB} 出现明显差异。主要表现为有耳廓时的 ρ_{FB} 随频率的升高下降得较快且总体上低于无耳廓时的 ρ_{FB}。事实上，在 5kHz 以上耳廓开始与声波发生明显作用，此时从头侧伸出且向后方弯曲的耳廓将严重破坏生理系统的前后对称性，从而使有耳廓时此频段的 ρ_{FB} 明显低于无耳廓时的 ρ_{FB}。

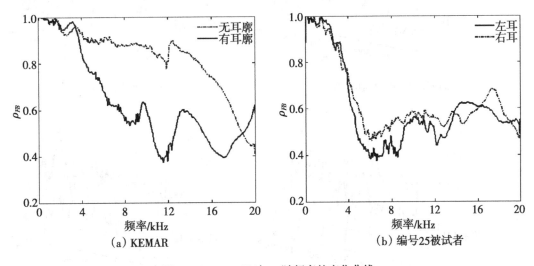

图 2-39 $\varphi_0 = 0°$ 时 ρ_{FB} 随频率的变化曲线

为了比较，图 2-39b 给出了中国人（远场）HRTF 数据库中编号 25 被试者的左、右耳 ρ_{FB} 随频率的变化曲线。当 $f \leq 15\text{kHz}$，图中两条曲线的趋势十分相似，只是在个别频段有一定的幅度差异。将编号 25 被试者的 ρ_{FB} 和 KEMAR 有耳廓的情况进行比较可以发现，两者随频率的变化趋势是类似的。然而，由于真人的生理外形相对复杂，具有头发、皮肤和耳廓；更重要的是真人的耳道入口是位于头部两侧略偏后的位置（KEMAR 的双耳是位于头部两侧），这使得前后对称性进一步被破坏，所以编号 25 被试者仅在 $f \leq 2.5\text{kHz}$ 时 $\rho_{\text{FB}} \geq 0.90$。当然，选取不同的真人测试，结果可能会有差别。但这里的结果已足以表明，KEMAR 听觉模型并不能完全适合于真人。另外，编号 25 被试者的 ρ_{FB} 曲线中小的起伏较多，除了是因为真人的生理外形相对复杂，更可能是因为真人在测量过程中的微小移动引起了实验误差。

上述是对特定纬度面 $\varphi = \varphi_0$ 上 HRTF 的前后对称性进行整体分析。如果进一步细化到对特定方位角 θ_0 及其前后镜像方位 θ_1 的 HRTF 对称性分析，可定义 HRTF 的前后不对

称系数 $\tau_{FB}(\theta_0, f)$：

$$\tau_{FB}(\theta_0, f) = \frac{|H(\theta_0, f) - H(\theta_1, f)|^2}{2[|H(\theta_0, f)|^2 + |H(\theta_1, f)|^2]} \quad (2-26)$$

它表示前后镜像方向 HRTF 之差的能量，并用相应 HRTF 能量之和的两倍进行了归一化。其中对于左耳同侧（即位于左半空间）的声源 $\theta_1 = 540° - \theta_0$，对于左耳异侧（即位于右半空间）的声源 $\theta_1 = 180° - \theta_0$。由定义，$0 \leq \tau_{FB}(\theta_0, f) \leq 1$，$\tau_{FB}(\theta_0, f) = 0$ 表示前后完全对称。利用 KEMAR 左耳 HRTF 数据，算出有、无耳廓时 $\varphi_0 = 0°$ 的 $\tau_{FB}(\theta_0, f)$，如图 2-40a～d 所示。其中，取左耳同侧的 $\theta_0 = 360°, 345°, 330°, 315°, 300°, 285°$，左耳异侧的 $\theta_0 = 0°, 15°, 30°, 45°, 60°, 75°$。图 2-40e、f 是编号 25 被试者左耳的情况。

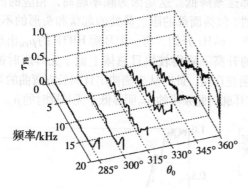
(a) 无耳廓时 KEMAR 左耳同侧

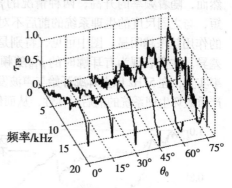
(b) 无耳廓时 KEMAR 左耳异侧

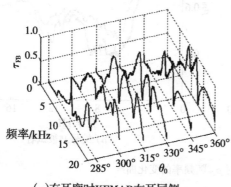
(c) 有耳廓时 KEMAR 左耳同侧

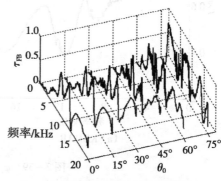
(d) 有耳廓时 KEMAR 左耳异侧

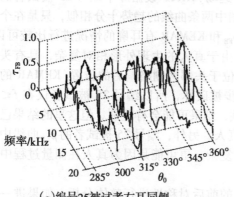
(e) 编号 25 被试者左耳同侧

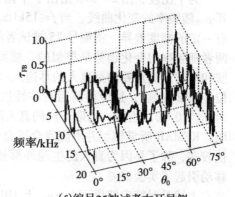
(f) 编号 25 被试者左耳异侧

图 2-40 $\varphi_0 = 0°$ 时 $\tau_{FB}(\theta_0, f)$ 的曲线图

图 2-40a 和 b 是 KEMAR 无耳廓时左耳同、异侧声源的 $\tau_{FB}(\theta_0,f)$。图 2-40a 中的 $\tau_{FB}(360°,f)$ 就是图 2-40b 中的 $\tau_{FB}(0°,f)$。比较两图可以发现，总体而言，同侧声源的 τ_{FB} 小于异侧声源的 τ_{FB}。这是因为当声源处于左耳同侧时，左前方和左后方镜像方向的声源发出的声波都可以直接传播到左耳，所以头表面生理形态的前后不对称对声波的影响较小；而当声源处于左耳异侧时，声波需要绕射过头部才能到达左耳，右前方 θ_0 方向的入射声波与右后方的 $(180°-\theta_0)$ 方向入射声波的绕射路径不同，所以头表面生理形态的前后不对称对绕射声波的影响较大，因此声源异侧时 HRTF 的前后不对称更好地反映了头表面生理形态的前后不对称。此外，头部的阴影作用使声源异侧时 HRTF 测量数据的信噪比偏低，这使图 2-40b 中的曲线随频率变化的起伏较多。而对于与左耳同侧的声源，当 θ_0 远离左耳的方向（即 270°），τ_{FB} 也会增加，如 $f=5.5\text{kHz}$，$\theta_0=285°$ 和 360°时，τ_{FB} 分别是 0.03 和 0.24。这也是头表面前后不对称所致。

图 2-40c 和 d 是 KEMAR 有耳廓时左耳同、异侧声源的 $\tau_{FB}(\theta_0,f)$。图中可见，对于所有的 θ_0，只有在 $f\leq1.1\text{kHz}$ 时 $\tau_{FB}\leq0.05$（若取 $\tau_{FB}\leq0.1$，则 $f\leq1.6\text{kHz}$），此时 HRTF 近似前后对称，也就是说前后对称的生理模型是一个好的近似。比较图 2-40a～d 可以看出，耳廓严重地破坏了头的前后对称性，从而使有耳廓时同、异侧声源的 τ_{FB} 都变大。这种现象对左耳同侧声源更为明显，以最靠近左耳处 $\theta_0=285°$ 最为明显。例如，图 2-40a 中 $\tau_{FB}(285°,5.5\text{kHz})=0.03$，而图 2-40c 中 $\tau_{FB}(285°,5.5\text{kHz})=0.20$。同时，耳廓的出现使无耳廓时同侧声源 τ_{FB} 小于异侧声源 τ_{FB} 的现象消失。然而，有耳廓时头部的阴影作用依然存在，所以当声源异侧时 τ_{FB} 随频率的起伏依然比声源同侧时的多，见图 2-40c 和 d。

图 2-40e 和 f 是编号 25 被试者左耳同、异侧声源的 $\tau_{FB}(\theta_0,f)$。它们和 KEMAR 有耳廓时的图 2-40c、d 是类似的。只是由于真人头部形态比 KEMAR 复杂以及真人测量中的误差比 KEMAR 大，所以真人的 τ_{FB} 大于 KEMAR 的。这一点也体现为对于编号 25 被试者，HRTF 对所有的 θ_0 可以近似为前后对称的频段仅为 $f\leq0.7\text{kHz}$（取 $\tau_{FB}\leq0.05$）或 $f\leq1.2\text{kHz}$（取 $\tau_{FB}\leq0.1$）。

需要指出的是，ρ_{FB} 是对 $\varphi=\varphi_0$ 上 HRTF 的前后对称性进行整体（平均）分析，而 τ_{FB} 是对每个 θ_0 方向 HRTF 的前后对称性进行分析，所以 τ_{FB} 判据比 ρ_{FB} 判据更为苛刻。计算结果也表明，采用 τ_{FB} 判据得到的前后不对称的起始频率比采用 ρ_{FB} 判据得到的低，然而在实际应用中（例如采用理想模型计算 HRTF）可以采用 ρ_{FB} 判据。

由于生理系统（主要是头部）的外形基本上是左右对称的，过去的许多研究都假定 HRTF 是左右对称的，也就是在特定的纬度面 $\varphi=\varphi_0$，左耳的 H_L 与右耳的 H_R 近似满足以下的对称关系：

$$H_R(\theta_0,f) = H_L(360°-\theta_0,f) \qquad (2-27)$$

为了检验这个近似的准确性，定义 HRTF 的左右不对称系数 $\tau_{LR}(\theta_0,f)$：

$$\tau_{LR}(\theta_0,f) = \frac{|H_R(\theta_0,f) - H_L(360°-\theta_0,f)|^2}{2[|H_R(\theta_0,f)|^2 + |H_L(360°-\theta_0,f)|^2]} \qquad (2-28)$$

它表示归一化的左右耳在左右镜像方向的 HRTF 之差的能量比率。根据上述定义，$0\leq\tau_{LR}(\theta_0,f)\leq1$，当 $\tau_{LR}(\theta_0,f)=0$ 表示左右完全对称。

图 2-41 是 $\varphi=0°$ 时有耳廓 KEMAR 和编号 25、编号 10 被试者的 $\tau_{LR}(\theta_0,f)$。其中 $\theta_0=0°$，$5°$，$10°$，…，$175°$，$180°$。从图 2-41 中可以看出，在中、低频的情况下（KEMAR，$f \leqslant 5.3 \text{kHz}$；编号 25 被试者，$f \leqslant 2.2 \text{kHz}$；编号 10 被试者，$f \leqslant 5.1 \text{kHz}$），左右不对称系数 $\tau_{LR} \leqslant 0.05$，此时 HRTF 近似左右对称。然而，随着频率的升高，τ_{LR} 将变大，左右不对称会变得非常明显。这主要是面部的外形、发型、耳廓等在细微结构上的左右不对称引起的（当然还包括高频的实验误差）。对于 KEAMR，在 $f=10\text{kHz}$ 附近 τ_{LR} 出现了一个峰，其高度可达 0.65。这是耳廓的左右不对称引起的。事实上，仔细观察实验所用 KEMAR，虽然它不具有头发，面部外形也是左右对称的，但是肉眼也能分辨出它的一对耳廓（DB 60/61）存在一定的左右不对称。对于编号 25 被试者，当 $f \geqslant 8.3 \text{kHz}$，左右不对称就更明显，$\tau_{LR}$ 可达到 0.96；编号 10 被试者的左右对称性相对好些，总体来看，其 τ_{LR} 比编号 25 被试者小。

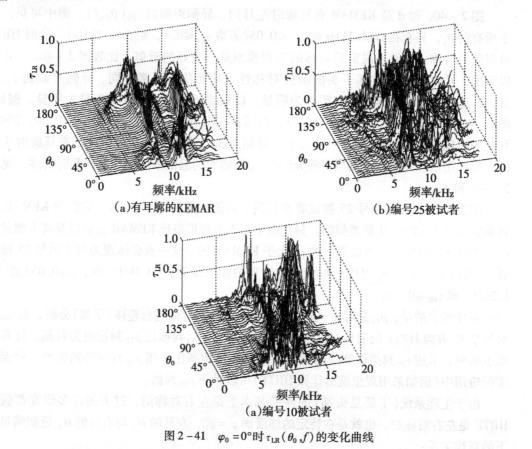

图 2-41 $\varphi_0=0°$ 时 $\tau_{LR}(\theta_0,f)$ 的变化曲线

虽然这里只是对 KEMAR 和两名真人进行了分析，但是足以得到以下结论：随着频率的升高，细微生理结构引起的 HRTF 左右不对称会变得明显，因而 HRTF 左右对称的假设将不成立。虽然不同个体的细微生理结构不同，因而他们左右不对称的起始频率和程度会有所不同，但是定性结论是类似的。从编号 25 被试者的数据来看，在 $f>2.2\text{kHz}$ 就有可能出现左右不对称，这至少可作为左右对称的 HRTF 模型适用范围的一个参考。当然，这种左右不对称所带来的听觉效果还有待实验探讨。

为了检验中国人(远场)HRTF 数据库的左右对称性,可采用上述方法对每名被试者进行计算,但逐个频率点的计算较为复杂。为了简化分析,在水平面 $\varphi=0°$ 定义各 ERB 频带范围内的 HRTF 左右能量比值:

$$\Delta(N) = \frac{1}{72}\sum_{\theta=0°}^{355°}\left|10\lg\frac{\int_{ERB}|H_R(\theta,0°,f)|^2\mathrm{d}f}{\int_{ERB}|H_L(360°-\theta,0°,f)|^2\mathrm{d}f}\right| \text{ (dB)} \quad (2-29)$$

上式右边的分子表示与 θ 方向声源对应的右耳 HRTF 在频率标度为 N 的 ERB 频带内的能量,分母表示与 $(360°-\theta)$ 方向的声源对应的左耳 HRTF 在标度为 N 的 ERB 频带范围内的能量,绝对值号内的计算求出以 dB 为单位的能量比值,求和号以及除以 72 表示对水平面上 72 个 θ 方向取平均。在左右对称的情况下 $\Delta=0\text{dB}$,$\Delta>0\text{dB}$ 表示左右不对称。和前面的分析不同,Δ 只考虑了 HRTF 在能量(振幅)上的左右对称性,没有考虑 HRTF 相位上的左右对称性。主要是考虑测量过程中被试者微小移动主要带来的是相位误差,式(2-29)可以排除这种误差。

用每名被试者数据分别算出 $\Delta(N)$,并对 52 名被试者进行统计平均得到 $\Delta_{ave}(N)$,如图 2-42 所示。这里,每名被试者都有 $\Delta\geq0\text{dB}$,因而对 52 名被试进行统计平均不会导致的各被试贡献的相抵消。

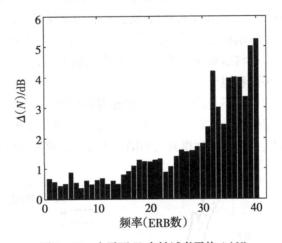

图 2-42 水平面 52 名被试者平均 $\Delta(N)$

在低频 $N\leq16(f\leq1\text{kHz})$,$\Delta_{ave}(N)\leq1\text{dB}$,左右对称是一个非常好的近似。但随着频率的增加,当 $N\geq30(f\geq5.5\text{kHz})$,$\Delta_{ave}(N)$ 明显增加。这是由于在高频,耳廓和头部细微结构对声波的作用逐渐明显(当然也包括一定的实验误差),它们的左右不对称将导致 HRTF 的左右不对称。如前所述,不同被试者 HRTF 左右不对称的起始频率和程度是不同的,即使对同一被试者,对不同的方向 θ,结果也不相同。这里给出的是对水平面 72 个方向和 52 名被试者的平均结果,但已足以说明在高频 HRTF 的左右对称性将受到破坏。此外,我们采用相关分析对 52 名受试者中垂面上左右耳 HRTF 的对称性进行了研究,发现中垂面上 HRTF 左右近似对称的频率上限为 5.5kHz(Zhong et al., 2013b)。

在 HRTF 的研究中,特别是在有关 HRTF 的物理计算中,经常将头部、躯干等生理系统简化成具有一定空间对称性的几何形状以方便计算。例如，最常用的刚球模型略去了耳廓和躯干的作用，将头部简化为一个刚性球体，而将双耳简化为球面上相对的两点，因此该模型具有严格的前后和左右对称性。然而，这些简化的对称模型只是一种近似，实际的生理系统并非完全对称。首先，头部并非完全对称的球体；其次，耳廓的存在将进一步破坏生理系统的前后对称性。现有研究表明，在高频（频率高于5kHz），当耳廓的尺寸与波长可以比拟时，耳廓对声波起作用，主要表现为HRTF在高频的前后不对称。因此，在一定的频率之上，简化的对称模型将不适用。下面讨论各种简化模型的适用频段。

将HRTF近似为左右对称模型的适用频段和近似为前后对称模型的适用频段进行比较可以发现，无论是KEMAR还是真人，它们的左右对称性总是好于前后对称性（Zhong et al., 2013b），所以应当以HRTF前后对称性分析为判据讨论利用各种理想模型计算真人HRTF的有效频段。前面提到，HRTF前后对称性的判据有两个：$\tau_{FB}(\theta_0,f)$和$\rho_{FB}(f)$。由于利用理想模型计算HRTF时往往考虑不同θ_0方位的整体（平均）近似效果，所以下文采用判据$\rho_{FB}(f)$。

这里讨论两种理想模型：刚球模型和改进的刚球模型。由于刚球模型将头部简化为一个刚性球体，双耳简化为球面上相对的两点，所以它具有严格的前后对称性。利用它计算出的HRTF的前后对称系数$\rho_{FB}(f)$在各个频段恒为1.0。将编号25被试者左耳的$\rho_{FB}(f)$重新画在图2-43可以看出，随着频率的升高，刚球模型的ρ_{FB}和编号25被试者ρ_{FB}之间的差异逐渐增大，例如在6.0kHz附近两者的差异可达0.6。这是由于随着频率的升高，耳廓及其他生理结构的前后不对称对HRTF前后对称性的影响逐渐明显，因此前后完全对称的刚球模型将越来越不适用于计算真人的HRTF。同样的结论也适用于其他前后对称的模型，如头部和躯干的雪人模型。

事实上，真人的双耳不是位于头部两侧相对的位置，而是在两侧稍偏后的位置，所以提出了改进的刚球模型，将双耳简化为位于头部100°和260°的两点。这里，取头半径为0.085m，将从改进的刚球模型得到的HRTF代入公式便可得出水平面上左耳的$\rho_{FB}(f)$，

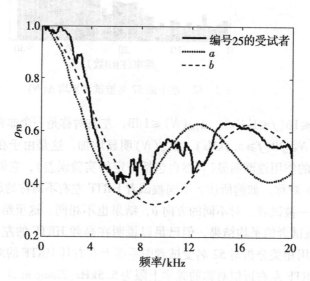

图2-43　$\varphi_0=0°$时改进的刚球模型和编号25被试者左耳的$\rho_{FB}(f)$

见图 2-43 中曲线 a。它在 5kHz 以下与编号 25 被试者结果还是有一定的差异。事实上，编号 25 被试者双耳位置并不一定是在 100°和 260°的位置（实际中双耳的位置较难准确测量），所以尝试选取 97.5°和 262.5°作为双耳的位置，算出了相应的水平面上左耳的 $\rho_{FB}(f)$，见图 2-43 中曲线 b。从图 2-43 中可以看到，当 $f \leqslant$ 5kHz，3 条曲线的趋势类似，但曲线 b 与编号 25 被试者的更为接近。而当 $f >$ 5kHz 时，3 条曲线的趋势出现较明显的偏差。这是因为改进的刚球模型没有耳廓，并且曲线 a、曲线 b 对应的双耳位置也有一定的差异。由于在高频即使是细微的生理结构的差别也会引起 HRTF 较大的变化，所以随着频率的升高三者之间会出现较明显的偏差。

如果以编号 25 被试者 ρ_{FB} 为标准，以偏离不大于 0.1 为判据，那么刚球模型的适用频段为 $f \leqslant$ 2.5kHz；而对于改进的刚球模型，双耳位置为（100°，260°）和（97.5°，262.5°）的适用频段分别为 $f \leqslant$ 1.8kHz 和 $f \leqslant$ 3.3kHz。一方面，这里得出的刚球模型的适用频段和现有文献给出的 $f \leqslant$ 2.0kHz 相似，这说明采用判据 $\rho_{FB}(f)$ 是合理的；另一方面，改进的刚球模型中双耳位置对计算结果有较大的影响，合适的双耳位置可使其适用频率范围提高，不适当的双耳位置可能会适得其反。

2.4 远近场 HRTF 的分析

在双耳听觉以及 HRTF 的研究中，通常采用人头中心为坐标原点的球坐标系，定义声源到人头中心的几何距离为声源距离 r。当距离 r 不小于 1.0m 时，HRTF 基本与距离无关，被称为远场 HRTF；反之，当距离 r 小于 1.0m 时，HRTF 随距离变化明显，被称为近场 HRTF。

2.4.1 视差分析

在 HRTF 研究中，HRTF 的角度定义为声源相对于头中心的角度。然而，实际的物理过程（特别是耳廓和声波的相互作用）需要考虑声源相对于耳的角度。对于远场（声源到头中心的距离大于 1.0m），声源相对于头中心和相对于耳的角度大致相等；但是在近场，两者角度的偏差较大，出现视差现象（Brungart，1999）。视差现象将导致 HRTF 高频谱特征从远场到近场的空间压缩。基于几何模型，我们计算了水平面远近场的视差偏角，分析了视差偏角随声源距离和声波空间方位的变化规律以及 HRTF 高频谱特征的空间压缩（钟小丽等，2016）。

图 2-44 是水平面上的视差模型。采用顺时针头坐标系统，头中心为 O 点，声源位于空间 A 点，右耳（声源同侧耳）为 B 点。头半径 $OB = a$，声源到头中心的距离 $OA = r$。声源相对于头中心的角度为 θ，相对于右耳的角度为 θ'；两者的差异 $\Delta \theta$ 为视差偏角。由图 2-44 所示的几何关系，可以推得：

$$\Delta \theta = \theta - \theta' = \theta - \arctan\left(\frac{r\sin\theta - a}{r\cos\theta}\right) \qquad (2-30)$$

上式表明视差偏角 $\Delta \theta$ 和头半径 a 有关。为了简化讨论，这里取平均头半径 $a = 0.0875$m，

重点探讨 $\Delta\theta$ 随 r 和 θ 的变化规律。

图 2-45 是视差偏角 $\Delta\theta$ 随距离 r 的变化曲线。由图 2-45 可知：

（1）$\Delta\theta$ 总是随着距离的增大而减小，也就是说，视差效应对近场 HRTF 的影响较大。例如，入射角度 $\theta = 15°$ 情况下，在近场（$r=0.15\mathrm{m}$）和远场（$r=1.05\mathrm{m}$）的 $\Delta\theta$ 分别为 33.6° 和 4.7°。

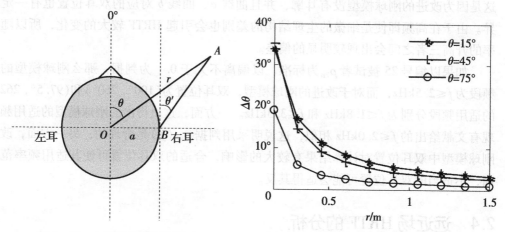

图 2-44　水平面上的视差模型　　　　图 2-45　视差偏角 $\Delta\theta$ 随距离 r 的变化

（2）相对于距离的均匀增大，$\Delta\theta$ 随距离的变化是非均匀的，表现为：在靠近头部的近场区域（<0.3m），$\Delta\theta$ 随距离增大而迅速减小，呈现出陡峭的下降趋势；随后 $\Delta\theta$ 随距离的变化逐渐平缓，逼近一个极限值。

此外，当相对于头中心入射角 $\theta=90°$（图 2-44），相对于右耳的入射角 θ' 总为 90°。此时，任意距离处的视差偏角 $\Delta\theta = 0°$。

图 2-46 是视差偏角 $\Delta\theta$ 随声源相对头中心入射角 θ 的变化曲线。当声源靠近头部（例如 0.15m），随着声源由正前方 0° 向侧向 90° 移动，$\Delta\theta$ 先增大后减小；而如果声源距

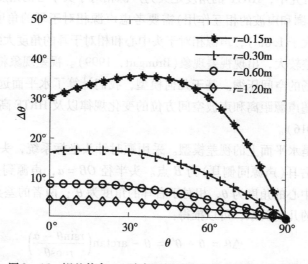

图 2-46　视差偏角 $\Delta\theta$ 随声源相对头中心入射角 θ 的变化

离头部较远(例如 0.60m),$\Delta\theta$ 随着声源向侧向移动而逐渐减小。另一方面,声源距离头部越近,$\Delta\theta$ 随着入射角 θ 的变化范围越大。例如,$r=0.15$m,0.60m 时,$\Delta\theta$ 随着入射角 θ 的变化范围分别为($35.7°\sim 0°$)和($8.4°\sim 0°$)。

上述分析表明,视差偏角在近场的前方区域尤为明显,最大可达 30°以上。

2.4.2 相似性分析

目前,HRTF 中定位谱特征随声源方位角变化的研究已比较成熟,而定位谱特征随声源距离变化的研究尚不多见。我们采用谱偏离度和相关系数两种指标研究了 4 种不同声源距离下定位谱特征的水平变化规律(主要探讨了远近场 HRTF 定位谱的相似性),最后采用主观听音实验进行了验证(钟小丽等,2021)。

谱偏离度 D 定义为对数意义下两种 HRTF 谱差异的均方根,即:

$$D(\theta_r,\theta_c) = \sqrt{\frac{1}{N}\sum_{f_k}\left(20\lg\frac{|H_r(\theta_r)|}{|H_c(\theta_c)|}\right)^2}, \quad k=1,2,\cdots,N. \qquad (2-31)$$

式中,f 表示频率,下标 k 表示频率点序号;下标 r 表示参考对象,下标 c 表示研究对象。由定义可知,D 越接近 0dB,说明不同距离下定位谱的偏离越小。

相关系数 R 常用于度量两个变量之间相关程度,定义为:

$$R(\theta_r,\theta_c) = \frac{\mathrm{Cov}[H_r(\theta_r),H_c(\theta_c)]}{\sqrt{\mathrm{Var}[H_r(\theta_r)]\mathrm{Var}[H_c(\theta_c)]}} \qquad (2-32)$$

式中,Cov 表示协方差运算,Var 表示方差运算。由定义可知,相关系数 R 越接近 1,说明不同距离下定位谱的相关度越高。

研究采用包含 4 个声源距离($r=0.25$m,0.50m,0.75m,1.00m)的近场水平面 HRTF 数据。对于每个距离,HRTF 保存为均匀间隔 $\Delta\theta=1°$,48kHz 采样频率,128 点长度的 HRIR(HRTF 的时域形式)。为了提高频率分辨率,首先通过补零的方式将 128 点 HRIR 扩展为 512 点;然后,截取 $3\sim 15$kHz 的频段进行后续分析。相应地,式(2-31) 中 $N=128$。

利用式(2-31)或式(2-32)可逐个计算特定的参考方位 HRTF 和研究方位 HRTF 的关联。假设以($r=1.00$m,$\theta_r=0°$)为特定的参考方位,依次计算它和研究距离 $r=0.25$m 每个方位的关联;从中可以挑选出关联性最强的研究方位,作为该距离的最匹配角度 θ_m。通过不同距离匹配角度的分析,可以了解 HRTF 定位谱随距离的空间变化轨迹。

图 2-47 是不同距离的最匹配角度 θ_m 的计算结果。这里选取 $r=1.00$m 为参考对象,如果同时将它作为研究对象的话,相应的最匹配角度在图中呈现为一条对角线。

由图 2-47 可知:

(1)无论是 D 算法还是 R 算法,最匹配角度都随着声源距离的变化而偏离对角线。这表明,在近场区域 HRTF 定位谱特征的空间分布出现了畸变,即在头中心坐标系中,同一个方位角所对应的不同距离的 HRTF 定位谱存在差异。

(2)不同距离最匹配角度相对于对角线的偏离程度随着距离的减少而逐渐增大。例如,对于 D 算法,($r=1.00$m,$\theta_r=10°$)对应的不同距离的最匹配角度分别为:($r=$

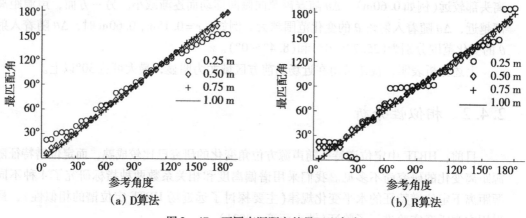

图 2-47 不同声源距离的最匹配角度

$0.75\mathrm{m}$，$\theta_\mathrm{m}=12°$），（$r=0.50\mathrm{m}$，$\theta_\mathrm{m}=15°$），（$r=0.25\mathrm{m}$，$\theta_\mathrm{m}=30°$）。可见，随着声源距离变小，偏离程度由2°变为5°甚至20°。

(3) 不同距离最匹配角度相对于对角线的偏离程度随着声源偏离侧向90°而逐渐增大，在前后方区域达到最大。例如，对于R算法，当$r=0.50\mathrm{m}$时，方位角0°、45°和90°的偏离程度分别为15°、7°和0°。

上述随着距离和方位角的偏离在很大程度上归因于声学视差效应。谱偏离度D和相关系数R分别从每个频率点的平均偏离以及谱线整体相关性的角度，评估HRTF定位谱特征在不同声源距离的空间分布变化，表现为不同声源距离的最匹配角度的变化。虽然在大部分情况下，上述两种方法得到的最匹配角度比较一致，但是在某些情况下，特别是在近距离处（$r=0.25\mathrm{m}$），R算法的最匹配角出现不规律性。然而，在双耳听觉定位的研究中，定位效果是最终的判定依据。因此，我们进一步采用主观定位实验研究谱偏离度D算法和相关系数R算法挑选出的最匹配角度的主观感知效果。

以声源距离$r=1.00\mathrm{m}$的6个参考角度θ_r为目标方位，采用3个声源距离（$r=0.25\mathrm{m}$，$0.50\mathrm{m}$，$0.75\mathrm{m}$）时，对应上述6个参考角度值的最匹配角度θ_m作为测试方位。采用时长1s的白噪声作为单通路信号，将其和最匹配角度对应的HRTF进行卷积，得到双耳虚拟声实验信号。共有7名被试者参与定位实验，采用森海塞尔HD380Pro专业耳机播放虚拟声实验信号，美国Polhemus Patriot位置跟踪器记录被试的判断方位。每个被试进行216次感知声像方位的判断，即2种最匹配角度×6个目标方位×3种距离×6次重复。

在基于耳机的虚拟声定位实验中，镜像方位的声像混淆是一种常见的定位错误，例如前方30°的参考角度被感知出现在后方150°的镜像方位。图2-48是定位实验混乱率的统计图，其中图2-48a是D算法的结果，图2-48b是R算法的结果。

预实验发现，正前方0°的前后混乱率非常高，且伴随一定的头中效应，因此正式实验中没有选取正前方0°，而是选取了其镜像方位180°；同时，由于在实验指导中已明确告知被试者没有正前方0°的信号，因此被试者在参考角度180°的前后混乱率为0。此外，考虑到人类听觉的侧向定位精度偏低，只有当感知声像方位和参考角度90°的绝对偏差大于30°时才认为发生了前后声像混淆，计入混乱率。图2-48表明，前方区域的混乱率明显高于

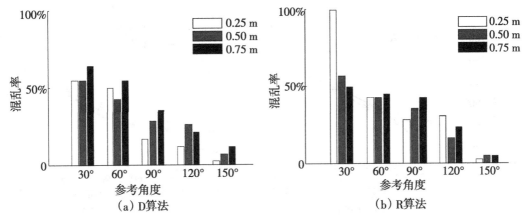

图 2-48　定位实验的混乱率

后方区域,即被试者更倾向于将前方参考角度错误地定位于后方镜像位置。平均而言,R 算法挑选出的最匹配角度的听觉前后混乱率为 29.4%,略高于 D 算法的 26.9%。特别是在参考角度 30°,R 算法挑选出的距离 $r = 0.25$m 的最匹配角度的混乱率达到 100%。

图 2-49a、b、c 分别是 $r = 0.25$m, 0.50m, 0.75m 的定位结果,包括感知声像角度和方差。在侧向附近(60°~150°),两种算法的感知声像角度和参考角度都比较接近,说明两种算法挑选的最匹配角度在听觉上都可以反映参考方位,即实验的目标方位。然而,在前后方向附近(30°和180°),两种算法的感知声像角度都明显偏离参考角度,且这种偏离程度随着距离的减少而增大。虽然两种算法的定位效果有着上述一致的变化趋势,但是相对参考角度而言,R 算法的偏离程度略大于 D 算法,见图 2-49a($r = 0.25$m, $\theta_r = 30°$)。

进一步,对上述听觉定位结果进行统计 t 检验($P = 0.05$)。结果显示,在 $r = 0.25$m 时,除了参考角度 $\theta_r = 30°$ 和 180°,两种算法最匹配角度的听觉定位效果没有显著差异;在 $r = 0.50$m 时,除了参考角度 $\theta_r = 180°$,两种算法最匹配角度的听觉定位效果没有显著差异;在 $r = 0.75$m 时,对于全部的参考角度,两种算法最匹配角度的听觉定位效果没有统计差异。对图 2-49a 和 b 进行观察可以发现,两种算法在图 2-49a 的 $\theta_r = 30°$ 和 180° 以及图 2-49b 的 $\theta_r = 180°$ 具有明显的均值偏离,这和 t 检验的结果是一致的。

上述主客观研究的结果可总结为:

(1) 不同声源距离情况下定位谱特征出现空间畸变,表征为同一水平方向的不同距离 HRTF 定位谱的关联性并非最强。

(2) 客观计算和主观实验都发现,定位谱特征的空间畸变随着声源距离的减小和声源偏离侧向方位而逐渐增大。

(3) 采用谱偏离算法和相关算法得到的结果基本一致;然而相关算法的定位混乱率以及对参考角度的偏离程度都略大于谱偏离算法。

结合上述的远近场视差效应和远近场 HRTF 频谱的相似性,我们提出了一种中垂面上近场虚拟声像的合成方法(钟小丽,2018),包括以下步骤:已知远场头相关传输函数 $HRTF_{far}$;将 3 个长度参量(声源到头中心的距离、人头半径、中垂面上近场目标声像到

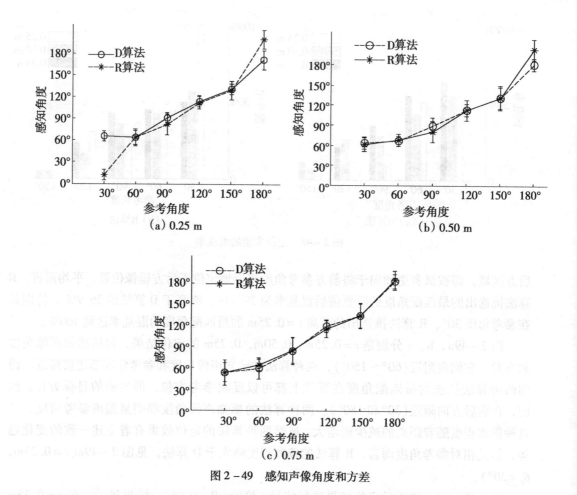

图 2-49 感知声像角度和方差

头中心的距离)代入修正公式,计算右耳 R 的修正角度 θ;提取远场右耳 $\text{HRTF}_{\text{far}}(\theta)$ 作为近场目标声像的右耳 HRTF;根据中垂面的左右对称性,提取远场左耳 $\text{HRTF}_{\text{far}}(-\theta)$ 作为近场目标声像的左耳 HRTF;将近场目标声像的双耳 HRTF 和输入声信号进行卷积,可实现基于耳机的中垂面近场声像的 3D 虚拟重放。该方法利用远场 HRTF 推知近场 HRTF,可以简便地实现中垂面近场虚拟声像的合成,省去近场 HRTF 繁琐的测量过程。

2.5 HRTF 的最小相位近似

第 1 章曾提到,HRTF 可分解为一个最小相位函数、一个全通相位函数和一个线性相位函数的乘积。在 12kHz 以下,全通相位函数可近似为线性相位函数;同时,由于该线性相位函数偏小,有时甚至可以忽略不计。因此,HRTF 可简化为一个最小相位函数和一个线性相位函数的乘积,这称为 HRTF 的最小相位近似。由于最小相位函数的相位由其振幅唯一决定,所以在 HRTF 最小相位近似下只需要知道双耳 HRTF 的振幅以及双耳之间的时间延迟差就可以确定双耳 HRTF。这种特性有助于简化双耳 HRTF 的信号处理算法(例如空间插值、滤波器设计等),因此 HRTF 的最小相位近似被广泛应用于现有的虚拟听觉重放系统。

2.5.1 双耳 HRTF 最小相位函数的相对延迟

在 1.1.1 节中,我们发现相关法 ITD 比上升沿法 ITD 大一些,特别是在侧向最明显;并进一步推测:这是因为上升沿法 ITD 只考虑了 HRTF 中线性相位函数对 ITD 的贡献,而略去了最小相位函数项的贡献;而相关法 ITD 包含了 HRTF 中线性相位函数项和最小相位函数项的总贡献。为了验证这个推测,我们计算了 52 名被试者的双耳 HRTF 最小相位函数之间的相对延迟,并对其空间变化特征和计算频段进行了讨论(钟小丽,2008)。

基于中国人(远场)HRTF 数据库,我们采用相关法计算双耳 HRTF 最小相位函数的相对延迟。为了排除不同被试者 HRTF 的高频差异(主要由耳廓等引起),计算前对双耳 HRTF 最小相位函数进行了 2.0kHz 的低通滤波。计算结果表明,不同被试者双耳 HRTF 最小相位函数之间的相对延迟 τ_{min} 的空间变化特征非常相似,只是存在数值上的差异。图 2-50 是水平面上 52 名被试者平均 τ_{min} 随方位角的变化,可以发现:

(1) τ_{min} 具有空间左右对称性,即 $|\tau_{min}(\theta)| \approx |\tau_{min}(360° - \theta)|$。这主要是因为在 2.0kHz 以下,与声波波长比较,人体生理结构的细微左右非对称可以略去。这使 θ 方向和 $(360° - \theta)$ 方向的双耳 HRTF 函数满足空间左右对称性,因此 $|\tau_{min}|$ 近似满足空间左右对称性。

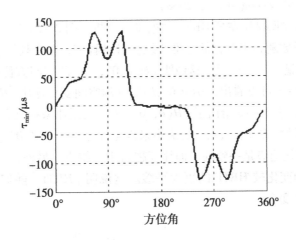

图 2-50 水平面上 52 名被试的双耳 HRTF 最小相位函数的相对延迟

(2) 对于 $0° \leq \theta < 180°$,τ_{min} 在侧向 65° 和 115° 附近出现峰值,局域谷点位于 90° 附近。事实上,τ_{min} 近似表征扣除传输距离对应的纯延迟后声波到双耳的能量延迟差。由于声波可以直接到达声源同侧耳(右耳),所以扣除传输距离对应的纯延迟后,右耳的最小相位函数几乎没有能量延迟。然而,对于声源异侧耳(左耳),由于它处于头部的阴影区域,所以必须考虑声波经头部的不同路径绕射到达后的相干叠加。当声源位于 65° 附近,对于 2.0kHz 左右的声波,它经头部前方和后方绕射到达左耳后会发生相消叠加,使左耳最小相位函数相对于右耳最小相位函数出现明显的能量延迟。因此,τ_{min} 在侧向 65° 附近出现峰值。计算发现,几乎等值的 τ_{min} 还出现在和 65° 满足空间前后对称的 115°,这说明在 2.0kHz 以下人类头部具有较好的前后对称性。当声源位于 90° 时,由于人类头部的近似

前后对称性,经头部前方和后方绕射到达声源异侧耳的声波具有相同的相位(声程差为零),所以叠加后相加。此时,左耳最小相位函数相对于右耳最小相位函数的能量延迟将减小,从而使 $\tau_{min}(\theta=90°)$ 相对于 $\tau_{min}(\theta=65°)$ 出现大约 50μs 的减小。根据 τ_{min} 的左右对称性,这里的结论和分析同样适用于 $180°\leq\theta<360°$。

(3) 其他纬度面的计算表明:随着纬度面逐渐偏离水平面,τ_{min} 逐渐变小,双峰特征逐渐消失。

上述计算结果和分析支持了我们之前关于两种 ITD 算法(上升沿法和相关法)差异的推测。

2.5.2 最小相位近似下 HRTF 的空间展开和重构

2.2.1 节中基于方位角的空间傅里叶展开法是针对复数值 HRTF 进行的,即同时对 HRTF 的幅度和相位进行处理。而在最小相位近似下,对 HRTF 的空间傅里叶分析只需要对实际测量的 HRTF 幅度函数 $|H(\theta,\varphi,f)|$ 进行,而无须考虑 HRTF 的相位部分。对于固定仰角 φ_0,$|H(\theta,\varphi_0,f)|$ 同样是方位角 θ 的以 2π 为周期的函数。因此,2.2.1 节中方位角谐波展开的分析方法同样适用于 $|H(\theta,\varphi_0,f)|$,只需用 $|H(\theta,\varphi_0,f)|$ 代替 $H(\theta,\varphi_0,f)$ 即可(Zhong et al., 2008)。

我们以 MIT KEMAR 左耳 HRTF 数据进行分析。图 2-51 是 $\varphi=0°$ 时 $|H(\theta,\varphi,f)|$ 各阶方位角谐波系数随频率变化的三维曲线。可以看出,在全频段 $|H(\theta,0°,f)|$ 主要由 4 个低阶方位角谐波组合而成。这说明 $|H(\theta,0°,f)|$ 随空间方位的变化十分平缓。比较图 2-51 和图 2-3 可以看出,$H(\theta,0°,f)$ 随 θ 的空间变化远比 $|H(\theta,0°,f)|$ 的复杂。与表 2-2 相对应,表 2-10 给出了 $|H(\theta,0°,f)|$ 的最小采样点数和 MIT 的实际测量采样点数的比较。虽然 $|H(\theta,0°,f)|$ 的最小采样点数远小于 $H(\theta,0°,f)$ 的情况,但是两者的 M_{min} 随纬度的变化趋势是一致的,即纬度越高 M_{min} 越小。另外,$|H(\theta,0°,f)|$ 的最小采样点数随仰角的变化较 HRTF 的更为平缓。这说明 |HRTF| 随仰角的变化程度比 HRTF 随仰角的变化程度小。

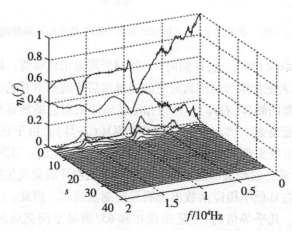

图 2-51 水平面 KEMAR $|H(\theta,0°,f)|$ 的方位角谐波系数随频率的变化

表 2-10　KEMAR |HRTF| 的空间最小采样点数 M_{min} 和实际测量采样点数 M

φ	-30°	-20°	10°	0°	10°	20°	30°	50°	60°	70°	80°
M	60	72	72	72	72	72	60	45	36	24	12
$M_{min}(\eta \geq 0.99)$	13	13	15	21	23	15	13	7	5	5	5
$M_{min}(\eta \geq 0.95)$	9	9	9	7	9	7	5	3	3	1

对 HRTF 进行最小相位近似后，复数 HRTF 的空间采样和插值（见 2.2.3 节）就简化为仅对其幅度函数的空间采样和插值的问题。对于相同的仰角，恢复最小相位近似的 HRTF 所需要的方位角 θ 的最小采样点数 M_{min} 较少，从而可使测量和数据库进一步简化。

和空间采样类似，在最小相位近似下 HRTF 插值只需要对幅度函数 |HRTF| 进行，而无须考虑 HRTF 的相位部分，插值过程也因此得以简化。图 2-52 是 |HRTF| 插值前后的 SDR 随 θ 的变化曲线。需要注意的是，在满足理想重构的条件下，36 点空间均匀采样对 $H(\theta,0°,f)$ 和 $|H(\theta,0°,f)|$ 的适用频率范围分别为 $f \leq 10kHz$ 和 $f \leq 19.8kHz$，所以两者 SDR 的计算频段不同。即便如此，两者 SDR 随 θ 的变化趋势完全一致，只是 $|H(\theta,0°,f)|$ 的平均 SDR 较复数 HRTF 的高 3dB，即 28dB。

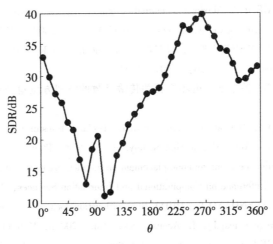

图 2-52　$\varphi_0 = 0°$ 时 |HRTF| 的 SDR 随 θ 的变化

最后指出的是，如果建立的 HRTF（测量）数据库主要用于听觉方面的科学研究，则要求在数学上严格恢复连续的 HRTF，这需要较多的 HRTF 空间采样点数。而在虚拟声等实际应用中，由于人类对单耳 HRTF 的相位不敏感，所以最小相位近似下的 HRTF 已经足够。在这种情况下，可以仅对 HRTF 的幅度 $|H(\theta,\varphi,f)|$ 进行空间采样，从而简化测量和减少数据量。

参考文献

[1] 钟小丽，谢菠荪. 头相关传输函数的研究进展（一）[J]. 电声技术，2004(12)：44-46，62.
[2] 钟小丽，谢菠荪. 头相关传输函数的研究进展（二）[J]. 电声技术，2005(1)：42-46.

[3] MØLLER H. Fundamentals of binaural technology [J]. Appl Acoust, 1992, 36: 171 - 218.

[4] VORLÄNDER M. Fundamentals of acoustics, modelling, simulation, algorithms and acoustic virtual reality [M]. Germany: Library of Congress, 2008.

[5] MAJDAK P, IWAYA Y, CARPENTIER T, et al. Spatially oriented format for acoustics: a data exchange format representing head-related transfer functions [C] // The 134th Convention of Audio Engineering Society. AES, 2013, Paper 8880.

[6] PEREZ-LOPEZ A. Pysofaconventions, a python API for sofa [C] // The 148th Convention of Audio Engineering Society. AES, 2020, e-Brief 568.

[7] 钟小丽, 谢菠荪. 个性化头相关传输函数的近似获取——现状和问题 [J]. 应用声学, 2012, 31(6): 410 - 415.

[8] XU S, LI Z, SALVENDY G. Individualization of head-related transfer function for three-dimensional virtual auditory display: a review [J/OL]. Virtual Reality, 2007: 397 - 407.

[9] SUNDER K, HE J, TAN E, et al. Natural sound rendering for headphones [J/OL]. IEEE Signal Processing Magazine, 2015: 100 - 113.

[10] LI S, PEISSIG J. Measurement of head-related transfer functions: a review [J]. Applied sciences, 2020, 10: 1 - 40.

[11] ZHONG X L, XIE B S. Spatial characteristics of head-related transfer function [J]. Chin. Phys. Lett., 2005, 22(5): 1166 - 1169.

[12] ZHONG X L, XIE B S. Maximal azimuthal resolution needed in measurements of head-related transfer functions [J]. Journal of the Acoustical Society of America, 2009, 125(4): 2209 - 2220.

[13] GARDNER W G, MARTIN K D. HRTF measurements of a KEMAR [J]. Journal of the Acoustical Society of America. 1995, 97(6): 3907 - 3908.

[14] 余光正, 谢菠荪, 钟小丽. 近场头相关传输函数的空间方位角分辨率 [J]. 声学技术(增刊), 2010, 1 - 2.

[15] RIEDERER K A J. Repeatability analysis of head-related transfer function measurements [C] // The 105th Convention of Audio Engineering Society. AES, 1998, 4846(J - 4).

[16] ZHONG X L. Influence of microphone placement on the measurement of head-related transfer functions [C] // International Conference on Computational and Information Sciences, 2013a, 1831 - 1834.

[17] ALGAZI V R, AVENDANO C, DUDA R O. Elevation localization and head-related transfer function analysis at low frequencies [J]. J. Acoust. Soc. Am., 2001a, 109(3): 1110 - 1122.

[18] ZHONG X L, XIE B S. Overall influence of clothing and pinnae on shoulder reflection and HRTF [J]. 声学技术, 2006, 25(2): 113 - 118.

[19] ALGAZI A R, DUDA R O. The CIPIC HRTF database [C] // Proceedings of IEEE Workshop on Applications of Signal Processing to Audio and Acoustics, 2001b: 99 - 102.

[20] 国家质量技术监督局. GB/T 2428 - 1998 成年人头面部尺寸 [S]. 中国: 中华人民共和国国家标准, 1998.

[21] 钟小丽. 头相关传输函数及其特性的研究 [D]. 广州: 华南理工大学, 2006.

[22] XIE B S, ZHONG X L, RAO D, et al. Head-related transfer function database and its analyses [J]. Science in China Series G: Physics, Mechanics & Astronomy, 2007, 50(3): 267 - 280.

[23] BRINKMANN F, DINAKARAN M, PELZER R, et al. A cross-evaluated database of measured and simulated HRTFs including 3D head meshes, anthropometric features, and headphone impulse responses [J]. Journal of the Audio Engineering Society, 2019, 67(9), 705 - 718.

[24] ANDREOPOULOU A, BEGAULT D R, KATZ B F G. Inter-laboratory round robin HRTF measurement comparison[J]. IEEE Journal of selected topics in signal processing, 2015, 9(5): 895-906.

[25] ZHONG X L, XIE B S. Consistency among the head-related transfer functions from different measurements [C]// Proceedings of Meetings on Acoustics, 2013, 19: 050014.

[26] 钟小丽, 徐秀. 不同测量对头相关传输函数的听觉影响[J]. 声学学报, 2018, 43(1): 83-90.

[27] XIE B S, ZHONG X L, YU G Z, et al. Report on research projects on head-related transfer functions and virtual auditory displays in China[J]. Journal of the Audio Engineering Society, 2013, 61(5): 314-326.

[28] 钟小丽, 利用神经网络外推中垂面上低仰角 HRTF 的方法[J]. 华南理工大学学报(自然科学版), 2007, 35(9): 20-25.

[29] ZHONG X L. Interpolation of head-related transfer functions using neural network [C] // Fifth International Conference on Intelligent Human-Machine Systems and Cybernetics, 2013b, 565-568.

[30] KESTLER G, YADEGARI S, NAHAMOO D. Head related impulse response interpolation and extrapolation using deep belief networks [C]// ICASSP, 2019: 266-270.

[31] GAMPER H. Head-related transfer function interpolation in azimuth, elevation, and distance[J]. Journal of the Acoustical Society of America, 2013, 134(6): EL547.

[32] ZOTKIN D N, DURAISWAMI R, DAVIS L S. Rendering localized spatial audio in a virtual auditory space[J]. IEEE Trans. on Multimedia, 2004, 6(4): 553-564.

[33] 刘雪洁, 钟小丽. 改进的头相关传输函数生理参数匹配法[J]. 声学技术(增刊), 2013, 32(6): 249-250.

[34] LIU X J, ZHONG X L. An improved anthropometry-based customization method of individual head-related transfer functions[C] // ICASSP, 2016: 336-339.

[35] MIDDLEBROOKS J C. Individual differences in external-ear transfer functions reduced by scaling in frequency[J]. Journal of the Acoustical Society of America, 1999, 106(3): 1480-1492.

[36] GUILLON P, GUIGNARD T, NICOL R. Head-related transfer function customization by frequency scaling and rotation shift based on a new morphological matching method[C] // The 125th Convention of Audio Engineering Society. AES, 2008, Paper 7550.

[37] FELS J, VORLÄNDER M. Anthropometric parameters influencing head-related transfer functions [J]. Acta Acustica United with Acustica, 2009, 95: 331-342.

[38] SPAGNOL S. HRTF selection by anthropometric regression for improving horizontal localization accuracy [J]. IEEE signal processing letters, 2020, 27: 590-594.

[39] SO R H Y, NGAN B, HORNER A, et al. Toward orthogonal non-individualised head-related transfer functions for forward and backward directional sound: cluster analysis and an experimental study [J]. Ergonomics, 2010, 53(6): 767-781.

[40] TAN C, GAN W. User-defined spectral manipulation of HRTF for improved localisation in 3D sound systems[J]. Electronics Letters, 1998, 34(25): 2387-2389.

[41] FONTANA S, FARINA A, GRENIER Y. A system for head related impulse responses rapid measurement and direct customization[C] // The 120th Convention of Audio Engineering Society. AES, 2006.

[42] XIE B S. Recovery of individual head-related transfer functions from a small set of measurements [J]. Journal of the Acoustical Society of America, 2012, 132(1): 282-294.

[43] MCMULLEN K, WAN Y. A machine learning tutorial for spatial auditory display using head-related transfer functions[J]. Journal of the Acoustical Society of America, 2022, 151(2): 1277-1293.

[44] PELZER R, DINAKARAN M, BRINKMANN F, et al. Head-related transfer function recommendation based on perceptual similarities and anthropometric features[J]. Journal of the Acoustical Society of America, 2020, 148(6): 3809 – 3817.

[45] LU D D, ZENG X Y, GUO X C, et al. Head-related transfer function reconstruction with anthropometric parameters and the direction of the sound source[J]. Acoustics Australia, 2021, 49: 125 – 132.

[46] KISTLER D J, WIGHTMAN F K. A model of head-related transfer functions based on principal components analysis and minimum-phase reconstruction[J]. Journal of the Acoustical Society of America, 1992, 91(3): 1637 – 1647.

[47] HWANG S, PARK Y. HRIR customization in the median plane via principal components analysis[C] // The 31st International Conference, AES, 2007.

[48] LIANG Z Q, XIE B S, ZHONG XL. Comparison of principal components analysis on linear and logarithmic magnitude of head-related transfer functions[C] // The 2nd International Congress on Image and Signal Processing, IEEE, 2009.

[49] 张亮, 钟小丽. 复频域头相关传输函数的主成分分析[J]. 声学技术. 2011, 30(6): 243 – 244.

[50] ZHONG X L, XU X, ZHANG J. Influence of small and large pinnae on virtual auditory perception[C] // The 21st International Congress on Sound and Vibration, 2014.

[51] MIDDLEBROOKS J C, GREEN D M. Observations on a principal components analysis of head-related transfer functions[J]. Journal of the Acoustical Society of America. 1992, 92(1): 597 – 599.

[52] PENG C C, ZHONG X L. Inter-individual differences of spectral cues in the median plane[C] // The 12th International Conference on Natural Computation, Fuzzy Systems and Knowledge Discovery (ICNC-FSKD), IEEE, 2016.

[53] ZHONG X L, PENG C C. Individualization of head-related transfer function based on multiple databases [C] // Inter-Noise 2017, Institute of Noise Control Engineering, 2017a: 5571 – 5577.

[54] 刘雪洁. 基于生理参数的头相关传输函数的定制[D]. 广州: 华南理工大学, 2014.

[55] 钟小丽, 刘雪洁. 中垂面谱特征的提取和建模[J]. 华南理工大学学报(自然科学版). 2018, 46(8): 130 – 133.

[56] ZHONG X L, XIE B S, YU G Z. Comparison of spatial characteristics of head-related transfer functions between the horizontal and median planes[C] // The 142nd Convention of Audio Engineering Society. AES, 2017b, Paper 9710.

[57] ZHONG X L, MA C L. Similarity of head-related transfer functions in sagittal planes[C] // Inter-Noise 2017, Institute of Noise Control Engineering, 2017c: 5565 – 5569.

[58] 钟小丽. 一种基于中垂面特性的虚拟声像近似获取方法: 中国, ZL 201710347629.7[P]. 2019 – 01 – 29.

[59] 钟小丽, 谢菠荪. 头相关传输函数空间对称性的分析[J]. 声学学报. 2007, 32(2): 129 – 136.

[60] ZHONG X L, ZHANG F C, XIE B S. On the spatial symmetry of head-related transfer functions[J]. Applied Acoustics. 2013b, 74: 856 – 864.

[61] BRUNGART D S. Auditory parallax effects in the HRTF for nearby sources[C] // IEEE Workshop on Applications of Signal Processing to Audio and Acoustics. IEEE, 1999: 171 – 174.

[62] 钟小丽, 朱敏贤, 郭文英. 视差现象对单耳定位谱因素的影响[J]. 声学技术(增刊). 2016, 35(6): 646 – 648.

[63] 钟小丽, 赖焯威, 宋昊等. 不同距离定位谱特征的研究[J]. 华南理工大学学报(自然科学版). 2021, 49(4): 59 – 64.

[64] 钟小丽. 一种中垂面上近场虚拟声像的合成方法：中国，ZL 201710347867.8[P]. 2018-11-02.
[65] 钟小丽. 最小相位头相关传输函数的相对延迟[J]. 声学技术(增刊). 2008, 27(5)：380-381.
[66] ZHONG X L, XIE B S. Reconstructing azimuthal continuous head-related transfer functions under the minimum-phase approximation[C] // Inter-Noise 2008, Institute of Noise Control Engineering, 2008.

3 室内虚拟声像的实现和简化

3.1 双耳房间脉冲响应 BRIR 及其模拟

第2章阐述了自由场情况下虚拟声像的合成。现实中,包含反射声的声场环境更为常见,其中又以室内声场最为典型。办公室、教室、餐厅、音乐厅、多功能厅等的内部空间都属于室内空间,相应的室内声场情况直接影响甚至决定了其功效发挥和用户体验。

图3-1是一个矩形室内空间中声源发出声波到达接收点的简化示例,其中实线表示直达声的传播路径,虚线表示反射声的传播路径。根据传输过程中声波和界面的反射次数,可将反射声分为一次(或阶)反射声、二次(或阶)反射声等。易知,室内空间的形状越复杂、考虑的反射声阶数越高,则声波到达接收点的情况也越复杂。

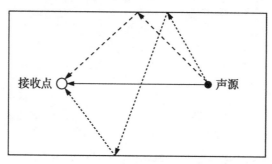

图 3-1 矩形空间中声波传输的简图
实线代表直达声路径,长虚线代表一次反射声路径,短虚线代表二次反射路径

一般情况下,以直达声到达接受点的时刻为基准,将相对延迟处于 80ms 以内的反射声称为早期反射声(Hidaka et al., 2007),超出上述相对延迟的反射声称为后期反射声(混响声)。现有研究表明,直达声对声源定位起主要作用;而由于优先效应(precedence effect)(Litovsky et al., 1999),早期反射声通常不能形成单独的听觉事件,但它对直达声的响度、视在声源宽度 ASW、语言清晰度以及音乐明晰度等感知具有重要的影响;后期反射声(混响声)主要对包围感有贡献。

在声源和接收点都固定的情况下,声波的传输过程可视为一个线性时不变的系统,通常采用房间脉冲响应(room impulse response, RIR)表征其系统特性,如图 3-2 所示。和自由场虚拟声像的虚拟重放类似,室内声像的虚拟重放关键在于模拟室内声场环境下听者的双耳声信号,即听者处于图 3-1 中接收点时双耳接收到的声信号。此时,除了需要考虑声源发出的声波在室内的传输特性(该部分由房间脉冲响应 RIR 表征),还需要考虑听者的生理结构(例如头部、躯干和耳廓)对直达声和反射声的反射、散射等作用(该

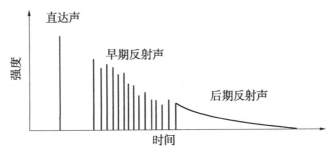

图 3-2 房间脉冲响应 RIR 的简图

部分由头相关传输函数 HRTF 表征)。对于听者和声源都固定不动的稳态情况,整体上可以将声波从声源到听者双耳的过程视为一个线性时不变的系统,采用双耳房间脉冲响应(binaural room impulse response,BRIR)表征其系统特性。BRIR 包含了室内环境中直达声和反射声的时间和空间信息,也反映了室内空间和听者对声波的物理作用。将单通路声源信号与一对已知的 BRIR 进行时间域卷积,便可模拟或合成出双耳信号;采用一对耳机重放合成的双耳声信号,便可实现稳态的室内虚拟声像重放。在现实环境中,声源和头部都有可能会运动,从而引起声源到双耳的声学传输路径的改变。可以预先通过模拟或测量的方法得到不同声源和听者位置的 BRIR,然后根据头部跟踪器检测到的听者头部的实际位置,实时地刷新 BRIR 的卷积信号处理。相应的虚拟重放称为动态的室内虚拟声像重放。

由上述分析可见,BRIR 是实现基于耳机的室内虚拟声像重放的关键,在建筑设计可听化、虚拟现实、增强现实和混合现实等领域具有广泛的应用场景(Li et al., 2021)。BRIR 可通过测量或模拟得到。通常采用参数化的模拟方法,即将声源到听者双耳的声学过程分解为直达声过程和一系列不同阶次的反射声过程,然后分别进行模拟,最后进行线性叠加。直达声过程的模拟采用适当幅度衰减和延时后的声源信号和相应空间方位的 HRTF 进行时间域卷积(或等价的频率域相乘)处理。对于早期反射声过程的模拟,通常采用几何声学的镜像声源法(mirror-image method))(Brinkmann et al., 2019),如图 3-3 所示。根据声学的镜像原理,可采用一个镜像的自由场虚声源 S′代替界面的作用,因而图中的一阶界面反射声可视为由位于界面后镜像位置的一阶自由场虚声源发出。对于历经多次界面反射而形成的高阶反射声,可视为由高阶自由场虚声源发出。以矩形空间中单声源发声为例,图 3-4 给出了各阶虚声源的分布情况。

对于早期反射声中的每一个反射声,只要根据镜像声源法确定相应虚声源的位置,就可以采用适当幅度衰减和延时后的声源信号和相应空间方位的 HRTF 进行时间域卷积(或等价的频率域相乘)处理,以模拟此反射声。最后,将分立模拟的反射声进行线性叠加,便得到了室内声像虚拟重放中早期反射声的模拟部分。对于后期反射声,由于它近似为理想的扩散声场,通常采用各种人工混响算法进行模拟。对于动态的室内虚拟声像重放,需要根据听者头部的位置,实时地对上述模拟中直达声和早期反射声信号处理所用的 HRTF(或 HRIR)进行刷新和空间插值处理。

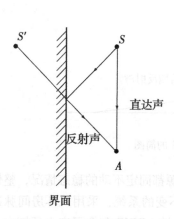
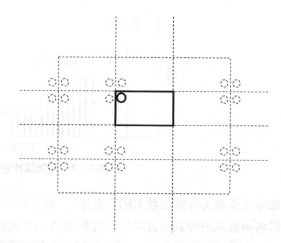

图3-3 镜像声源法示例

图3-4 矩形空间中单声源及其各阶虚声源的分布
实线表示界面，虚线表示界面的延长线
实线圆圈表示单声源，虚线圆圈表示虚声源

在早期反射声的模拟中，由于镜像等效虚声源的数目随着反射声阶数的增加而呈指数增加，特别是对于复杂的界面环境。由于每一个等效虚声源信号都需要用一对HRIR进行卷积(或HRTF滤波)处理；动态处理还需要根据头部的位置不断地对HRIR进行刷新和空间插值。这使得运算量很快就超过了系统软硬件的处理能力。在计算资源和能力有限的情况下，目前虚拟听觉环境系统基本上只采用镜像声源法和HRIR卷积模拟2或3阶的早期反射声(这是对简单房间而言，对其他复杂形状的房间则可能只有1或2阶)，而略去高阶早期反射声的模拟，以减少虚声源(即反射声)的数目。所幸的是，人类听觉系统对早期反射声的分辨能力是有限的。在优先效应所限制的条件下，各次反射声并不形成独立的听觉事件。因此，各次反射声所提供的信息在听觉上是有一定冗余的。这为早期反射声模拟的简化提供了可能性。

如前所述，采用镜像声源法模拟早期反射声就是采用虚声源方向的HRTF(或HRIR)对单通路声源信号进行滤波(或卷积)。因此，早期反射声模拟HRTF(或HRIR)的简化可以借鉴自由场虚拟声像模拟HRTF(或HRIR)数据简化的思路，下面将从时间域、空间域和强度域分别展开讨论。

3.2 早期反射声模拟的时间域简化

Zahorik等采用虚、实声像直接比较的方法，研究了合成自由场虚声源所需要的HRIR长度(Zahorik et al.，1995)，其中自由场实声像由扬声器重放，自由场虚声像(分别采用20.48ms、5.12ms、1.28ms、0.32ms长度的HRIR)由耳机重放。15个不同空间位置的结果展示，随着HRIR长度的逐渐缩短，虚、实声像从不可区分逐渐变为可区分。进一步，Senova等直接比较了不同长度HRIR虚拟声像的定位效果(Senova et al.，2002)。实验中，HRIR被截断成7种不同长度，分别合成不同纬度面上354个空间位置的虚拟声像。3名被试者的结果展示，20.48ms和10.24ms长度的HRIR可获得和自由场实声像相同的定位效果；随着HRIR长度缩减至0.32～5.12ms(不同被试者的结果不同),虚拟声像的定位效果开始出现下降;当 HRIR 长度缩减至 0.64ms 或 0.32ms(不同被试者的结果不同),虚拟声像的定位效果呈现显著劣化。Huopaniemi 等采用双耳听觉模型和主观听音打分实验,研究了多种 HRTF 滤波器(包括 FIR、IIR、Warped IIR)简化模型的听觉有效性。结果展示,含 33 个系数的 Warped IIR 滤波器模型和 257-tap FIR 滤波器模型(设置为听音参考)具有相似的听觉定位和音色效果;此外,对于水平面上不同的空间位置(0°,40°,90°,210°),HRIR 可简化的程度不同(Huopaniemi et al., 1999)。考虑到听觉系统有限的分辨力,不是 HRTF 的所有细节都可以引起听觉感知,Xie 等采用听觉滤波器 ERB(equivalent rectangular bandwidth)对 HRTF 频谱进行分频段的平滑滤波(Xie et al., 2010)。听音实验结果展示:对于水平面和侧垂面,声源同侧耳和异侧耳 HRTF 可分别采用 2.0ERB 和 3.5ERB 带宽平滑而不引起听觉差异;对于中垂面,为了不引起听觉差异,声源同、异侧耳 HRTF 都只能用 2.0ERB 带宽平滑。在信号处理理论中,时间域特性和频率域特性密切相关,信号时间域长度的缩短将引起信号频率域分辨率的下降。因此,上述 HRTF 在时间域的长度缩短和在频率域的频谱平滑在一定程度上是等效的。

上述 HRTF(HRIR)数据的简化研究集中在自由场虚拟声像的模拟。考虑到直达声和反射声之间以及不同反射声之间的掩蔽效应,在早期反射声模拟中 HRTF(HRIR)数据时间域长度的简化程度理应比自由场虚拟声像模拟中的更大。基于简化的室内声场模型,我们采用主观听音实验确定了在不引起听感差异的前提下早期反射声模拟 HRIR 的最短长度(Zhang et al., 2013)。

3.2.1 实验原理和方法

3.2.1.1 室内声场的简化模型

对于不同的室内空间以及声源、接受点的不同位置,BRIR 是不同的。现有的许多研究主要针对特定的情境(例如简单的矩形房间或者某一座剧院),其结果的普适性有待进一步验证。为了尽量获取具有普适性的结论,我们的研究采用了单直达-单反射(single-direct sound and singe-reflection,SDSR)模型。该模型仅包含一个直达声和一个延迟的早期反射声,已被成功应用于优先效应的研究中(Litovsky et al., 1999)。由于掩蔽效应,在多直达声、多早期反射声以及后期混响声存在的情况下,听觉系统对单个早期反射声的敏感程度必将有所下降。这意味着,采用 SDSR 模型研究单个早期反射声的优化(或简化)问题是一种最坏的情况,相应的研究结果可以推广到实际的多直达声、多早期反射声以及后期混响声存在的情况。

3.2.1.2 HRTF 数据

采用麻省理工学院建立的 KEMAR 人工头的远场 HRTF 数据库(Gardner et al., 1995)。HRTF(HRIR)的长度为 512 采样点,采样率为 44.1kHz。测量中 KEMAR 人工头的双耳分别装有 DB-61 小号耳廓(左耳)和 DB-65 大号耳廓(右耳)。实验采用左耳小号耳廓的数据,右耳小号耳廓的数据取左右镜像方向的左耳小号耳廓的数据。

3.2.1.3 实验参数

采用 SDSR 的室内声场简化模型,需要确定直达声和早期反射声的入射方向、早期反射声相对于直达声的延时和衰减、HRIR 的长度等参数。

采用顺时针球坐标系统,以耳道入口齐平的头中心为坐标原点。如图 3-5 所示,正前方和正右方坐标轴组成的平面称为水平面,正前方和正上方坐标轴组成的平面称为中垂面,而正右方和正上方坐标轴组成的平面称为侧垂面(冠状面)。直达声固定在听者的水平面正前方($\theta=0°$,$\varphi=0°$);共选取 17 个空间位置作为早期反射声的入射方向,遍及水平面、中垂面和侧垂面。表 3-1 列出了实验中所有空间方位的具体位置。模拟直达声的 HRIR 取原始测量的 512 点数据。考虑到信号处理中快速傅里叶变换的长度必须是 2^n,$n=0,1,2,\cdots$,因此模拟早期反射声的 HRIR 长度取 512 点、256 点、128 点、

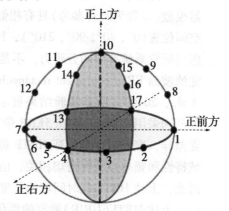

图 3-5 早期反射声的 17 个空间方位编号示意

64 点和 32 点。其中,512 点 HRIR 为早期反射声模拟 HRIR 的参考信号,其余 4 种长度为早期反射声模拟 HRIR 的简化信号。早期反射声相对于直达声的延时定义为两者峰值之间的时间差,分别选择 10ms、20ms、30ms、40ms 和 50ms。现有的早期反射声可闻阈值的研究表明,低于直达声声压级大约 22dB 以下的早期反射声不会被人耳感知到(Begault et al., 2004)。在本实验中,为了简化实验条件同时考虑最坏的情况,把早期反射声设置为相对于直达声无衰减。如此,即以 512 点 HRIR 虚拟的早期反射声为参考标准,对 4 种不同截断长度、5 种不同延时、17 种不同空间方向入射的简化早期反射声的所有组合进行研究,找出在不引起听感差异的前提下模拟早期反射声所需 HRIR 的时间域最短长度。

表 3-1 早期反射声的 17 个空间方位

平面	编号	早期反射声方位(θ,φ)
水平面	1	(0°,0°)
	2	(30°,0°)
	3	(60°,0°)
	4	(90°,0°)
	5	(120°,0°)
	6	(150°,0°)
	7	(180°,0°)

续表

平面	编号	早期反射声方位(θ,φ)
中垂面	8	(0°,30°)
	9	(0°,60°)
	10	(0°,90°)
	11	(180°,60°)
	12	(180°,30°)
侧垂面	13	(90°,30°)
	14	(90°,60°)
	15	(270°,60°)
	16	(270°,30°)
	17	(270°,0°)

3.2.1.4 主观听音实验范式

采用"三区间两强制选择"(three-interval two-alternative forced choice,3I2AFC)主观听音实验范式。"三区间"是指每组实验包括三段重放信号,第一段始终为参考信号 A,第二段和第三段信号分别是参考信号 A 和测试信号 B 中的一种,次序分别为"ABA"或"AAB",两种次序等量且随机播放。"两强制选择"是指被试者可以根据信号的任何差异,例如音色和(或)声像位置、大小等的差异,判断第二、第三段信号中哪一段与第一段不同;当被试者不确定时,原则上需强制性选择第二或第三段。本实验中,参考信号 A 是包含未简化早期反射声的 SDSR 模型所对应的虚拟声像,而测试信号 B 是包含简化后早期反射声的 SDSR 模型所对应的虚拟声像。如果主观听音实验结果表明 A 和 B 在听觉上不可区分,则说明早期反射声简化所采用的 HRIR 时间域长度在听觉上是足够的。

3.2.2 双耳信号合成和实验过程

3.2.2.1 双耳信号的合成

参考信号 A 中直达声和早期反射声的模拟始终采用 512 点 HRIR,而测试信号 B 中直达声模拟采用 512 点 HRIR,早期反射声模拟分别采用 4 种简化长度(256 点、128 点、64 点和 32 点)的 HRIR。测试信号 B 中早期反射声 HRIR 简化信号分别由 256 点、128 点、64 点、32 点的矩形时间窗对 512 点 HRIR 进行截断而获得(Senova et al.,2002)。为了保留 HRIR 完整的时域结构,以 HRIR 幅度最大值的 10% 上升沿为基准,再向前保留 10 个采样点为截断起点。截断处理之前,已用相关法(见第 1 章)计算表 3-1 中各个早期反射声方向的 ITD。最后,将 ITD 插回截断后的双耳早期反射声 HRIR。

单通路声源信号采用 44.1kHz 采样率,2s 长度的白噪声(0.5s 以上的信号才能被视为稳态信号),并对其前后端分别进行 100ms 的淡入淡出处理。

在双耳虚拟重放信号的合成中,正前方单个直达声部分的模拟始终采用正前方 512 点的 HRIR 与单通路白噪声进行卷积;而单个早期反射声的模拟则采用早期反射声虚声源方向的五种长度的 HRIR(512 点、256 点、128 点、64 点和 32 点)与单通路白噪声进行卷积。两者的叠加就构成了双耳重放信号,包括参考信号 A 和测试信号 B。

将参考信号 A 和测试信号 B 按照 3I2AFC 范式进行组合,选取每两段信号之间的间隔为 0.5s,就构造出实验用听音信号("ABA"和"AAB")。

3.2.2.2 实验过程

选取了 6 名被试对象(3 男 3 女),年龄在 23～37 岁之间。经过 Orbiter 医用听力计对被试者进行 125Hz 至 12.5kHz 的纯音绝对闻域测试。所有被试者听力衰减在 8kHz 以下均小于 10dB,在 8kHz 至 12.5kHz 区间均小于 15dB。所有的被试者都有听音实验的经验。

如 3.2.1 所述,简化早期反射声的所有组合包括:4 种不同的早期反射声模拟 HRIR 长度、5 种不同的早期反射声相对于直达声的延时、17 种不同的早期反射声空间方位。如果被试者进行 8 次重复实验,则需进行 $4 \times 5 \times 17 \times 8 = 2720$ 次判断,耗时 7～8h。为了消除播放顺序对实验结果的影响同时考虑每次的实验量,先将 4 种简化长度和 5 种延时构成的 20 个组合进行随机化;然后,将每个组合(即某确定的长度和延时)中 17 种空间方位和 8 次重复构成的 136 个实验信号再进行随机化。对于特定的一组实验条件(早期反射声模拟 HRIR 的长度、早期反射声入射方向、早期反射声相对于直达声的延时),一共有 48 次判断(6 名被试者 ×8 次重复)。被试者每天的实验量控制在 4 个组合,6 名被试者的实验持续了两周。正式实验前,被试者需通过计算机随机选取一个组合进行一定程度的训练,熟悉整个实验的操作流程,并被告知任何差异信息都可以作为判断依据。

采用专业耳机(森海塞尔 Sennheiser HD 250 II)播放虚拟双耳声信号,对耳机进行了个性化均衡,以尽量消除耳机对虚拟效果的影响。基于 MATLAB 设计图形用户界面 GUI,用以控制整个实验过程,包括训练、信号播放和判断结果采集等。

3.2.3 实验结果和分析

3I2AFC 主观听音实验结果服从二项式分布(即 0 – 1 分布)。如果被试者不能区分早期反射声 HRIR 长度简化处理带来的主观感知变化,那么听音实验结果的均值应当满足 $P_0 = 0.5$。统计假设检验表明,在 0.03 的显著性水平下,$P_0 = 0.5$ 假设成立的接受域为 $[0.35, 0.65]$。当被试者的判断正确率 P 处于接受域中时,表明被试者无法区分早期反射声模拟 HRIR 长度简化前后的听觉效果。

图 3 – 6 展示早期反射声位于水平面时被试者 3I2AFC 主观听音实验的统计结果,中垂面和侧垂面上的结果是类似的。纵轴为正确判断次数占总判断次数的比率 P,横轴为 17 个早期反射声空间方位的编号(表 3 – 1)。对应显著性水平 0.03 的接受域上下限在图中表示为两条与横轴平行的线。从图中可以看出,在显著性水平为 0.03 的条件下,对于

早期反射声的空间方位和延时的任意组合，被试者都无法分辨出早期反射声模拟 HRIR 长度简化(256 点、128 点、64 点)处理所带来的听觉感知的变化，因而相应的长度简化都是合理的。图中显示，当早期反射声模拟 HRIR 长度简化到 32 点时，被试在任意一种实验条件下(早期反射声空间方位和延时)都能感知到 HRIR 长度简化带来的感知变化。

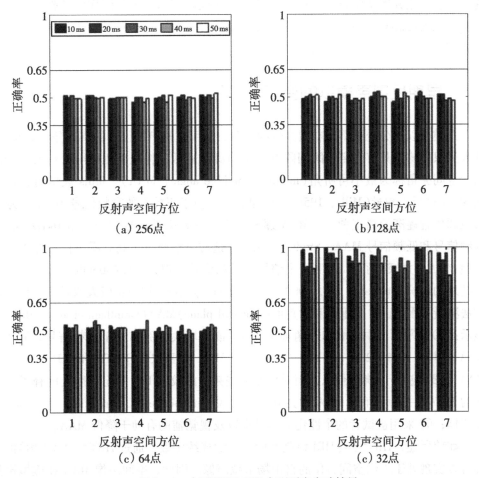

图 3-6　水平面 3I2AFC 主观听音实验结果

本研究中 HRIR 采样率为 44.1kHz，所以 64 点 HRIR 约为 1.45ms。在前述自由场虚拟声像 HRIR 长度简化的研究中，Zahorik 等发现：当 HRIR 长度减少到 5.12ms 以下时，被试者能区别虚、实声像(Zahorik et al.，1995)。Senova 等人也发现：随着 HRIR 长度缩减至 0.32～5.12ms(不同被试者的结果不同)，虚拟声像的定位效果开始出现下降(Senova et al.，2002)。由于早期反射声受到直达声的听觉掩蔽，因此早期反射声模拟 HRIR 理应比自由场虚拟声像模拟 HRIR 有更大的简化程度。可见，本研究的结论是合理的。此外，在 Huopaniemi 等的研究中，自由场虚拟声像模拟 HRIR 可简化的程度随声像空间位置的改变而改变(Huopaniemi et al.，1999)。然而，本研究却发现早期反射声模拟 HRIR 的可简化程度与早期反射声的空间位置无关。这个结果很可能是因为基于 HRIR (或 HRTF)的自由场虚拟声像模拟表征的是直达声信息，而直达声包含了定位的主要信息，因而与声像空间位置密切相关。本研究模拟的早期反射声对听觉系统定位能力的贡献较小，因此听觉系统对早期反射声的空间分布不敏感，早期反射声模拟 HRIR 的可简化程度与早期反射声的空间位置无关。

需要指出的是，现有关于自由场（直达声）的研究主要采用定位实验的方法，而本研究采用辨别差异的实验方法。定位实验的方法仅以声像方位判断作为依据，而辨别差异实验以任何可感知的差异（除了声像方位，还包括音色、空间感等）为依据。因而，辨别差异实验方法结果的涵盖面更广。

3.3 早期反射声模拟的空间阈简化

人类可以区分处于不同空间方位的声源，然而这种声像位置的空间分辨力是有限的，即人类只能辨别具有一定空间间隔的两个声源。通常，将人类刚好可分辨的两个声像之间的空间夹角称为最小可听角（minimum audible angle，MAA）。Mills 最早对自由场水平面 MAA 进行了测量（Mills，1958）。结果显示，位于正前方的宽频信号 MAA 约为 1°；随着声源位置逐渐偏离正前方，MAA 逐渐变大；中频窄带信号（1.5～3.0kHz）MAA 大于高频信号和低频信号 MAA。Strybel 等采用自适应方法测量了高频噪声信号在水平面和中垂面 MAA，并探究了 MAA 测量中信号时长和信号呈现异步性（stimulus onset asynchrony）对结果的影响（Strybel et al.，2000）。Grantham 等采用 KEMAR 假人双耳录音信号重放的方法测量了水平面、中垂面和对角面（diagonal plane）MAA（Grantham et al.，2003）。结果显示：①水平面、中垂面和对角面的 MAA 依次增大，例如对于宽频信号，3 个平面的 MAA 分别为 1.6°、2.8°、6.5°；②水平面 MAA 主要取决于 ITD 和 ILD 信息，中垂面 MAA 主要取决于耳廓谱信息，而对角面某些频段的较大 ILD 一定程度上解释了对角面较小的 MAA，并为对角面 MAA 的独立贡献假说（Independent Contributions Hypothesis）提供了依据；③采用被试者的个性化双耳录音以及视觉辅助有助于降低 MAA。

如前所述，HRTF（或 HRIR）是空间方位的连续函数，通过 HRTF（或 HRIR）的信号处理可以实现处于不同空间方位的自由场虚拟声像。因此，空间声像 MAA 在虚拟声技术中可大致表征为 HRTF 的听觉空间分辨阈值。基于 HRTF 的最小相位近似，Hoffman 等采用恒定刺激法（the method of constant stimuli）测量了非个性化 HRTF 幅度谱的听觉空间分辨阈值（Hoffman et al.，2008）。4 名被试者结果显示，HRTF 幅度谱的听觉空间分辨阈值随空间方位而变化，处于 2.8°～17.2°之间。进一步，刘昱等采用 Moore 稳态响度模型预测了 HRTF 幅度谱的听觉空间分辨阈值，得到了和听音实验测量比较一致的预测结果（刘昱等，2015；ANSI S3.4—2007）。

上述 HRTF 听觉空间分辨阈值的测量都是针对自由场声像模拟（即只有直达声）。考虑到早期反射声受到直达声以及其他反射声的掩蔽，理应比直达声更不易辨别（或具有更大的 MAA）。在 BRIR 合成中，需要模拟大量来自不同空间方位的早期反射声。如果一定空间区域内的早期反射声在听觉上不可区分，相应的 HRIR 都可采用其中某一个方向反射声 HRIR 代替，这样就可以实现早期反射声模拟的空间域简化。基于这种思路，我们采用自适应法测量了早期反射声模拟 HRIR 的听觉空间分辨阈值(后续简称为空间阈值)(Zhang et al., 2014; 郭文英, 2018)。

3.3.1 自适应阈值测量法

阈值测量是心理声学(Psychoacoustics)的一个重要内容, 而心理声学是心理物理学(Psychophysics)的一个分支。在心理物理学的研究中, 被试者视为一个黑匣子; 给予被试者一个物理刺激, 就可以得到一个心理响应(Poulsen, 2007)。心理响应分为正面响应(positive response)和负面响应(negative response)。正面响应的定义与实验类型有关, 例如, 在信号检测实验中, 信号的声压级是物理刺激, 调试报告"信号存在"是正面响应; 在语音可懂度测试中, 语速或者语音信号信噪比是物理刺激, 被试者正确识别语音是正面响应。显然, 当物理刺激等级处于高位时, 例如极大的信号声压级、极慢的语速、极高的信噪比, 被试者总是给出正面响应, 此时的正面响应概率为 1。反之, 当物理刺激等级处于低位时, 例如极小的信号声压级、极快的语速、极小的信噪比, 被试者总是给出负面响应, 此时的正面响应概率为 0。当物理刺激等级从低位向高位变化时, 正面响应概率以一定的模式呈现, 通常采用 Logistic 函数形式表征(Hoffman et al., 2008)。这种物理刺激等级 x 与正面响应概率 $P(x)$ 之间的函数关系称为心理尺度函数(psychometric function)。

理想情况下, 心理尺度函数是单调、连续和有界的(上限为 1, 下限为 0)。实际中, 被试可能会因为注意力不集中或误操作等原因导致在原本能给出正面响应情况下做出了负面响应; 同样, 也存在因为实验设计等原因而在原本负面响应的情况下给出了正面响应。这些使得实际的正面响应概率的最大值小于 1, 最小值大于 0。实际的心理尺度函数如图 3-7 虚线所示, 其中 P_G 表示猜测率(percentage of guessing), P_L 表示失误率(percentage of lapsing)。

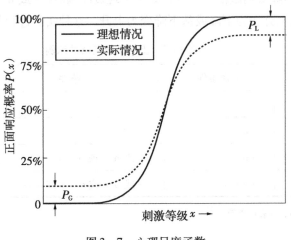

图 3-7 心理尺度函数

通常，心理物理学的测量方法可分为经典法和自适应法（Poulsen，2007）。经典法包括：调整法（the method of adjustment）、恒定刺激法（the method of constant stimuli）和极限法（the method of limits）。经典法存在效率偏低、估计结果偏差较大等缺陷。随着计算机技术的发展，经典法逐渐被自适应法所替代。在自适应法中，下一个被测的刺激等级由上一个刺激等级和被试响应共同决定（Remus，2007）。它具有灵活性强、效率高、稳定性好等优点。自适应法包括最大似然估计（maximum likelihood estimation），基于顺序检测的参数估计（parameter estimation by sequential testing，PEST）和上升下降法（up-down procedure）等。上升下降法不需要预先知晓心理尺度函数的分布且可以灵活控制步长（相继呈现的两个相邻刺激的等级差异），因此在阈值测量中得到广泛应用。我们采用上升下降法测量早期反射声模拟 HRIR 的空间阈值（3.2 节）和可闻阈值。前者的物理刺激为早期反射声的空间方位，后者的物理刺激为早期反射声的声压级。

3.3.2 上升下降法

采用上升下降法时，需要合理选择上升下降策略、响应方式、实验步长和实验结束条件。

3.3.2.1 上升下降策略

上升下降法是基于阶梯法（staircase method）的一种改进方法，有着多种变体，即不同的上升下降策略。表3-2列出了4种典型的上升下降策略，它们分别收敛到心理尺度函数曲线上不同的正面响应概率 $P(x)$。不同的上升下降策略意味着下一个被测的刺激等级是上升（即远离目标阈值）还是减小（即逼近目标阈值）取决于被试之前多次响应的组合。图3-8是一个采用二下一上策略实验过程的示意图，其中下一个被测的刺激等级的变化主要取决于被试之前的两次响应情况。如果被试者对同一刺激等级连续两次作出正面响应（o o），则降低刺激信号等级；如果出现负面响应（*或o *），则增大刺激信号等级。刺激等级从上升变为下降或从下降变为上升，这种实验进程的转折称为反转。

表3-2 上升下降策略的示例

上升下降策略	下降条件	上升条件	正面响应概率 $P(x)$
一下一上	o	*	0.5
二下一上	o o	*或o *	0.707
三下一上	o o o	*或o *或o o *	0.794
四下一上	o o o o	*或o *或o o *或o o o *	0.841

o 表示正面响应，*表示负面响应。

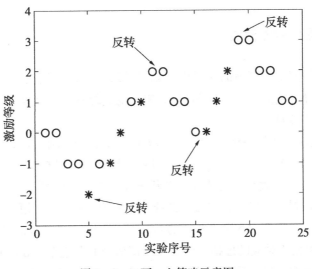

图 3-8 二下一上策略示意图

3.3.2.2 响应方式

常用的响应方式有"Yes/No"和强制选择(alternative forced choice)两种。"Yes/No"响应方式是指以随机的顺序重放参考信号 A 和测试信号 B，让被试者判断两者之间是否有差别并作出相应的响应。强制选择响应方式有多种范式，包括：三区间两强制选择(three-interval two-alternative forced choice，3I2AFC)、三区间三强制选择(three-interval three-alternative forced choice，3I3AFC)、四区间三强制选择(four-interval three-alternative forced choice，4I3AFC)等。"Yes/No"响应方式的主观性强，不同被试者对选择"Yes"和"No"可能有着不同的偏向性；然而，对于强制选择响应方式，因为有对错之分，所以它的客观性相对较强，实验结果更为可靠。上述多种强制选择响应范式都可以用于上升下降法，但是效率和稳定性是有区别的，需要根据需要进行合理选取(Schlauch，1990；Leek，2001)。此外，为了确保收敛的有效进行，A 和 B 的初始偏差设置的较大，以确保被试者做出正面响应。

3.3.2.3 步长

如图 3-8 所示，当被试者响应满足上升或下降条件时，刺激等级将发生改变，而改变的幅度称为步长。图 3-8 给出的是最简单的步长变化规则，即等步长。为了提高实验效率，通常需要采用变步长规则。

3.3.2.4 实验结束条件

它由反转次数决定。通常，反转次数越多，实验结果越接近理想值，但是实验时间也会变长。实验中，长时间倾听容易引起被试者听觉疲劳，导致对差异的感知能力的下降，引起实验偏差。因此，设定的反转次数不宜过多，一般出现 6~9 个反转时结束实验(Wetherill，1965)。

3.3.3 实验参数和过程

在早期反射声空间阈值的测量中,刺激等级为目标早期反射声和测试早期反射声的空间方位的差异。我们采用基于3I3AFC响应范式的三下一上自适应方法,期望的正面响应概率 $P(x)=0.794$。

3I3AFC响应范式的每组实验包括三段重放信号,包括两段参考信号A和一段测试信号B,共有AAB、ABA、BAA三种次序排列。被试者可以根据信号的任何差异,例如音色和(或)声像位置、大小等的差异,判断三段重放信号中哪一段和其他两段不同;如果不能判定,则强制以随机的方式做出选择。本实验采用SDSR模型(见3.2.1)合成重放信号,直达声固定在听者的水平面正前方($\theta=0°,\varphi=0°$)。参考信号A是包含目标早期反射声的SDSR模型所对应的虚拟声像,而测试信号B是包含测试早期反射声的SDSR模型所对应的虚拟声像。目标反射声的空间方位如表3-3所示,包含水平面和中垂面;在每次实验中,测试早期反射声的空间方位将按照步长变化规则逐渐逼近目标反射声的空间方位。图3-9中箭头方向展示了目标反射声处于正前方(0°,0°)时的4种逼近方式,包括水平面上2种(由左至右的逼近、由右至左的逼近)和中垂面上2种(由下至上的逼近、由上至下的逼近)。考虑实验量,采用单侧逼近方式。

表3-3 信号类型和目标早期反射声的空间方位

信号类型		目标早期反射声的空间方位(θ,φ)
语音	水平面	(0°,0°),(30°,0°),(60°,0°)
白噪声	水平面	(0°,0°),(30°,0°),(60°,0°)
	中垂面	(0°,0°),(0°,30°),(0°,60°)

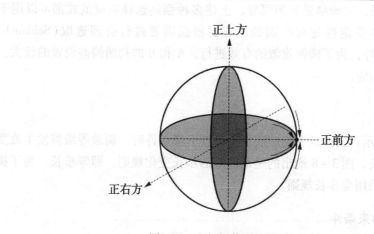

图3-9 空间阈值测量的逼近方式

根据预实验结果,实验中初始步长设置为10°。如果目标早期反射声的空间入射方位处于水平面上,则第1个反转后步长减半(即为5°),第2个反转后步长再减半(即为2.5°),此后步长保持不变,直到第9个反转时停止实验。将后6个反转处的角度平均值作为最后结果的估计。如果目标早期反射声的空间入射方位处于中垂面上,只在第1个反转后将步长减半(即为5°),此后步长保持不变,其他设置和处理均与水平面相同。此外,参考信号A和测试信号B中目标早期反射声和测试早期反射声的初始角度偏差的设置为:如果目标早期反射声处于水平面,则初始角度偏差设置为25°;如果目标早期反射声处于中垂面,则初始角度偏差设置为35°。需要指出的是,由于我们的研究采用单侧逼近方式,所以将目标早期反射声的空间方位设置为收敛的边界。

下面以目标早期反射声方位($\theta=0°,\varphi=0°$)为例,说明水平面由右至左逼近时空间阈值的测量过程。如图3-10所示,测试早期反射声的初始角度为25°。每连续3次出现正面响应时,测试角度值以初始步长10°趋近于目标角度值。测试角度值经过2次步长改变到达5°时,仍然出现了连续的3次正面响应,下次测试角度值理应为-5°。如前所述,将目标早期反射声的空间方位设置为收敛的边界,因此强制将测试角度设置为0°。此时,由于测试角度值与目标角度值一致,被试者必然随机作出选择,负面响应后出现第1次反转(即图中标识(1)处),此时步长减半(即为5°)。紧接着,又有连续3次正面响应,出现第2次反转(即图中标识(2)处),此时步长再次减半(即为2.5°)。按照变步长规则,此后步长一直保持为2.5°,直到第9次反转(即图中标识(9)处),实验停止。对后6次反转处的角度值求平均作为空间阈值的估算,$(5°+0°+5°+0°+2.5°+0°)\div 6=2.08°$。

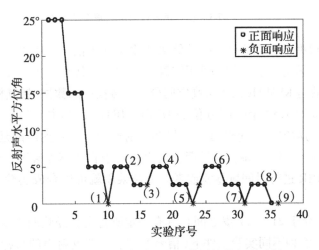

图3-10 早期反射声空间阈值测量的实验示例

为了对比不同信号源类型对空间阈值的影响,我们选取了两种典型的信号源:① 2s单通路语音信号(采样率为44.1kHz),内容是普通话版"美谈不美",见图3-11。② 2s单通路白噪声信号(采样率为44.1kHz),并对其进行100ms的淡入淡出处理。

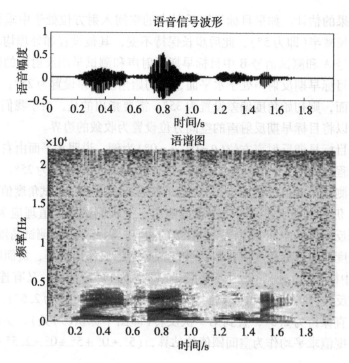

图 3-11 语音信号的波形和语谱图

在 SDSR 模型中,直达声模拟始终采用水平面正前方($0°,0°$)的 512 点 HRIR;根据 3.2 节的结果,早期反射声模拟采用 128 点 HRIR,其目标方位如表 3-3 所示。HRIR (HRTF)使用的是 KEMAR 人工头高空间分辨率数据库的数据(钟其柱,2011)。该数据库包含远场 1.0m 的 3259 个空间方位的 HRIR(HRTF),其中方位角 θ 的均匀测量间隔为 2.5°,仰角 φ 的均匀测量间隔为 5°。早期反射声相对于直达声的延时分别选择为 10ms、20ms、30ms、40ms 和 50ms,且早期反射声相对于直达声无衰减。将单通路信号和基于 SDSR 模型的 RIR 进行时间域卷积或者频率域乘积就可以合成实验用参考信号 A 和测试信号 B。

12 名年龄介于 21～27 岁之间且具有一定听音实验经验的被试者参与了实验。每位被试者将测量 45 种不同实验条件下(信号类型、早期反射声的目标空间方位、早期反射声相对于直达声的延时)的早期反射声模拟 HRIR 的听觉空间分辨阈值。每种实验条件的阈值测量都需要达到 9 次反转,需要进行 30～40 次实验,具体实验次数因人而异。因此,每位被试者共需要进行 1350～1800 次实验。

图 3-12 是阈值测量的实验流程图,采用自行编制的基于 MATLAB 的图形用户界面进行实验流程管理和数据采集。采用专业耳机(森海塞尔 Sennheiser HD 250 Ⅱ)重放虚拟双耳声信号;对耳机进行了个性化均衡,以尽量消除耳机对虚拟效果的影响。

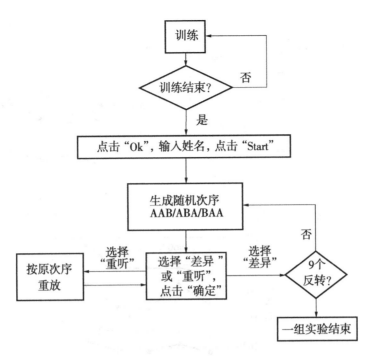

图 3 – 12 阈值测量的实验流程图

3.3.4 实验结果和分析

所有听者的平均空间阈值如图 3 – 13 所示。图 3 – 13a 展示了声源为语音且目标反射声处于水平面时,空间阈值随延时的变化;图 3 – 13b 展示了声源为白噪声且目标反射声处于水平面时,空间阈值随延时的变化;图 3 – 13c 展示了声源为白噪声且目标反射声处于中垂面时,空间阈值随延时的变化。整体而言,早期反射声的空间阈值随延时($10 \sim 50 \text{ms}$)的变化不明显;然而,随着早期反射声方位逐渐偏离直达声方位($\theta = 0°$,$\varphi = 0°$),空间阈值展示出明显的增大趋势,除了图 3 – 13b 中($\theta = 30°$,$\varphi = 0°$)和($\theta = 60°$,$\varphi = 0°$)两条曲线出现交错现象,进一步的多元方差分析(multi-factor ANOVA)表明:早期反射声方位对其空间阈值具有非常显著性的影响($P < 0.001$),而延时及其与早期反射声方位的交互作用对空间阈值没有显著性影响($P > 0.05$)。需要指出的是,图 3 – 13b 中($\theta = 0°$,$\varphi = 0°$)对应的空间阈值曲线是白噪声对正前方反射声的水平方向单侧逼近结果,而图 3 – 13c 中($\theta = 0°$,$\varphi = 0°$)对应的空间阈值曲线是白噪声对正前方反射声的垂直方向单侧逼近结果。

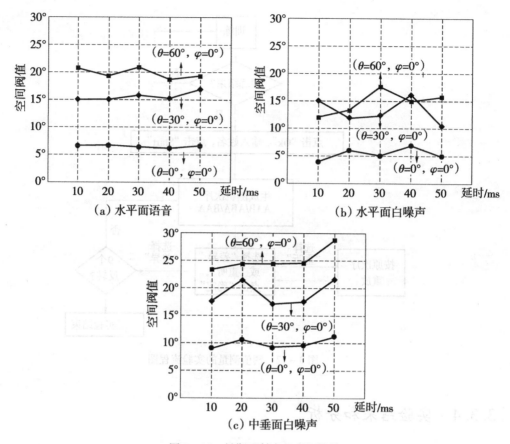

图 3 – 13 早期反射声的空间阈值

图 3 – 14 是语音和白噪声在 5 个延时和 3 个早期反射声方位的空间阈值的差异,其中正值表示语音的空间阈值大于白噪声,即声源为语音时早期反射声空间方位的改变更不易被感知。从图中可以看出,在大多数情况下(除了延时 40ms)语音的空间阈值都大于白噪声。进一步的重复测量方差分析表明,语音的空间阈值显著大于白噪声($F = 94.352$,$P < 0.001$)。

如表 3 – 3 所示,我们分别测量了白噪声在水平面和中垂面上 3 个相同间隔的早期反射声方位的空间阈值。图 3 – 15 是两个平面上相同方位间隔的空间阈值的差异,其中正值表示中垂面上的空间阈值大于水平面,即早期反射声在仰角方向的空间方位的改变更不易被感知。图中展示,当延时为 50ms 时两个平面的空间阈值差异达到最大,约为 13°。重复测量方差分析表明,垂直方向的早期反射声空间阈值显著大于水平方向的早期反射声空间阈值($F = 95.190$,$P < 0.001$)。这和直达声空间阈值的结果一致,有可能是人类的方位角定位能力优于仰角定位能力所致。

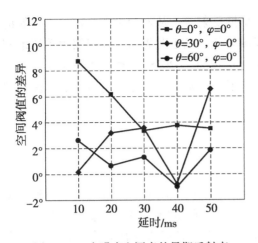
图 3-14 白噪声和语音的早期反射声空间阈值的差异

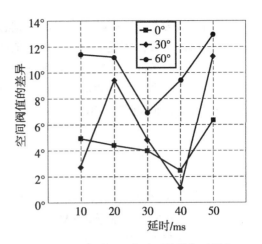
图 3-15 水平面和中垂面的早期反射声空间阈值的差异

将本实验结果和自由场情况下人类对直达声空间方位的分辨能力(Mills, 1958; Strybel et al., 2000; Grantham et al., 2003; Hoffman et al., 2008; 刘昱等, 2015)进行比较可以发现, 人类对于早期反射声空间方位的分辨能力明显偏低。这个现象主要归因于 RIR 中直达声对早期反射声的掩蔽效应。本实验结果为 BRIR 模拟中早期反射声在空间局域的替代简化提供了依据。

3.4 早期反射声模拟的强度域简化

早期反射声的可闻阈值定义为早期反射声刚好可被听觉感知时, 早期反射声相对于直达声的声压级。Olive 等采用扬声器重放直达声和早期反射声, 分别测量了不同类型信号(语音、粉红噪声、脉冲声等)的早期反射声可闻阈值(Olive et al., 1989)。结果表明: ① 早期反射声可闻阈值和声源信号的类型有关; ② 对于粉红噪声, 当早期反射声方向与直达声方向相同时, 早期反射声可闻阈值约为 -10dB, 而当两者方向不同时, 早期反射声可闻阈值约为 -20dB。Begault 采用虚拟听觉重放技术分别测量了单个早期反射声和 3 个早期反射声情况下音乐和语音的早期反射声可闻阈值(Begault, 1996)。结果表明, 早期反射声的可闻阈值与声源类型、早期反射声空间方位、直达声以及混响对早期反射声的掩蔽有关。进一步, Begault 等采用房间模拟软件(ODEON 4.0)虚拟了一个 8m×6m×3m 的矩形房间, 测量了语音和猝发声在不同延时(3ms, 15ms, 30ms)和不同空间方位时早期反射声的可闻阈值(Begault et al., 2004), 并提出了经验法则(Rules of Thumb): ① 早期反射声相对于直达声的延时为 3ms 时, 早期反射声的可闻阈值为 -22dB; ② 早期反射声相对于直达声的延时处于 15~30ms 之间时, 早期反射声的可闻阈值为 -30dB; ③ 添加适量的混响声(混响直达比 reverberant-direct ratio 为 -20dB), 可将早期反射声可闻阈值提高 11dB。基于时域掩蔽(temporal masking), Buchholz 等提出了房间反射掩蔽模型(room reflection masked model, RMM), 用于预测早期反射声可闻阈值随延时、直达声声压级等因素的变化规律(Buchholz et al., 2001)。在 BRIR 模拟中, 可以以早期反射声的可闻阈值为判据,剔除不会引起听觉感知的早期反射声,从而减少需要模拟和存储的早期反射声数量,实现早期反射声模拟的强度域简化。基于此思路,我们较为系统地测量了多种实验条件下的早期反射声可闻阈值(Zhong et al., 2018),建立了早期反射声可闻阈值和物理参数之间的定量关系;同时,提出了一种基于个性化反射声阈值的虚拟声像合成方法(钟小丽等,2019)。

3.4.1 实验原理和方法

和早期反射声空间阈值的测量类似,早期反射声可闻阈值的测量也属于一种听觉阈值测量。我们采用基于3I3AFC响应范式的三下一上自适应方法,期望的正面响应概率 $P(x)=0.794$。实验原理、参数设置、HRTF 数据库、双耳信号合成和重放方法可参考 3.3 节。不同的是,在早期反射声可闻阈值的测量中,参考信号 A 只包含一个直达声,测试信号 B 包含一个直达声和一个声压级可调的早期反射声;刺激等级为早期反射声和直达声的声压级差异。

设置刺激等级的初始值为 0dB,即反射声相对于直达声没有衰减。设置初始步长为 8dB,遇到反转后步长减半直到步长变为 1dB,此后步长保持不变。出现第 8 个反转时实验结束,取最后 5 个反转处声压级的平均值作为早期反射声的可闻阈值。图 3-16 是一个实验示例。刺激等级为 0dB 时,参考信号 A 和测试信号 B 之间的感知差异较大,被试者能连续 3 次作出正面响应,刺激等级减小至 -8dB(对应初始步长 8dB);此时被试仍能连续 3 次作出正面响应,刺激等级继续以 8dB 的步长减小。当刺激等级减少至 -16dB 时,被试者开始感知不出参考信号 A 和测试信号 B 之间的差异,作出了负面响应,即出现第 1 个反转。此时,步长减半为 4dB,相应的刺激等级增至 -12dB,随后被试者连续 3 次作出正面响应,出现第 2 个反转,步长减半为 2dB。以此类推,直至出现第 8 个反转,结束实验。对后 5 个反转处(编号 4~8)的刺激等级求平均作为最后结果的估计。

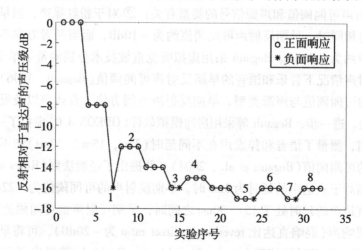

图 3-16 早期反射声可闻阈值测量的实验过程示例

3.4.2 实验参数和过程

实验中,直达声始终固定在被试者正前方($\theta=0°,\varphi=0°$),而反射声的空间方位处于右半水平面$\theta=0°$、30°、45°、60°、90°、120°、150°、180°。早期反射声相对于直达声的延时分别为10ms、20ms、30ms、40ms、50ms。

15名年龄介于21~25岁之间的被试者参与了本实验。每位被试者将测量40种不同实验条件下(8种早期反射声的空间方位×5种早期反射声相对于直达声的延时)的早期反射声可闻阈值。

3.4.3 实验结果和分析

图3-17展示了15名被试者早期反射声可闻阈值的平均值。对于所有被试者的早期反射空间方位,早期反射声可闻阈值都随着相对时延的增加而单调减小,这与现有文献(Olive et al.,1989)是一致的。这种现象是因为随着延时的逐渐增加,直接声对早期反射声的掩蔽逐渐被解除,因此早期反射声越来越容易被感知。

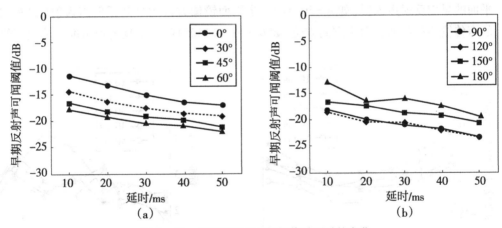

图3-17 早期反射声可闻阈值随延时的变化

在图3-17a中可观察到早期反射声可闻阈值与延时之间存在良好的线性关系。进一步对两者进行线性拟合,见表3-4。表3-4表明,虽然处于不同空间方位的早期反射声可闻阈值不同,但是早期反射声可闻阈值随延时的下降速率相似(即斜率相似)。在图3-17b中,当早期反射声处于被试侧后方时($\theta \geqslant 90°$),早期反射声可闻阈值与延时之间的关系略有偏离线性关系。这可能是由于耳廓突出的生理形态引起早期反射声的复杂绕射所致。

表3-4 线性拟合结果

早期反射声空间方位	斜率/(dB·ms^{-1})	截距/dB	相关系数
0°	-0.15	-10.36	-0.98
30°	-0.12	-13.75	-0.98

续表

早期反射声空间方位	斜率/(dB·ms^{-1})	截距/dB	相关系数
45°	-0.11	-15.89	-0.99
60°	-0.11	-17.07	-0.99

图 3-18 是早期反射声可闻阈值随早期反射声空间方位的变化。对于每一个延时，可观察到两个变化趋势：

(1) 对于前半平面，当早期反射声空间方位和直达声空间方位重合时，即都处于水平面正前方 $\theta = 0°$，早期反射声空间阈值达到最大值；随着早期反射声空间方位逐渐偏离直达声（$\theta = 0° \sim 90°$），早期反射声空间阈值逐渐减小。这种现象是由于直接声与早期反射声的空间偏差增大时，直达声对早期反射声的掩蔽逐渐被解除，因此早期反射声越来越容易被感知。

(2) 对于不同的延时，早期反射声可闻阈值存在空间前后对称性，即 $\theta = 0°$，30°，60°时的早期反射声可闻阈值分别与 $\theta = 180°$，150°，120°时的早期反射声可闻阈值相近。本研究采用的语音信号的频率范围主要在5kHz以下，见图 3-11。我们之前的研究曾指出，人耳的生理结构在5kHz以下具有良好的空间前后对称性(钟小丽等，2007)。因此，前半平面的早期反射声入射(如 $\theta = 30°$)与后半平面镜像方位的早期反射声入射(如 $\theta = 150°$)的声传输路径相似，两个空间方位(如 $\theta = 30°$和150°)的早期反射声可闻阈值也相似。

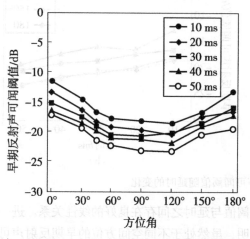

图3-18　早期反射声可闻阈值随早期反射声空间方位的变化

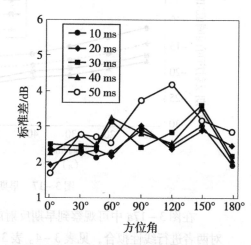

图3-19　早期反射声可闻阈值的个体差异

图 3-19 给出了不同被试者的早期反射声可闻阈值的标准差。可以看到，对于大多数早期反射声空间方位和延时，测量的标准差都处于 $2 \sim 3$dB；测量结果波动最大的是延时50ms的情况，其中最大标准差4.2dB出现在早期反射声空间方位120°，最小标准差1.7dB出现在早期反射声空间方位0°。和已有文献的比较可以发现，本研究测量得到的早期反射声可闻阈值随延时以及早期反射声空间方位的变化规律与现有文献是一致的，然而在数值上有一定差异。例如，Begault 等测量得到的语音信号在延时10ms、早期反射

声空间方位 0°时的可闻阈值为 −18dB，而本研究测得的为 −12dB。这种差异主要归因于语音信号的差异，本研究采用的是中文语音信号，而 Begault 等采用的是英文语音信号。

参考文献

[1] HIDAKA T, YAMADA Y, NAKAGAWA T. A new definition of boundary point between early reflections and late reverberation in room impulse responses[J]. Journal of the Acoustical Society of America, 2007, 122(1): 326–332.

[2] LITOVSKY R Y, COLBURN H S, YOST W A, et al. The precedence effect[J]. Journal of the Acoustical Society of America, 1999, 106(4): 1633–1654.

[3] LI S, SCHLIEPER R, TOBBALA A, et al. The influence of binaural room impulse responses on externalization in virtual reality scenarios[J]. Applied Sciences, 2021, 11, 10198.

[4] BRINKMANN F, ASPÖCK L, ACKERMANN D, et al. A round robin on room acoustical simulation and auralization[J]. Journal of the Acoustical Society of America, 2019, 145(4): 2746–2760.

[5] ZAHORIK P, WIGHTMAN F, KISTLER D. On the discriminability of virtual and real sound sources.[C] // IEEE Assp Workshop on Applications of Signal Processing to Audio & Acoustics. IEEE, 1995.

[6] SENOVA M A, MCANALLY K I, MARTIN R L. Localization of virtual sound as a function of head-related impulse response duration[J]. Journal of the Audio Engineering Society, 2002, 50(1/2): 57–66.

[7] HUOPANIEMI J, ZACHAROV N, KARJALAINEN M. Objective and subjective evaluation of head-related transfer function filter design[J]. Journal of the Audio Engineering Society, 1999, 47(4): 218–239.

[8] XIE B S, ZHANG T T. The audibility of spectral detail of head-related transfer functions at high frequency [J]. Acta acustica united with Acustica, 2010, 96(2): 328–339.

[9] ZHANG L, ZHONG X L. Simplification of head-related impulse response in early reflection simulation[C] // Meetings on Acoustics. Acoustical Society of America, 2013.

[10] GARDNER W G, MARTIN K D. HRTF measurements of a KEMAR[J]. Journal of the Acoustical Society of America, 1995, 97(6): 3907–3908.

[11] BEGAULT D R, MCCLAIN B U, ANDERSON M R. Early reflection thresholds for anechoic and reverberant stimuli within a 3-D sound display[C] // The 18th International Congress on Acoustics, Kyoto, JP, 2004.

[12] MILLS A W. On the minimum audible angle[J]. Journal of the Acoustical Society of America, 1958, 30(4): 237–246.

[13] STRYBEL T Z, FUJIMOTO K. Minimum audible angles in the horizontal and vertical planes: effects of stimulus onset asynchrony and burst duration[J]. Journal of the Acoustical Society of America, 2000, 108(6): 3092–3095.

[14] GRANTHAM D W, HORNSBY B W Y, ERPENBECK E A. Auditory spatial resolution in horizontal, vertical, and diagonal planes[J]. Journal of the Acoustical Society of America, 2003, 114(2): 1009–1022.

[15] HOFFMANN P F, MØLLER H. Some observations on sensitivity to HRTF magnitude[J]. Journal of the Audio Engineering Society, 2008, 56(11): 972–982.

[16] 刘昱, 谢菠荪, 余光正, 等. 头相关传输函数幅度谱的听觉空间分辨阈值的分析[J]. 声学学报, 2015, 40(3): 343–352.

[17] The American National Standards Institute. ANSI S3.4–2007, Procedure for the computation of loudness

of steady sounds [S]. Melville, NY: Acoustical Society of America, 2007.

[18] ZHANG L, ZHONG X L, LIU X J. The spatial resolution of head-related impulse response in early reflection simulation [C] // 21st International Congress on Sound and Vibration (ICSV21). Beijing, 2014.

[19] 郭文英. 早期反射声阈值的研究[D]. 广州: 华南理工大学, 2018.

[20] POULSEN T. Psychoacoustic measuring methods [M]. Lyngby: Ørsted · DTU, Acoustic Technology, 2007.

[21] REMUS J J, COLLINS L M. A comparison of adaptive psychometric procedures based on the theory of optimal experiments and Bayesian techniques: Implications for cochlear implant testing[J]. Perception & Psychophysics, 2007, 69(3): 311 – 323.

[22] SCHLAUCH R S, ROSE R M. Two-, three-, and four-interval forced-choice staircase procedures: Estimator bias and efficiency[J]. Journal of the Acoustical Society of America, 1990, 88(2): 732 – 740.

[23] LEEK M R. Adaptive procedures in psychophysical research[J]. Perception & Psychophysics, 2001, 63 (8): 1279 – 1292.

[24] WETHERILL G B, LEVITT H. Sequential estimation of points on a psychometric function [J]. The British Journal of Mathematical and Statistical Psychology, 1965, 18: 1 – 10.

[25] 钟其柱. 高空间分辨率头相关传输函数数据库的建立及分析[D]. 广州: 华南理工大学, 2011.

[26] OLIVE S E, TOOLE F E. The detection of reflections in typical rooms[J]. Journal of the Audio Engineering Society, 1989, 37(7/8): 539 – 553.

[27] BEGAULT D R. Audible and inaudible early reflections: thresholds for auralization system design[C] // The 100th Convention of Audio Engineering Society, AES, 1996.

[28] BUCHHOLZ J M, MOURJOPOULOS J, BLAUERT J. Room masking: Understanding and modelling the masking of room reflections[C] //The 110th Convention of Audio Engineering Society, AES, 2001.

[29] ZHONG X L, GUO W Y, WANG J. Audible threshold of early reflections with different orientations and delays. Sound & Vibration, 2018, 52: 18 – 22.

[30] 钟小丽, 郭文英, 王杰. 基于个性化反射声阈值的虚拟声像合成方法、介质和终端: 中国, 201810097353.6[P]. 2019 – 12 – 10.

[31] 钟小丽, 谢菠荪. 头相关传输函数空间对称性的分析[J]. 声学学报, 2007, 32(2): 129 – 136.

4 基于耳机的双耳听觉虚拟实现

合成的双耳声信号可以通过耳机或者扬声器重放。基于耳机的双耳听觉虚拟实现(或虚拟重放)具有以下优点:① 耳机良好的通道隔离度便于分别调整左通道或右通道的重放信号;② 耳机在一定程度上隔离了内部重放声场和外部环境声场,避免了两者的相互影响;③ 双耳听觉虚拟实现的本质是重构双耳声信号,而耳机的双通道传输(左右耳各一个独立的传输通道)正好契合双耳听觉虚拟实现的需求。相比而言,如果采用扬声器进行双耳听觉虚拟实现,需要施加额外算法以消除交叉串声的影响。伴随着个人数字移动终端的迅速普及,具便携性的耳机成为标配。基于耳机的双耳听觉虚拟实现可提供给听者"Being there"的沉浸感,在多类场景(例如游戏、训练、旅游、预警、远程通信、远程医疗、远程教育等)中具有重要价值(Algazi et al., 2011)。本章重点阐述基于耳机的双耳听觉虚拟实现(重放),包括耳机均衡、个性化特征以及最小相位近似。

4.1 耳机均衡

双耳听觉虚拟实现基于下述假设:听觉的感知效果主要取决于双耳鼓膜处的声压信号。因此,只需通过信号处理的方式再现某种声场景的双耳鼓膜声压信号,就可以虚拟实现该声场景的听觉感知效果。可以引入戴维南定理(Thevenin's theorem),简化自然听觉模式(真实声源情况下不佩戴耳机)和虚拟听觉模式(虚拟声源情况下佩戴耳机)中声波在耳道中的传输过程(Møller, 1992)。

戴维南定理指出,任意的线性含源二端网络都可以等效为一个独立电压源和一个电阻的串联组合。因此,图4-1中,耳道的外部声场可等价表征为理想开路声压源 P_1(即耳道入口被封闭时耳道入口的声压)和辐射内阻 Z_1(即从耳道内向外看出去的阻抗)的串联。耳道被视为一个二端网络,输入阻抗是 Z_2,负载阻抗是 Z_3;此时,耳道入口处的声压信号为 P_2,而耳膜处的声压信号为 P_3。类似地,基于耳机的虚拟听觉模式下的声波在耳道传输的简化模型如图4-2所示。图4-2中,耳道的外部声场的声压信号为 P_1',耳道入口处的声压信号为 P_2',而耳膜处的声压信号为 P_3'。

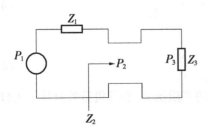

图4-1 自然听觉模式下声波在耳道传输的简化模型(修改自 Møller, 1992)

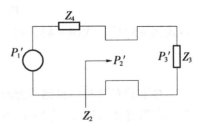

图4-2 虚拟听觉模式下声波在耳道传输的简化模型(修改自 Møller, 1992)

前面对 HRTF 测量点的选取进行了分析，发现无论是封闭耳道入口、耳道到耳膜的传输通道上的任意点还是耳膜处，它们所包含的有关声源方位的空间信息都是相同的，因此都可以作为 HRTF 的测量点（即捡拾传声器的放置点）。然而，在实际测量中，封闭耳道入口最易于固定传声器，且具有良好的实验重复性。因此，现有的 HRTF 测量（特别是真人测量）普遍采用封闭耳道法。鉴于该现状，这里耳机重放的双耳虚拟信号主要指利用封闭耳道法获取的 HRTF 合成的虚拟声信号。广泛地讲，耳机重放的双耳声信号大致有三种来源：① 采用 HRTF 合成；② 采用人工头双耳捡拾；③ 采用两个以及多个传声器阵列捡拾。如果②中将捡拾传声器固定在人工头的封闭耳道入口，那么得到的双耳捡拾信号和基于封闭耳道法 HRTF 合成的双耳声信号是等价的。在③中，为了将原本适合扬声器重放的两个或多个通路的捡拾信号转变为适合耳机重放的双耳声信号，需要进行基于 HRTF 的补偿。补偿算法中如果采用封闭耳道法获取的 HRTF，那么③的双耳声信号和基于封闭耳道法 HRTF 合成的双耳声信号也可以认为是等价的。因此，这里所关注的基于封闭耳道法 HRTF 合成的双耳声信号的耳机重放具有普遍的意义和实践价值。

令封闭耳道法 HRTF 合成的双耳虚拟声信号为 S。根据图 4-1 可知，P_1 是自然听觉模式下封闭耳道入口的声压。对于理想的双耳虚拟声合成，如果忽略与频率无关的幅度因子和线性相位项，可以认为 $S = P_1$。

如果采用耳机重放 S，理想情况下应满足

$$P_3' = P_3 \tag{4-1}$$

如果将 S 直接馈给耳机重放，由于从耳机的电信号输入到听者的耳膜存在一定的传输响应，故式(4-1)得不到满足。因此，需要对 S 进行均衡处理。令均衡后的信号为 $S' = E(f)S$，其中 $E(f)$ 为均衡函数，则耳机重放时耳膜处的声压为

$$P_3' = P_3' \frac{P_1'}{P_1'} \cdot \frac{S'}{S'} = \frac{P_3'}{P_1'} \cdot \frac{P_1'}{S'} E(f) S \tag{4-2}$$

根据式(4-1)，理想重放时

$$\frac{P_3'}{P_1'} \cdot \frac{P_1'}{S'} E(f) S = \frac{P_3}{P_1} P_1 \tag{4-3}$$

已知 $S = P_1$，整理式(4-3)，可得

$$E(f) = \frac{P_3}{P_1} \cdot \frac{P_1'}{P_3'} \cdot \frac{S'}{P_1'} \tag{4-4}$$

由图 4-1 和 4-2 可知

$$\frac{P_3}{P_1} = \frac{Z_3}{Z_1 + Z_2} \quad \frac{P_3'}{P_1'} = \frac{Z_3}{Z_2 + Z_4} \tag{4-5}$$

将式(4-5)代入式(4-4)，得

$$E(f) = \frac{Z_2 + Z_4}{Z_2 + Z_1} \cdot \frac{S'}{P_1'} \tag{4-6}$$

对于 FEC 耳机，自然声源时耳道入口观测处的声阻抗 Z_1 和耳机重放时耳道入口观测处的声阻抗 Z_4 相等，则式(4-6)简化为：

$$E(f) = \frac{S'}{P_1'} = \frac{1}{P_1'/S'} \tag{4-7}$$

上式中，P_1'是耳机重放时封闭耳道处的声压信号，S'是耳机重放时耳机的输入信号，它们的比值表征耳机重放时从耳机到耳道入口的传输特性，通常称为耳机到耳道的传输函数 HpTF(headphone to ear-canal transfer function)。因此，式(4-7)表明耳机重放的均衡函数 $E(f)$ 等于耳机到耳道的传输函数 HpTF 的逆函数。从信号与系统的理论上看，式(4-7)表明虚拟声信号的均衡处理处理消除了耳机到耳道传输子系统对双耳虚拟声重放的影响。

HpTF 通常采用测量的方法获得(Møller et al., 1995a)，如图 4-3 所示。现有的部分 HRTF 数据库也包含了常用型号耳机的 HpTF 数据(Geronazzo et al., 2013)。为了促进基于耳机重放的虚拟声技术以及 3D 空间音频技术的发展，Boren 等将来自六个科研机构(ARI Vienna, DSTO Australia, ITA Aachen, Princeton University 3D3A Lab, TU Berlin, University of Padova)的 HpTF 测量数据进行整合，构建了 PHOnA(Princeton Headphone Open Archive)数据库(Boren et al., 2014)。

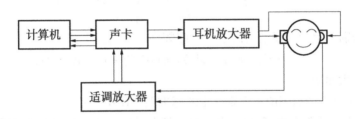

图 4-3 耳机到耳道的传输函数 HpTF 的测量示意图

4.2 HpTF 的个性化特征

HpTF 表征了耳机重放时双耳声信号依次经耳机、耳廓最终传输到耳道的物理过程。由于耳机非平直的频率响应特性以及复杂的耳廓耦合作用，HpTF 具有明显的峰谷结构(Møller et al., 1995a)。和 HRTF 类似，由于不同人的耳廓具有不同的尺寸和细节特征，所以 HpTF 也是因人而异的(Pralong et al., 1996)。有研究指出，采用个性化的 HpTF 进行声信号处理对产生自然、真实的虚拟声源至关重要(Yoshida et al., 2007)。

4.2.1 HpTF 的重复测量

通常，个性化 HpTF 的获取采用重复测量取平均值的方式。HpTF 的测量误差主要来源于测量方式以及耳机的重复佩戴差异。为了有效评估 HpTF 的个性化差异，我们首先通过人工头 HpTF 的重复测量研究了 HpTF 测量的可靠性(钟小丽等，2009)。

有研究发现，由于每次重复佩戴时不可控的耳机对耳廓的压迫形变，贴耳式耳机(supra-aural headphone)的 HpTF 的测量重复性比较差(Kulkarni et al., 2000)。因此，我们选用了一款耳罩式的专业耳机(Sennheiser HD250)。相对于贴耳式耳机，耳罩式耳机的腔体将耳廓充分包围，故可以避免(或显著减轻)佩戴时耳廓的不可控形变。测量对象选用 KEMAR 人工头，测量信号为最大长度序列 MLS 信号(8191 点、44.1kHz 采样率)，声卡为 UGM96。我们设计了两组测量：Set A 和 Set B(含 Set B_1 和 Set B_2)。在组合 A 中，传声器(B&K 4192)固定在 KEMAR 的耳道模拟器末端,共进行了 30 次重复佩戴测量。Set A 用以评估重复测量中耳机佩戴方式引起的测量误差。在组合 B 中,采用封闭耳道法将微缩传声器(DPA4060 binaural microphone)人工放置在耳道入口;传声器重复放置了两次(Set B_1 和 Set B_2),每种进行了 10 次重复佩戴实验。采用封闭耳道法测量多个被试者的 HpTF 时,必须从一个被试者身上取下微缩传声器,然后重新放置到另一个被试者身上。这种重置微缩传声器的操作也可能影响不同被试者的测量。因此,为了评估这种影响,特别设计 Set B_1 和 Set B_2。可见,SetB 可全面评估采用封闭耳道法时,人为放置传声器和耳机佩戴方式引起的总的测量误差。

为了评估上述 HpTF 测量误差所可能导致的听觉感知影响,对 HpTF 幅度 $|H(f')|$ 进行了基于等效矩形带宽(ERB)听觉滤波器的听觉平滑滤波。平滑后 HpTF 幅度为:

$$H_s(f) = \sqrt{\frac{1}{F_H - F_L}\int_{F_L}^{F_H} |H(f')|^2 df'} \qquad (4-8)$$

F_H 和 F_L 分别表示听觉滤波器的上、下限频率;滤波器带宽

$$(F_H - F_L) = 24.7(0.00437f + 1)(单位\ Hz)$$

随频率的增大而增大。

图 4-4 是平滑后 HpTF 重复测量的标准差。图中显示:

(1)所有曲线都存在低频"上翘"和高频杂乱的特点。这是因为不同的耳机佩戴方式将导致不同的耳机-耳廓的耦合,从而导致不同的低频能量泄露(对应低频"上翘")以及不同的高频声波和耳廓的相互作用(对应高频杂乱)。

(2)对于 Set A,在 7~8kHz 以下的频段,耳机重复佩戴 30 次的标准差小于 1dB;随着频率的增高,标准差可达到 1.8dB。一方面,对于耳罩式耳机,重复佩戴的误差偏小,说明 HpTF 的重复测量具有良好的一致性。另一方面,HpTF 频谱中 7~8kHz 的频率位置对应着 HRTF 频谱中第一个谱谷 N_1(见 1.3 节图 1-16),因此 HpTF 在此频段的测量重复性将直接影响虚拟声合成中的仰角定位因素。

(3)在 12kHz 以下的频段,Set A 和 Set B_1(或 Set B_2)的标准差曲线都比较吻合。这表明,采用封闭耳道法,熟练的实验操作者能较为一致地将微缩传声器重复固定在被试者的耳道入口,达到和耳道末端固定传声器测量(Set A)近乎等同的实验精度。

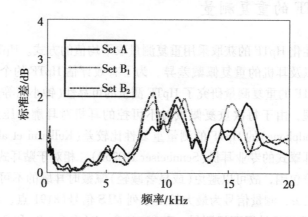

图 4-4 KEMAR 左耳 HpTF 平滑后的标准差

4.2.2 HpTF 被试组内差异

进一步,采用同样的设备和方法测量了 6 名真人被试者 HpTF,每人自己佩戴耳机完成 10 次重复测量(Zhong et al.,2015)。每个被试者 10 次重复测量结果的差异称为该被试者 HpTF 的组内差异。组内 HpTF 的两两相关计算表明:所有被试者 HpTF 的相关系数都大于 0.9;每名被试者组内平均相关系数分别为 0.97、0.95、0.95、0.94、0.96 和 0.93。

重复测量再取平均是获取个体 HpTF 的通常方法。然而,重复测量将消耗较多时间。如果重复测量的组内差异不会导致可察觉的听觉变化,那么 HpTF 的单次测量就足以作为个体 HpTF。为了考查这个假设,我们开展了听音实验(Zhong et al.,2015)。听音实验设计的关键是从 10 个组内 HpTF 中挑选出 2 个差异最大的 HpTF。如果它们在听觉上不可区分,则可推知组内任意 2 个 HpTF 之间的差异在听觉上不可区分。

组内 HpTF 的挑选步骤如下:

(1)利用等效矩形听觉滤波器的概念,采用频率标度 ERB 数(Number of ERB,简记为 N)进行听觉频率范围的划分,见式(1-29)。N 从 10 到 40,将 0.4kHz 到 17.6kHz 分为 31 个频段。

(2)将某被试者 HpTF 的 10 次重复测量经式(4-8)平滑滤波后,记为 $H_s(i,N)$($i=1,2,\cdots,10$;$N=10,11,\cdots,40$),计算 $H_s(i,N)$ 对 i 的平均值 $H_s'(N)$。计算 $H_s(i,N)$ 和平均值 $H_s'(N)$ 在每个频段 N 的偏差,取 31 个频段的偏差的均方根值(root mean square,RMS)作为每次 HpTF 测量的总偏差。

(3)对于 $i=1,2,\cdots,10$,重复步骤(2),得到 10 个 HpTF 测量的总偏差。将总偏差最小的 HpTF 作为听音实验的参考信号,而将总偏差最大的 HpTF 作为听音实验的对比信号。

(4)对每个被试者,重复步骤(2)和(3)。

双耳虚拟声信号的合成采用水平面正前方($\theta=0°$,$\varphi=0°$)HRTF 和最小相位 HpTF。实验采用 3I2AFC 范式。每个声信号呈现包括 AAB 或 ABA 三个片段,其中 A 表示由参考 HpTF 均衡的信号,B 表示由对比 HpTF 均衡的信号。每个片段的长度为 2.5s,包括前后各 0.5s 的淡入和淡出。要求被试者根据感知到的任何差异,判断第二或第三个片段中哪个片段与第一个片段不同。采用三种不同频段的白噪声(0.1~5kHz 低通,5~20kHz 高通,0.1~20kHz 全通)作为单声道声源信号。每个被试者聆听 18 种声信号呈现(3 种噪声刺激重复 6 次);对于一个特定的声信号条件,共有 36 个听觉感知判断(6 名被试者重复 6 次)。图 4-5 是听音实验结果。图中正确率 $p=0.34$ 和 0.66 之间是 0-1 模型(a binomial model)的 95% 的置信区间。如果被试者判断正确率 p 落入该区间,说明被试者无法区分 A 和 B 信号,即 A 和 B 信号在听觉上是等价的。图中显示,虽然中高频段的正确率高于低频段和全频段,然而三者没有统计差异。这意味着同一个被试者多次 HpTF 测量在听觉上是等价的;个体个性化 HpTF 的获取可以采用单次测量的方法(Zhong et al.,2015)。

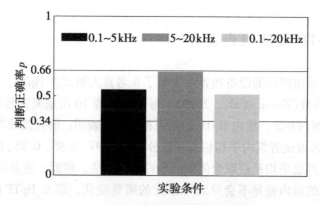

图4-5 HpTF测量组内差异的听音实验结果

4.2.3 HpTF被试组间差异

基于4.2.2的实验数据，我们取10次HpTF重复测量的平均值为该被试的HpTF，它们之间的差异称为不同被试的组间差异。图4-6是6名被试者HpTF的标准差曲线。总的来讲，标准差曲线在低频(400Hz以下)偏大；在中频(7~8kHz)较小且变化比较平缓；而在8kHz以上的高频，标准差增大，且出现明显的峰值。和组内差异类似，不同的耳机佩戴方式将导致不同的耳机-耳廓的耦合，从而导致不同的低频能量泄露以及不同的高频声波和耳廓的相互作用。因此，不同被试者不同佩戴方式下低频和高频的测量结果有较大偏离。此外，标准差曲线在高频的剧烈变化还归因于被试者不同的耳廓结构。不同被试者HpTF之间相关系数的最大值为0.82，最小值为-0.06，平均值为0.44。

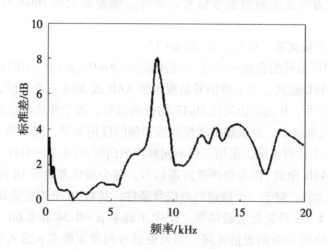

图4-6 6名被试者HpTF的标准差

我们进一步采用听音实验研究了不同被试者HpTF组间差异的听觉感知(Zhong et al.，2013)。组间HpTF的挑选步骤如下：

(1)利用等效矩形听觉滤波器的概念，采用频率标度ERB数(Number of ERB，简记为N)进行听觉频率范围的划分，见式(1-29)。N从10到40，将0.4kHz到17.6kHz分为31个频段。

(2) 将所有6名被试者 HpTF 的10次重复测量经式(4-8)平滑滤波后再取平均值，作为每个被试者个性化 HpTF。

(3) 对于某特定被试者，计算其个性化 HpTF 和其他5名被试者个性化 HpTF 在每个频段 N 的偏差，取31个频段的偏差的均方根值作为该被试者个性化 HpTF 的总偏差。

(4) 重复步骤(3)，可以得到某特定被试者相对于其他被试者5个总偏差。选取总偏差最大的被试者 HpTF 作为该特定被试的最大偏差 $HpTF_{max}$，选取总偏差最小的其他被试者 HpTF 作为该特定被试者的最小偏差 $HpTF_{min}$。

(5) 对每个被试者，重复步骤(3)和(4)。

双耳虚拟声信号的合成采用水平面正前方($\theta=0°,\varphi=0°$) HRTF 和最小相位 HpTF。实验采用 3I2AFC 范式。每个声信号呈现包括 AAB 或 ABA 三个片段。每个片段的长度为 2.5s，包括前后各 0.5s 的淡入和淡出。要求被试者根据感知到的任何差异，判断第二或第三个片段中哪个片段与第一个片段不同。对于每名被试者，构造了组内最好(Inter-best-case) 和组内最差(Inter-worse-case) 两类实验。组内最好实验中参考信号 A 是某被试者个性化 HpTF 均衡的信号，对比信号 B 是挑选出来的最小偏差 $HpTF_{min}$ 均衡的信号；而组内最差实验中参考信号 A 是某被试者个性化 HpTF 均衡的信号，对比信号 B 是挑选出来的最大偏差 $HpTF_{max}$ 均衡的信号。采用3种不同频段的白噪声(0.1～5kHz 低通，5～20kHz 高通、0.1～20kHz 全通)作为单声道声源信号。每个被试者聆听36种声信号呈现(3种噪声刺激×重复6次×2类实验)；对于一个特定的声信号条件，共有36个听觉感知判断(6名被试者×重复6次)。

图4-7是听音实验结果。图中正确率 $p=0.34$ 和 0.66 之间是 0-1 模型的 95% 的置信区间。如果被试者的判断正确率 p 落入该区间，说明被试者无法区分 A 和 B 信号，即 A 和 B 信号在听觉上是等价的。图中显示，仅在低频段(<5kHz)，个性化 HpTF 不会引起统计上显著的听感差异；无论是组内最好还是组内最差，中高频段和全频段的个性化 HpTF 都存在统计上显著的听感差异。这意味着，对于中高频段和全频段，有必要个性化耳机均衡；而低频(<5kHz)则不需要(Zhong et al., 2013)。从正确率的数值上看，组内最差大于组内最好，在一定程度上也说明了我们采用的组间 HpTF 挑选的方法具有合理性。

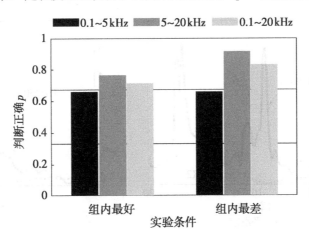

图4-7　HpTF 测量组间差异的听觉实验结果

Völk 也研究了采用封闭耳道法时，三款耳罩式耳机（Sennheiser HD 800, Stax λ pro NEW, Sennheiser HD 650）的组内和组间 HpTF 差异（Völk, 2014）。该研究主要采用测量结果对比的方法，对比结果表明：在 6kHz 以上的频段，HpTF 的组间差异可以达到幅度 10dB，相位群延迟 0.5ms；而在 6kHz 以下的频段，仅为幅度 2dB，相位群延迟 0.1ms。

4.3 不同类型耳机的 HpTF

耳机和耳道的耦合方式一定程度上决定了 HpTF 的特征。虽然与外耳（廓）耦合的耳罩式耳机具有良好的频率特性，但是近年来便携小巧的入耳式（以及半入耳式）耳机在便携式移动终端（例如手机、平板电脑）的带动下日益普及。由于入耳式耳机直接和耳道耦合，避免了和外耳的复杂相互作用，具有相对平滑的频响特征和较好的重复性，因而可能比传统的耳罩式耳机更加适合虚拟听觉重放。然而，已有研究主要基于定性或测量重复性的物理比较，没有考虑人的听觉特征，且忽略了测量参考点的问题。我们对比研究了典型耳罩式和入耳式耳机的测量重复性可能导致的听觉差异以及不同测量参考点引起的均衡差异，以期比较全面地了解两种耳机的均衡效果（钟小丽，2011）。

我们选用了两款典型的耳罩式耳机（Sennheiser HD250 II）和入耳式耳机（Etymotic Research ER2），分别在 KEMAR 人工头上进行 30 次重复佩戴测量。测量采用 8191 点的最大长度序列信号（44.1kHz 采样，16bit 量化）。信号经声卡（UGM96）D/A 转换后馈入耳机。采用 KEMAR 人工头（配 DB60/61 耳廓和 DB-100 Zwislocki 耳道模拟器）鼓膜处的内置传声器 B&K4192 捡拾双耳声信号，并经声卡 A/D 转换后存入计算机。将捡拾信号进行去卷积运算，并采用 512 点的矩形窗进行时间域截断。最后，对截断后信号进行离散傅里叶变换可得到 512 点 HpTF。

图 4-8a 是 HD250 II 和 ER2 HpTF 幅度响应重复测量的标准差。需要指出的是，根据两种耳机产品说明书上标称的有效频响范围，分别在 0.1～20kHz 和 0.1～16kHz 对 HD250 II 和 ER2 进行分析。图中显示，在绝大多数频段 HD250 II 的重复性比 ER2 差，两者最大标准差分别为 5.1dB 和 2.0dB。

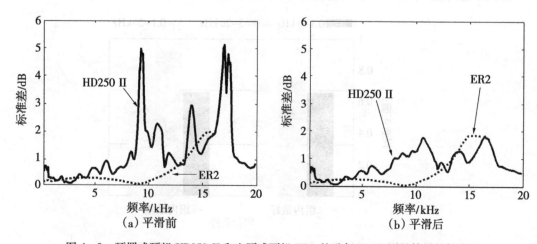

图 4-8 耳罩式耳机 HD250 II 和入耳式耳机 ER2 的重复 HpTF 测量结果的标准差

为研究重复测量误差可能引起的听觉差异，对 HpTF 幅度 $|H(f')|$ 进行了听觉平滑滤波，见式(4-8)。图4-8b 是平滑后 HpTF 重复测量的标准差。图中显示，听觉平滑可以有效减小 HD250 Ⅱ HpTF 重复测量的差异，最大标准差由平滑前的 5.1dB 下降为 1.8dB。这个结果可从其 HpTF 特征以及人类听觉特性的角度进行解释。HD250 Ⅱ 耳罩腔体和外耳的耦合作用使得 HpTF 响应曲线在 5kHz 以上形成一系列高 Q 值的峰谷。这些峰谷对耳机和外耳相对位置的改变非常敏感，所以 HD250 Ⅱ 重复测量的差异主要集中在 HpTF 高频峰谷附近的窄带内。由于人类听觉的高频分辨率较低，听觉滤波器的高频带宽较大，因此基于听觉特性的平滑可以明显降低重复测量 HpTF 在高频窄带内的差异。对于 ER2，每次插入耳道深度的细微差异主要导致重复测量 HpTF 高频宽带内比较平缓的差异，因而听觉平滑效果不明显，平滑后最大标准差为 1.9dB。比较图4-8a 和图4-8b 可以认为：在耳机 HpTF 重复性分析中应当考虑人类听觉特性，特别是耳罩式耳机 HD250 Ⅱ，否则有可能高估 HpTF 的重复测量误差；在相当宽的频段(12kHz 以下)，ER2 的重复性都比 HD250 Ⅱ 好，因此从耳机均衡的可靠性上看 ER2 具有一定优势。

虚拟听觉信号处理中，双耳声信号通过头相关传输函数(HRTF)和单通路信号的频域相乘而获得。从耳道入口到鼓膜的任意一点甚至封闭耳道入口都可以被定义为 HRTF 的测量参考点。在耳机重放中，为了完全消除耳机的影响从而准确重放鼓膜处双耳声信号，HpTF 和 HRTF 的测量参考点应当完全一致。目前，真人 HRTF 的获取普遍采用封闭耳道法，测量参考点定义在封闭的耳道入口。采用耳罩式耳机，可以方便地将传声器放置在封闭耳道入口获取 HpTF。然而，由于人耳式耳机本身就已经放置在耳道内，只能获取定义在鼓膜处或附近的 HpTF。如果采用人耳式耳机重放封闭耳道 HRTF 合成的双耳声信号，还需要考虑封闭耳道入口到鼓膜的传输特性。这涉及耳膜、耳道以及耳道入口的声辐射阻抗，比较复杂。因此，从虚拟听觉重放中耳机均衡的简便性上看，耳罩式耳机有一定优势(钟小丽，2011)。

Hiipakka 等采用听音实验的方法，研究了双耳虚拟重放中人耳式耳机的均衡方法和听觉效果(Hiipakka et al.，2012)。研究发现：相对于耳罩式耳机，人耳式耳机的均衡更有助于改善仰角定位的效果；针对前后混乱率和声像外化的指标，两种耳机的均衡没有统计差异。

针对人耳式耳机重放容易产生头中定位(inside-the-head localization, IHL)的问题，项京朋等通过分析人耳式耳机的电-力-声耦合关系以及人耳式耳机封闭耳道时引起的不自然的共振(unnatural resonances)，建立了耳机电阻抗特性与 HpTF 共振峰之间的联系；进一步设计了个性化均衡滤波器以消除耳机传递函数中高 Q 值的共振峰。听音实验结果表明，人耳式耳机的个性化 HpTF 均衡可有效增强声像的距离感，缓解 4kHz 以下频段的头中定位问题(项京朋等，2019)。

4.4 HpTF 的最小相位特征

和 HRTF 类似，HpTF 是线性时不变系统的传输函数，按照信号处理的理论，可以把它分解为最小相位函数 $H_{pm}(f)$、全通相位函数 $\exp[j\varphi_{all}(f)]$ 和线性相位函数

$\exp[-\mathrm{j}2\pi fT)]$ 的乘积:

$$H_\mathrm{p}(f) = H_\mathrm{pm}(f)\exp[\mathrm{j}\varphi_\mathrm{all}(f)]\exp[-\mathrm{j}2\pi fT] \tag{4-9}$$

式中，T 为信号的纯延时。如果全通函数可以忽略，则上式可简化为：

$$H_\mathrm{p}(f) = H_\mathrm{pm}(f)\exp(-\mathrm{j}2\pi fT) \tag{4-10}$$

式(4-10)称为 HpTF 的最小相位近似，此时 HpTF 可近似表示为最小相位函数与线性相位函数的乘积。HpTF 的最小相位近似可以带来信号处理上的便捷和稳定。为了研究 HpTF 的最小相位近似的合理性及其适用频段，我们挑选了常用的三款耳罩式专业耳机（森海塞尔 Sennheiser HD250、森海塞尔 Sennheiser HD650 和拜耳动力 Bayer Dynamic DT770），通过测量（见图4-3）得到了20名被试者的 HpTF；然后，采用相关系数为客观判据，系统研究了 HpTF 的最小相位特性；最后，采用心理声学实验进行了 HpTF 的最小相位特性的听觉验证（钟小丽等，2013）。

为了研究最小相位近似的合理性，先采用相关分析的方法，研究原始测量 HpTF（即 H_p）和最小相位近似后 HpTF（即 H_pm）的相似性。两者的归一化互相关函数为：

$$\Phi(\tau) = \frac{\int_{-\infty}^{+\infty} H_\mathrm{p}(f) H_\mathrm{pm}*(f)\exp(\mathrm{j}2\pi f\tau)\mathrm{d}f}{\left\{\left[\int_{-\infty}^{+\infty}|H_\mathrm{p}(f)|^2\mathrm{d}f\right]\left[\int_{-\infty}^{+\infty}|H_\mathrm{pm}(f)|^2\mathrm{d}f\right]\right\}^{\frac{1}{2}}} \tag{4-11}$$

式中，"*"表示复数共轭。在一定延时范围内，$\Phi(\tau)$ 的最大值 $r = \max[\Phi(\tau)]$，即为最小相位近似前后 HpTF 之间的相关系数。根据定义，$0 \leqslant |r| \leqslant 1$，$r = 1$ 表明最小相位近似前后 HpTF 具有完全相同的波形，至多相差一个线性延迟，因而式(4-11)的最小相位近似是完全准确的。r 越接近1，表明 HpTF 的最小相位近似越准确、合理。

对于不同款耳机 i（$i = 1,2,3$，分别代表森海塞尔 HD250、森海塞尔 HD650 和拜耳动力 DT770）和不同被试者 s（$s = 1,2,\cdots,20$），分别对其左耳和右耳的 20 次 HpTF 测量数据进行最小相位近似重构，然后利用式(4-11)计算 HpTF 最小相位近似前后的相关系数。进一步，求出20次重复测量以及双耳的平均相关系数 $r_\mathrm{mean}(i,s)$。为了研究 HpTF 最小相位特性和频率的关系，最小相位近似运算分别在 0~20kHz 和 0~12kHz 进行，相应的结果见图4-9。

图4-9表明在可听声全频段 0~20kHz 范围内，HpTF 最小相位近似前后的相似性不是很高。对于3款耳机，最小 $r_\mathrm{mean}(i,s)$ 分别为 0.53（±0.03）、0.70（±0.03）、0.83（±0.01）。由于相应的标准偏差处于合理数值范围，所以排除实验测量的不稳定性，较小的 $r_\mathrm{mean}(i,s)$ 反映了 0~20kHz 频段最小相位近似前后 HpTF 较差的相似性，HpTF 最小相位近似不太合理。从物理上看，HpTF 主要表征耳机辐射声波和外耳复杂性的相互作用，它是频率的函数，其最小相位近似的合理性随频段变化。通常，在高频，特别是10kHz 以上，由于耳廓的聚焦反射，使得耳道入口处的直达声和反射声干涉增强或者抵消比较明显，表现为 HpTF 幅度谱中的峰和谷，而且很难保证这些峰谷对应的 HpTF 的极点和零点都在单位圆内，因此导致最小相位近似前后 HpTF 的相似性较差。考虑到和听觉相关的定位因素主要处于 12kHz 以下的频段，进一步在 0~12kHz 频率范围内进行最小相位近似前后 HpTF 的相关分析，见图4-9。相对于 0~20kHz 频段的情况，

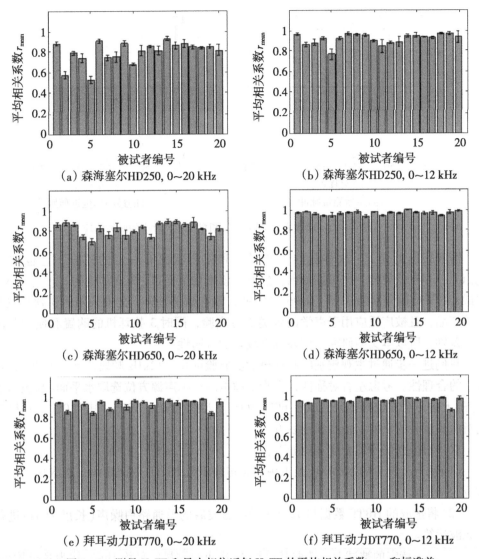

图4-9 测量HpTF和最小相位近似HpTF的平均相关系数r_{mean}和标准差

$0\sim12\text{kHz}$频段的$r_{mean}(i,s)$有明显提高，3款耳机的最小$r_{mean}(i,s)$分别为$0.77(\pm0.05)$，$0.92(\pm0.02)$，$0.86(\pm0.02)$。进一步，3款耳机$r_{mean}(i,s)$对20名被试者s的平均值分别为0.92，0.96和0.96，这意味着3款耳机的总体平均相关系数(即再对耳机i进行平均)达到了0.95。因此，在$0\sim12\text{kHz}$频段范围内，若以平均相关系数不小于0.95为判据，HpTF可以近似认为是最小相位函数。图4-10是编号18的被试者左耳HpTF在$0\sim12\text{kHz}$频段范围内进行最小相位近似前后的HpTF脉冲响应图，其中$r_{mean}(i=2,s=18)=0.93$。

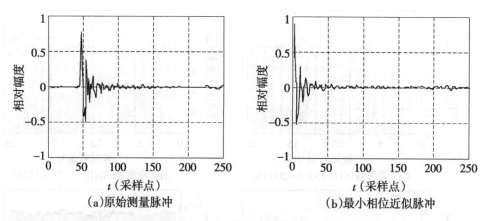

图 4-10 森海塞尔 HD650 耳机的 HpTF 对应的脉冲响应

需要指出的是，3 款耳机的生产时间和使用状况有一定的差异。这也许是最小 $r_{mean}(i,s)$ 存在差异的一个可能原因。然而，就平均值而言，3 款耳机的 $r_{mean}(i,s)$ 对 20 名被试 s 的平均值分别为 0.92、0.96 和 0.96，没有显著差异。文中采用的 3 款耳机是较高端的产品，且被广泛应用于声学的各类听音实验，同时 3 款耳机的购置和使用状况也有一定差别，所以本文的研究和结果具有较好的普遍性。

我们进一步通过主观辨别的心理声学实验验证 0～12kHz 频段范围内 HpTF 最小相位近似的合理性。考虑左右对称性，实验中虚拟的目标声源方位选取水平面（与被试者双耳平齐）上的 7 个方位角：0°、30°、60°、90°、120°、150°、180°，其中 0°、90°和 180°分别指向被试者的正前、正右和正后方。

双耳虚拟声信号的合成步骤如下：

(1) 从自行测量的 KEMAR 人工头相关传输函数 HRTF 数据库中，选取虚拟声源对应方位的 HRTF 数据。

(2) 将选取的 HRTF 数据与 12kHz 低通滤波后的单通路白噪声（长度为 3s）进行频率域滤波运算。

(3) 对于特定的被试者，选取其单耳 20 次重复测量的平均 HpTF 作为耳机均衡函数。将第(2)步得到的信号进一步和耳机均衡 HpTF 的逆函数进行频域滤波运算，得到最终的听音实验信号。

(4) 对左、右耳分别进行上述(1)至(3)步，得到双耳虚拟声信号。

对 7 个虚拟目标声源方位逐个进行上述步骤。采用三间隔、两强制选择（3I 2AFC）的标准心理声学实验方法，其中参考信号 A 采用测量 $H_p(f)$ 进行耳机均衡，而检验信号 B 采用最小相位近似 $H_{pm}(f)$ 进行耳机均衡。每次重放的信号包含 3 段，第 1 段为参考信号 A，第 2 和第 3 段分别是参考信号 A 和检验信号 B，按 AAB 和 ABA 两种顺序随机播放，每段信号之间的间隔为 1s。被试者判断第 2 段和第 3 段中哪段信号与第 1 段参考信号 A 在听觉上不同（包括虚拟声源方向、音色等）；若不能做出判断，则以随机方式进行强制选择。对于每名被试者，每个虚拟声源方向重复判断 6 次。参加 HpTF 测量的 20 名被试者中有 10 人（5 男 5 女）参加了主观辨别实验。因此，每个方位有 60 次判断结果（10 人×重复 6 次）。

被试者的每次判断用随机变量 x 表示，判断正确时记为 $x_i=1$，反之记为 $x_i=0$。对于每个虚拟声源方向，得到了 60 个独立观测值 $(x_1,x_2,\cdots,x_{60})$。x 可看成是一个服从 $(0-1)$ 分布或二项式分布的随机变量，记为 $x \sim B(1,p)$，p 是判断的正确率。如果被试者无法区分 A 信号和 B 信号，即测量 HpTF 和最小相位近似 HpTF 的均衡处理不存在主观听觉差异，在 $\alpha=0.05$ 的显著性水平下，被试者判断正确率 p 应落在 $[0.38,0.62]$ 的区间内。图 4-11 是 3 款耳机在 7 个方向的判断正确率 p，图中的两条水平线表示 $p=0.38$ 和 0.62。图中显示所有的实际判断正确率 p 都落入接受域 $[0.38,0.62]$ 内。因此，测量 $H(f)$ 和最小相位近似 $H_m(f)$ 均衡之间无显著主观听觉差异，在 $0\sim12\text{kHz}$ 频段范围内对 HpTF 进行最小相位近似在听觉上是合理的。

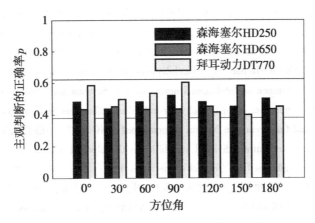

图 4-11 3I 2AFC 听音实验的平均正确率

上述结果表明，HpTF 的最小相位特性随频率变化，在 $0\sim12\text{kHz}$ 的频段，最小相位近似前后 HpTF 的平均相关系数达到 0.95，且最小相位近似不会带来可感知的听觉变化（钟小丽等，2013）。因此，在 $0\sim12\text{kHz}$ 的频段对 HpTF 进行最小相位近似是合理的，相应的滤波器设计（包括滤波器长度和稳定性）和信号处理可得以简化和优化。

需要说明的是，本章论述的耳机均衡是针对基于耳机的双耳听觉虚拟实现的应用场景而言，其目的是消除重放设备（即耳机）的影响，是为了准确再现自然听觉模式下的双耳（耳膜处）声信号而进行的信号均衡处理。这和其他耳机均衡处理，例如最优耳机曲线的均衡（Fleischmann et al.，2013）、自由场耳机均衡和扩散场耳机均衡（Møller et al.，1995b）是不同的。它们的最大区别在于均衡目的（或者说，希望实现的参考声场）是不同的。此外，TWS 耳机（true wireless stereo earbud）备受关注，它承载着声透、主动降噪等多种功能（Rumsey，2019；Denk et al.，2020；Gupta et al.，2020；Schepker et al.，2020），并在基于手机端的听力测试等方面逐渐崭露头角（Guo et al.，2021）。

参考文献

[1] ALGAZI V R, DUDA R O. Headphone-based spatial sound[J]. IEEE Signal Processing Magazine, 2011, 28(1): 33-42.

[2] MØLLER H. Fundamentals of binaural technology[J]. Applied Acoustics, 1992, 36(3-4): 171-218.

[3] MØLLER H, HAMMERSHØI D, JENSEN C B, et al. Transfer characteristics of headphones measured on

human ears[J]. Journal of the Audio Engineering Society, 1995, 43(4): 203 – 217.

[4] GERONAZZO M, GRANZA F, SPAGNOL S, et al. A standardized repository of head-related and headphone impulse response data[C] // The 134th Convention of Audio Engineering Society. AES, 2013, Paper 8902.

[5] BOREN B, GERONAZZO M, MAJDAK P, et al. PHOnA: A public dataset of measured headphone transfer functions[C] // The 137th Convention of Audio Engineering Society. AES, 2014, Paper 9126.

[6] PRALONG D. The role of individualized headphone calibration for the generation of high fidelity virtual auditory space[J]. Journal of the Acoustical Society of America, 1996, 100(6), 3785 – 3793.

[7] YOSHIDA M, KUDO A, HOKARI H, et al. Impact of equalizing ear canal transfer function on out-of-head sound localization[C] // The 123rd Convention of Audio Engineering Society. AES, 2007, Paper 7229.

[8] 钟小丽, 刘阳. 个性化耳机到耳道传输函数的测量[J]. 声学技术, 2009, 28(5): 321 – 323.

[9] KULKARNI A, COLBURN H S. Variability in the characterization of the headphone transfer-function[J]. Journal of the Acoustical Society of America, 2000, 107(2): 1071 – 1074.

[10] ZHONG X L, SHI B. Reliability of headphone equalization in virtual sound reproduction[C] // 2015 7th International Conference on Intelligent Human-Machine Systems and Cybernetics. IEEE, 2015: 87 – 90.

[11] ZHONG X L. Perceptual evaluation of inter-individual differences in headphone equalization[C] // 2013 9th International Conference on Natural Computation(ICNC 2013). IEEE, 2013: 307 – 311.

[12] VÖLK F. Inter- and intra-individual variability in the blocked auditory canal transfer functions of three circum-aural headphones [J]. Journal of the Audio Engineering Society, 2014, 62(5): 315 – 323.

[13] 钟小丽. 典型耳罩式和入耳式耳机的均衡比较[J]. 声学技术, 2011, 30(6): 239 – 241.

[14] HIIPAKKA M, TAKANEN M, DELIKARIS-MANIAS S, et al. Localization in binaural reproduction with insert headphones[C] // The 132nd Convention of Audio Engineering Society. AES, 2012, Paper 8666.

[15] 项京朋, 桑晋秋, 郑成诗, 等. 基于入耳式耳机电阻抗特性的个性化均衡研究[J]. 应用声学, 2019, 38(1): 29 – 38.

[16] 钟小丽, 明芳, 谢菠荪. 耳机到耳道传输函数最小相位近似的分析与验证[J]. 华南理工大学学报(自然科学版), 2013, 41(12): 120 – 124.

[17] FLEISCHMANN F, PLOGSTIES J, NEUGEBAUER B. Design of a headphone equalizer control based on principal component analysis[C] // The 134th Convention of Audio Engineering Society. 2013, Paper 8869.

[18] MØLLER H, JENSEN C B, HAMMERSHØI D, et al. Design criteria for headphones [J]. Journal of the Audio Engineering Society, 1995b, 43(4): 218 – 232.

[19] RUMSEY, F. Headphone technology [J]. Journal of the Audio Engineering Society, 2019, 67(11): 914 – 919.

[20] DENK F, SCHEPKER H, DOCLO S, et al. Acoustic transparency in hearables-Technical evaluation [J]. Journal of the Audio Engineering Society, 2020, 68(7/8): 508 – 521.

[21] GUPTA R, RANJAN R, HE J J, et al. Acoustic transparency in hearables for augmented reality audio: Hear-through techniques review and challenges [C] // AES Conference on Audio for Virtual and Augmented Reality, 2020.

[22] SCHEPKER H, DENK F, KOLLMEIER B, et al. Acoustic transparency in hearables—perceptual sound quality evaluations[J]. Journal of the Audio Engineering Society, 2020, 68(7/8): 495 – 507.

[23] GUO Z Y, YU G Z, ZHOU H L, et al. Utilizing true wireless stereo earbuds in automated pure-tone audiometry[J]. Trends in Hearing, 2021, 25: 1 – 13.

5 双耳听觉定位的事件相关电位研究

目前，双耳听觉定位的研究主要集中在物理和心理层面。例如，前述的听觉定位实验就是以双耳声信号作为物理刺激源，以被试者心理感知判断作为实验结果，而将被试者在实验过程中的生理反应作为一个黑匣子。为了深入理解人类双耳听觉定位的脑机制，我们采用脑电测量方式开展双耳听觉定位以及相应的虚拟声重放技术相关的生理反应的研究，以期从"全链条"角度(即物理—生理—心理)加深对双耳听觉定位的认识。

5.1 听觉事件相关电位

5.1.1 ERP 概述

脑电信号(electroencephalogram，EEG)是一种自发的电生理信号，又称为自发电位。大脑神经元细胞相互传递信息时，其电化学反应过程会产生副产物并以头皮电信号的形式表现出来(Millett et al.，2015)。脑电信号作为人类大脑生理活动的外在表现，直接表征了不同区域大脑皮层的神经活动状态。它为研究大脑的复杂结构、厘清大脑的调控机制、分析大脑的决策过程提供了途径。

1875 年，Richard Caton 在兔和猴的裸露大脑表面观测到 EEG。1924 年，Hans Berger 首次在人类头皮上观测到脑电信号，并记录下大脑处于不同状态时(例如，睡眠、清醒、麻醉、缺氧等)EEG 的变化。1934 年，Adrian 和 Matthews 证实了 Hans Berger 关于 EEG 的论述(Teplan，2002)。自此，研究者对脑电信号波形变化的潜在规律展开了积极探索，陆续确定了脑电波动中包含的 δ 波(1～4Hz)、θ 波(4～8Hz)、α 波(8～13Hz)、β 波(13～30Hz)、γ 波(>30Hz)等基本 EEG 节律(EEG rhythm)，对年龄、疾病等因素与 EEG 节律的关系进行了广泛研究(Fabrizio et al.，2012)。这些工作为现代脑电技术的应用奠定了基础。现代脑电技术融合了数字化的数据记录、存储方法与现代信号分析手段，常用于识别和定位脑活动异常，对局部或整体脑功能进行评估等(Millett et al.，2015)。

虽然 EEG 真实可靠地记录了大脑的整体活动，但是由于大脑活动的时空交织性，很难从原始 EEG 数据中提取出独立的心理认知过程的信息(Ille，2002)。1939 年 Davis 等首次报道了采用四种纯音声刺激所诱发的脑电信号 EP(evoked potentials)。随着计算机和数字信号处理技术的发展，可以通过叠加平均的方式，从头皮表面记录到的脑电信号中提取出对应特定刺激的 EP。后续研究进一步发现不仅是外界刺激，主动的自上而下的心理因素也可以诱发 EP。因此，将上述两类起源的 EP 统称为事件相关电位(event-related potential，ERP)。ERP 是从 EEG 中提取出的关于脑的高级功能电位，反映了人类在认知处理过程中特定大脑神经活动引起的电生理变化，被誉为"观察脑功能的窗口"（魏景汉等，2010）。ERP 在脑科学研究中具有独特的优势：① 具备高时间分辨率，精确度可以达到毫秒级；② 可以直接在头皮进行"非侵入式"的原始数据采集，安全快捷。图 5-1 是 ERP 提取的示意图：① 以刺激事件发生的时刻为起始标志，从连续的脑电信号中截取固定长度的片段；② 对同类型刺激诱发的脑电信号片段进行相加和平均，即可获得该刺激事件诱发的 ERP 波形。

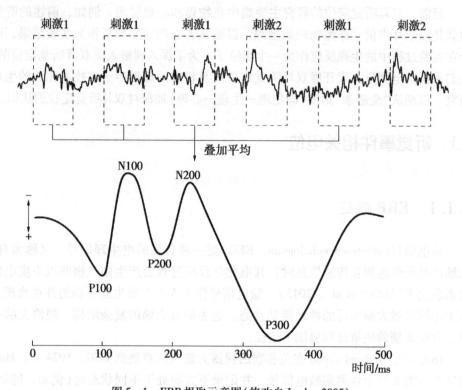

图 5-1　ERP 提取示意图（修改自 Luck，2005）

双耳听觉是指人类利用双耳进行声刺激（或听觉刺激）的捡拾、处理，进而形成听觉感知的过程。它包含物理、生理和心理等多个层面。其中，在生理层面上，大脑皮层的听觉中枢将对声刺激进行综合处理，进而形成声源的多维信息感知（包括空间方位、音色、响度等）。ERP 为系统探究听觉感知的生理机制提供了有效途径（Remijn et al.，2014）。事实上，1939 年第一篇关于 ERP 的研究报告就是探究大脑对声刺激的反应（Davis，1939）。目前，研究者采用不同模式的声刺激诱发听觉 ERP（Auditory ERP），通过分析听觉 ERP 中包含的各种脑电成分，对听觉方位感知、听觉场景分析、听觉-视觉跨通路感知等的生理机制进行了探索。

5.1.2　ERP 实验范式

听觉 ERP 反映了大脑对特定听觉刺激的感知过程；刺激的持续时间、频次、间隔长度等的变化都将导致听觉 ERP 成分发生变化。因此，为了获取具有针对性的脑电实验结果，应设计严谨的实验流程，选择科学合理的实验范式。Oddball 范式和 Go-Nogo 范式是两种经典的 ERP 实验范式(魏景汉等，2010)。

Oddball 范式采用的刺激序列包含两种不同概率的刺激，且刺激出现的次序随机。通常，将大概率出现的刺激称为标准刺激(standard stimuli)，小概率出现的刺激称为偏差刺激(deviant stimuli)。如果要求被试者对小概率出现的刺激做出反应，此时偏差刺激又称为靶刺激(target stimuli)。为了确保偏差刺激可以诱发出稳定的 ERP 成分，偏差刺激的概率应小于 30%，而标准刺激的概率应大于 70%。近年来，随着对 ERP 研究的不断深入，经典 Oddball 范式被不断改进以适应特定的研究目的，图 5-2 列举了 4 种常用的 Oddball 范式，其中，A 为经典 Oddball 实验范式；B 表示在标准刺激序列中，小概率地出现刺激缺失，缺失的刺激可视为偏差刺激，同样可以诱发出 ERP；C 表示刺激序列中存在一种标准刺激和两种偏差刺激，需要被试者做出反应的偏差刺激称为靶刺激，而另一种偏差刺激称为非靶偏差刺激；D 表示刺激序列在 C 的基础上增加了一种具有突发性的高强度新异刺激。

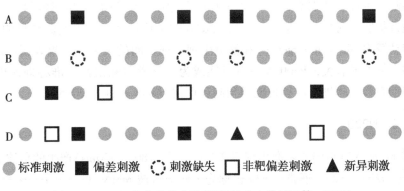

图 5-2 Oddball 实验范式示意图(修改自魏景汉等，2010)

Go-Nogo 范式采用的刺激序列包含两种等概率的刺激，其中需要被试者做出反应的刺激为 Go 刺激(即靶刺激)，而不需要被试者做出反应的刺激为 Nogo 刺激。Go-Nogo 范式排除了刺激概率对 ERP 的影响，但同时也无法诱发出刺激概率不同所对应的特定 ERP 成分。

5.1.3 听觉相关的 ERP 成分

ERP 波形包含了一系列的峰、谷结构，其中可由特定范式刺激事件稳定诱发的波峰和波谷被称为 ERP 成分(ERP component)。常用的 ERP 成分命名方式为"字母+数字"，如 N100、P200 等，其中，字母 N 或 P 表示 ERP 成分的极性，P 表示正，N 表示负；字母后的数字表示 ERP 成分的潜伏期(latency)，即该成分在刺激开始后出现的时刻。在听觉感知相关的脑电研究中，因为涉及心理因素，所以重点关注 ERP 中的晚成分(潜伏期处于 50～500ms)，例如 P300、N400、N200 以及 MMN。

5.1.3.1　P300

P300（或 P3）是在刺激出现后 300ms 左右产生的正向偏转波形，如图 5-1 所示。一般通过 Oddball 范式中的偏差刺激诱发得到 P300，实验中通常要求被试者调动感官积极感受刺激信号。由于在相同的实验条件下，P300 比其他 ERP 成分更易诱发且幅度较大，因此自 1964 年 Sutton 首次发现并描述 P300 以来，P300 是选择性注意和大脑信息处理中被研究最多的 ERP 成分。

通常认为，P300 的波幅反映了大脑对背景或者工作记忆表征的更新（Duncan-Johnson et al.，1982）；偏差刺激出现概率的增大将导致 P300 波幅的降低。P300 潜伏期反映了大脑对刺激进行评价或分类所需的时间，它通常与偏差刺激的辨别难度有关（Polich，2007；Pritchard，1981）。一个正常成年人在辨别简单刺激的任务中，如辨别不同形状、不同颜色的刺激，P300 的潜伏期通常为 300ms；而在较难的任务中，如辨别两个频率相近的声刺激，P300 的潜伏期会增长。在不同的实验范式、刺激类型以及被试人群的情况下，P300 的潜伏期区间可拓展至 250～800ms（Polich，2007；魏景汉等，2010）。此外，被试者的年龄、手性、性别等都会对 P300（包括波幅和潜伏期）产生影响（Picton，1992）。因此，在选择实验对象时，应充分考虑被试者的生理特征对脑电实验结果的影响。有学者研究流动智力（fluid intelligence）和脑电生理表征之间的关系，结果表明：P300 与学习和记忆的个体差异有关，P300 波幅有可能成为个体学习和记忆标准心理评价的主要指标，可以协助教育机构进行习得技能的预测和评估（Amin et al.，2015）。

5.1.3.2　N200

N200（或 N2）是偏差刺激出现后 200ms 左右（180～320ms）产生的负波成分。N200 包括 N2a、N2b 和 N2c。通常，N2a 也称为失匹配负波 MMN（见下文），它的诱发和被试者注意力的参与没有必然关联；然而，紧随其后的 N2b 只有在被试者注意力参与的情况下才能被诱发；N2c 出现在分类任务（classification task）中（Remijn et al.，2014；Patel et al.，2005）。普遍认为，与 P300 一样，N200 与知觉和选择性注意的认知过程密切相关（Patel et al.，2005）。

5.1.3.3　失匹配负波 MMN

失匹配负波（mismatch negativity，MMN）是听觉脑电研究中一种重要的 ERP 成分。MMN 由标准刺激诱发的 ERP 波形与偏差刺激诱发的 ERP 波形相减而得，它反映了大脑对声刺激的自动加工处理过程，与听觉的基于记忆的预注意比较（pre-attentive comparison）认知过程相关联（Näätänen et al.，2007；Alho，1995）。在已有的 MMN 研究中，任何可辨别的声音属性的不同（如频率、时长、声强、音色、空间方位等）都可在 Oddball 范式中诱发出 MMN（Alain et al.，2000）。MMN 的波幅和潜伏期受标准刺激和偏差刺激之间差异程度的影响。当两者的可辨别差异非常明显时，MMN 的波幅将增大，潜伏期将缩短（Pakarinen et al.，2006）。

MMN 经常作为临床医学研究的辅助手段。例如，MMN 可用于精神分裂症等精神疾病的辅助诊断(Tada et al., 2019),以及对人工耳蜗植入患者的语言识别能力的评估工具(Turgeon et al., 2014)。需要指出的是,由于 MMN 的诱发不需要被试者的注意力参与,因此它在婴幼儿或意识不清醒病人的诊断方面具有明显的优越性。

5.1.3.4 N400

N400 是语言语义加工研究中最为常用的一种 ERP 成分。它由 Kutas 与 Hillyard 于 1980 年首次报道(Kutas et al., 2011)。实验中,当一个完整语句的句尾出现异常词(improbable or anomalous word)时,ERP 波形在 400ms 左右会出现一个负成分(即 N400)。N400 反映了大脑在处理语言时对词汇语义的检索过程,N400 的波幅反映了语言认知加工的困难程度;N400 的潜伏期反映了语言认知加工的速度。N400 的头皮分布比较广泛,它在大脑中线或者顶部位置具有最大负向幅度;左半球的 N400 波幅略小于右半球。采用颅内电极记录的实验发现,N400 的发生源可能位于侧副沟(collateral sulcus)与前梭状回(anterior fusiform gyrus)区域(Nobre et al., 1995)。

目前普遍认为 N400 与语义的加工、提取和记忆有关,揭示了大脑进行语义加工的认知规律与过程。然而,除了语言,含有寓意的图片、面孔画像等非语言刺激也可以诱发出 N400。因此,有研究推测:N400 是一种跨感知通道的表征,它对应着一个可同时响应语言刺激和非语言刺激的分布式、多模态、双半球的理解系统(Kutas et al., 2011)。

5.2 听觉定位因素相关的听觉 ERP 研究

确定声源的空间方位是听觉系统的一个重要功能。凭借准确的听觉定位能力,人类可以监测周围环境,定位重要事件,并在噪声背景下提高目标信号的捡拾效果。在视觉和体感系统中,刺激的空间方位信息可以直接投射到感知系统的接收端,而声刺激的空间方位只能由听觉系统复杂的神经计算来确定(Middlebrooks, 1991)。通常,听者可以借助两耳的空间分离特性以及生理结构对声波的滤波特性实现声源在三维空间中的定位,相关的定位因素包括双耳时间差(ITD)、双耳声级差(ILD)、谱因素等(Wright et al., 2006)。

人类大脑已经进化出一个相当复杂的声刺激检测系统,它能够持续监测周围声环境,追踪声信息的变化。声刺激检测系统包括一个自动的前注意过程(pre-attentive process),可将声场景(auditory scene)解析为一系列听觉流(auditory stream),分析其稳定性和新异性。一旦偏差(或新异)刺激被检测系统识别,将激活一个涉及前额活动的注意力"中断"(attentional interrupt),并进一步分析偏差刺激,判断是否值得投入注意或做出行为反应(Fritz et al., 2007)。如前所述,ERP 的 MMN 成分对声环境变化高度敏感,即使在睡眠、麻醉或注意力转移等状态下,MMN 依然可以对基本听觉事件做出反馈,因此 MMN 被公认为能够有效表征偏差刺激检测的前注意过程(Alain et al., 2000; Molholm et al., 2005; Fritz et al., 2007)。MMN 记录了当前刺激与前一参考刺激间之间感知记忆轨迹的差异,通常由 Oddball 范式中的偏差刺激诱发。根据被试者注意力的投入情况,脑电实验可分为主动听音与被动听音两种模式。主动听音模式要求被试者调动所有感官积极地感知声刺激；而被动听音模式要求被试刻意忽略呈现的声刺激。一般可通过放映无声影片、设置阅读任务等方式转移被试者注意，从而保障被动听音效果。无论是主动还是被动听音模式，MMN均能被稳定诱发。

为了研究ITD定位因素是否被运用于不同空间方位的偏差刺激的前注意检测(pre-attentive detection)，Nager等设计了被动听音实验。实验采用单通路白噪声(60ms长，44.1kHz采样，250～750Hz带通滤波)和ITD，合成了5种双耳声刺激信号：①ITD=0μs(即双耳无延时)的声刺激；②ITD=+900μs的声刺激；③ITD=+300μs的声刺激；④ITD=-900μs的声刺激；⑤ITD=-300μs的声刺激。上述声刺激中，①将形成一个正前方的声像感知，②和④将形成一个大角度偏侧的声像感知(称为远偏侧)，③和⑤将形成一个小角度偏侧的声像感知(称为近偏侧)。在Oddball范式中，将①作为标准刺激，出现概率$P=0.7$；而将②至⑤作为偏差刺激，每种刺激的出现概率$P=0.075$。采用耳机播放声刺激，声压级均设置为高于被试个人闻阈40dB；刺激间隔为200～300ms之间的随机数；共进行3次重复实验，每次实验包含1000个声刺激。ERP波形显示，相对于近偏侧信号，远偏侧信号可以诱发出更大波幅的MMN。进一步，对MMN波幅与声刺激偏侧程度(远/近)、声刺激呈现侧(左/右)、电极位置(F3/F4)的关系进行三因素重复测量方差分析(repeated measures analysis of variance，RM-ANVOA)。统计结果表明，影响MMN波幅的主效应为声刺激的偏侧性；电极位置与声刺激呈现侧(左/右)存在显著的交互效应。研究结果揭示了基于ITD的声刺激方位变化的一种自动检测机制，为听觉场景分析中的听觉流分离提供了前注意基础(Nager et al.，2003)。

Schröger等设计了被动听音实验，研究了声源偏侧(lateralization)的改变所诱发的MMN是否与高阶自动偏差检测过程相关的问题(Schröger et al.，1996)。实验采用的单通路信号为600Hz纯音，持续时间为50ms(包含5ms的淡入和5ms的淡出)，声压级固定为80dB。采用单通路信号和ITD合成多种双耳声刺激信号，开展了6组被动听音实验，每组实验包含1000个刺激，播放次序随机。实验包括：①有两组实验，它的标准刺激为ITD=+400μs声刺激(出现概率$P=0.86$)，而偏差刺激为ITD=+700μs的声刺激(出现概率$P=0.14$)；②有两组实验，它的标准刺激为ITD=-400μs的声刺激(出现概率$P=0.86$)，而偏差刺激为ITD=-700μs的声刺激(出现概率$P=0.14$)；③有两组实验，包含ITD=-70μs，-400μs，-200μs，0μs，+200μs，+400μs，+700μs的等概率声刺激，即不区分标准刺激和偏差刺激。其中，①和②包含的4组实验为实验组，③包含的2组实验为控制组。使用两种方式计算MMN，即传统方式和修正方式。传统方式采用实验组中偏差刺激(ITD=±700μs)的ERP减去实验组中标准刺激(ITD=±400μs)的ERP；而修正方式采用实验组中偏差刺激(ITD=±700μs)的ERP减去控制组中特定声刺激(ITD=±700μs)的ERP。统计检验表明：两种方式均可获得明显的MMN成分；相对于传统方式MMN，修正方式MMN的波幅显著减小而潜伏期显著增长。这说明大脑会自动检测声源偏侧性的变化，排除了神经不应期导致的感觉适应在声源偏侧诱发MMN过程中的主导作用。

在听觉定位过程中，大脑将从双耳声信号中提取出的多种定位因素进行信息融合(cue integration)，从而对周围声环境形成一个明确的整体感知。双耳时间差(ITD)和双耳声级差(ILD)是声源偏侧定位的主要决定因素，Altmann 等通过测量 MMN 研究了 ITD 和 ILD 因素融合的神经机制(Altmann et al.，2017)。如图 5-3 所示，实验设计了两种类型的 ITD/ILD 组合：(a)(ITD+ILD)，即由左/右偏侧一致的 ITD 和 ILD 引起的自然颅内声像偏侧感知；(b)(ITD-ILD)，即由左/右偏侧不一致的 ITD 和 ILD 引起的不自然颅中央声像感知。采用的单通路信号为 500Hz 的纯音和 4kHz 的调幅信号。上述两种 ITD/ILD 组合和两种声信号可合成四类刺激。如图 5-3 所示，声刺激以流动 Oddball(roving Oddball)范式呈现：偏差刺激定义为重复呈现一种刺激之后的第一个不同种刺激，然后重复呈现该不同种刺激并将其作为之后的标准刺激，如此循环。实验结果表明，不一致偏侧的(ITD-ILD)组合诱发出的 MMN 波幅在 129ms 左右出现明显的峰值，但这种效应只出现在较低的频率(例如 500Hz)；此外，两种 ITD/ILD 组合(一致/不一致偏侧)诱发出的 MMN 无显著差异。这说明，至少在较低的频率(例如 500Hz)，ITD 和 ILD 因素在诱发 MMN 的相应听觉皮层处是被分别处理的。

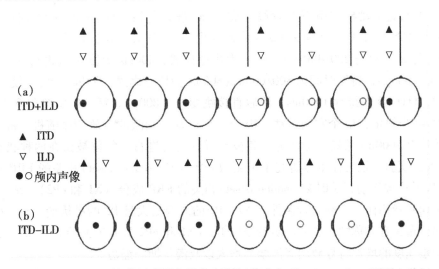

图 5-3 双耳定位因素研究的实验设计(修改自 Altmann et al.，2017)

大脑不仅可以感知和处理声源的空间方位信息，还可以感知和处理声源空间方位的实时变化信息，空间注意机制可能在后者中发挥重要作用(Fritz et al.，2007)。Shestopalova 等通过区分声刺激的开始时刻(sound onset)和声像运动的开始时刻(motion onset)，从而区分声反应(energy-onset response，EOR)和运动反应(motion-onset responses，MOR)，并进一步研究了 ERP 成分和声刺激的运动速率之间的关系(Shestopalova et al.，2018)。单通路声信号为 100～1300Hz 的带通滤波白噪声(96kHz 采样)，声压级设置为高于被试闻阈 50dB，持续时间为 2000ms，淡入和淡出时间均为 10ms。通过调整 ITD，设计了静止、快速运动、慢速运动和跳跃四种声刺激运动模式，其中跳跃模式可以视为一种极快速的运动模式；每种运动模式的起始位置都设置在被试者的正前方。静止模式下 ITD=0，相应的声像位于头部正前方，快速运动、慢速运动与跳跃模式如图 5-4 所示。

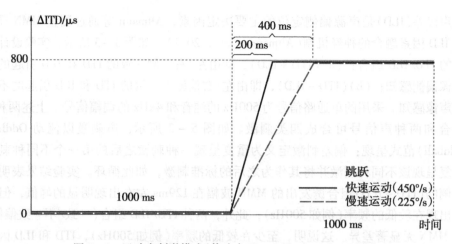

图 5-4　运动声刺激模式（修改自 Shestopalova et al., 2018）

快/慢速运动模式由三个阶段构成：(a)静止阶段，ITD = 0，持续时间为 1000ms；(b)变化阶段，ITD 从 0 到 ±800μs 线性变化（负号代表向左的运动，正号代表向右的运动），持续时间为 200/400ms（200ms 为快速模式，400ms 为慢速模式）；(c)保持阶段，ITD = ±800μs，持续时间为 800/600ms（800ms 为快速模式，600ms 为慢速模式）。跳跃模式中，ITD = 0 先持续 1000ms，然后直接跳变至 ±800μs。每一组实验包含 120 个刺激，其中 40 个静止、40 个左向运动、40 个右向运动。刺激的播放顺序随机，每个刺激播放前后均有 1000ms 间隔。主动听音和被动听音交替进行，每位被试在两种状态下各进行 3～5 组实验。该工作重点研究了声刺激开始时刻（sound onset）相关的 ERP 成分（N1 和 P2）以及声像运动开始时刻（motion onset）相关的 ERP 成分（cN1 和 cP2）。统计结果表明，和被动听音相比，主动听音条件下 N1、P2 的波幅更大且 P2 的潜伏期更长，两种成分的空间分布具有对称性；在主动听音条件下，cN1 和 cP2 具有较大的波幅和较长的潜伏期，而刺激速度的增加将导致两者波幅的增大以及潜伏期的缩短。

场景分析（scene analysis）需要从背景中分离出特定对象以及区分各相互重叠对象，它是视觉和听觉感知的一个基本阶段。听觉系统对复杂的信息流进行解码，使听者可以辨识时间上交叠的多个听觉对象（auditory objects）之间的边界（auditory edges）。从这个角度上看，听觉系统的听觉对象感知类似于视觉系统通过等亮色、运动以及双眼视差来感知视觉对象。当声源在听者周围运动时，双耳声信号被多种因素（如 ITD、ILD、耳廓的定向滤波特性、空间的混响特征）调制。尽管如此，听觉系统依然能够从复杂的空间信息中提取出有效信息，将物理声刺激映射成为听觉感知对象（Butcher et al., 2011, Carlile et al., 2016；Ducommun et al., 2002；Rogers et al., 1998）。当运动声源突然从它的一条运动轨迹上消失，并即刻出现在另一条运动轨迹上时，听者可感知到两个有明确时间边界的听觉对象。Butcher 等研究了这种运动声源轨迹突变所产生的听觉对象分割感知及其诱发的脑电反应（Butcher et al., 2011）。利用 VBAP（vector-based amplitude panning）虚拟声像合成技术，实验采用 5 个分别布置在水平面 $\theta = 0°$、±25.71°、±51.42°的扬声器模拟所需的运动轨迹模式。共设计了三种运动轨迹模式，它们都关于听者前方的中线呈空间左右对称。①单向扫动轨迹：声源从起始位置开始，连续运动到对侧镜像位置，时长

1s。② 运动轨迹重置：声源不间断地重复两次单向扫动轨迹，时长 2s。在这种情况下，声源方位经历了从镜像端点回到起始位置的不连续跳跃。③ 运动轨迹反转：声源从起始位置开始，连续运动到对侧镜像位置，然后反转方向回到起始位置，时长 2s。实验采用 14kHz 低通滤波的白噪声刺激，并分别以 ±51.42° 为起始位置实现上述 3 种运动轨迹模式，故可模拟 6 种不同的声源运动过程。18 位被试者（2 男，16 女）端坐于由 14 个水平均匀间隔放置的扬声器围成的圆环中央（其中仅 5 个扬声器用于运动声源的模拟），圆环半径为 1.27m。实验中每种声源运动过程重复 60 次，每次聆听结束后要求被试者指出声像的运动轨迹。结果表明，在运动轨迹重置的情况下，被试者感知到两个具有时间边界的听觉对象，而不是同一个声源（同一个听觉对象）突然跳转到两个不同的空间位置；在运动轨迹反转的情况下，被试者只是感知到同一个声源（同一个听觉对象）运动方向的改变。可见，声源在空间的不连续运动为听觉系统提供了一种强烈的感知信息（即在听觉场景中出现了一个新的听觉对象），而声源运动方向的反转无法引发这种感知。相应的脑电结果表明，不连续的运动将在 FC3/FC4 电极位置附近诱发出偏侧的对象相关负波（lateralized object-related negativity，LORN），其潜伏期约为 150ms 且出现在运动声源再次出现的对侧半球；LORN 与声刺激诱发的 N1、P2 成分在脑地形图分布和潜伏期上存在显著差异。

在同时存在多个声源的典型听觉场景分析中（如"鸡尾酒会"场景），听觉系统需要解析来自不同（物理）声源的声信息，并将其合理分配至对应的听觉感知对象。谐波调和性（harmonicity）是并行声流分离的重要依据之一。由多个音调元素组成的复合音可以根据其频率特征进行分离与识别，当一个谐波序列中低频成分的失谐程度增加时，同时听到多个听觉对象的可能性也会增加，可感知到失谐部分从复合音中"弹出"（pop out）。声源的空间方位差异是另一个并行声流分离的重要依据，例如，语音识别准确度将随着并行语音流的空间分离度的增加而提高。McDonald 等采用听觉 ERP 测量的实验手段，深入探究了谐波因素和空间方位因素在并行声流分离中的作用（McDonald et al.，2005）。实验所用声刺激为 10 个强度相同的谐波组成的复合音（基频 f_0 为 200Hz），持续时间为 400ms（包含 10ms 的淡入淡出）。实验中，相对于其他谐波，第三次谐波可能存在 0%、±2% 和 ±16% 的频率偏移，也可能存在空间位置的差异，因此共构造出 6 种（3 种频率偏移×2 种播放位置）等概率的声刺激。被试者需要完成主动和被动两类实验：① 主动听音实验包含 864 个刺激（6 种声刺激类型×144 次重复），被试者需要判断听到一个声音（即复合音）还是两个声音（即复合音+纯音），并快速按下对应按钮做出反馈，反馈完成 1.5s 后播放下一个刺激；② 被动听音实验包含 1560 个刺激（6 种声刺激类型×260 次重复），刺激间隔（inter-stimulus interval，ISI）在 800～1200ms 之间随机变化。被动听音实验要求被试者观看一部无声电影，以尽量忽略听到的声刺激。声刺激通过对称地放置在被试前方左右两侧的两个扬声器（扬声器距离被试者 1.58m，相互间隔 2.23m）播放。听觉 ERP 结果表明，频率偏移 16% 的三次谐波最容易从复合声刺激中分离出来且可形成单独的听觉对象，同时可诱发叠加在 N1 和 P2 成分上的对象相关负波（object-related negativity，ORN）；对于频率偏移 2% 的三次谐波，只有当其出现在与其他谐波不同的空间方位时，ORN 才会出现。研究表明，听者可以根据谐波的调和性或空间方位信息进行并行声流的分离；而当谐波因素出现混淆时，谐波因素和空间方位因素的结合是形成声流分离感知的主要原因。此外，谐波的频率偏移对大脑活动的影响在主动和被动听音中都存在，而谐波空间方位的变化对大脑活动的影响只在主动听音时才被观察到。由此推测，基于谐波空间方位信息的并行声流分离可能比基于谐波调和性的声流分离更大程度地依赖自上而下的注意过程。

听觉系统综合利用多种定位因素，例如双耳声级差（ILD）、双耳时间差（ITD）和谱因素（耳廓的方位滤波特性）等，进行声源空间定位。如前所述，已有学者采用心理和生理的方法对基于 ITD、ILD 的听觉定位脑过程进行了研究，但基于谱因素的听觉定位脑过程的研究相对缺乏。Röttger 等通过被动听音实验诱发的 MMN，探究了基于谱因素的声源定位的电生理过程（Röttger et al.，2007）。声刺激采用带通白噪（0.2～8kHz，时长80ms，包括1ms 淡入淡出），通过布置在水平面4个特定位置（θ = 22.5°，67.5°，112.5°，157.5°）的扬声器重放，扬声器距离听音位置3m。如图5-5所示，图中白色圆点代表标准刺激的位置，黑色圆点代表偏差刺激的位置。根据标准刺激与偏差刺激空间位置的不同，设计了4四种实验范式：①22.5°扬声器的重放声作为标准刺激，67.5°扬声器的重放声作为偏差刺激；②112.5°扬声器的重放声作为标准刺激，67.5°扬声器的重放声作为偏差刺激；③67.5°扬声器的重放声作为标准刺激，112.5°扬声器的重放声作为偏差刺激；④157.5°扬声器的重放声作为标准刺激，112.5°扬声器的重放声作为偏差刺激。实验范式中，每种类型的偏差刺激重复出现150次，概率为10%。为了消除非空间因素对被试者空间方位判断的影响，采用了个性化的扬声器频响的均衡处理，使得所有位置处的宽带噪声具有相同的特性。需要注意的是，67.5°与112.5°是位于同一个混乱锥内的两个水平位置，因此范式②和范式③中对这两个位置处声像的定位过程将不依赖 ITD、ILD 等差异性因素。研究将范式②和范式③中偏差刺激诱发的 MMN 称为 cocMMN（cone of confusion MMN），而将范式①和范式④中偏差刺激诱发的 MMN 称为 fsMMN（full-scale MMN）。实验结果表明，所有范式的偏差刺激均可诱发出明显的 MMN。统计检验表明，fsMMN 与 cocMMN 在波幅上无显著性差异，但 cocMMN 的潜伏期显著更长。cocMMN 可能反映了利用耳廓滤波特性进行声源定位的认知过程，其较长的潜伏期说明基于谱因素的声源定位可能比基于 ITD、ILD 等差异性因素的声源定位更加耗时。研究认为，通过听觉 ERP 探究自由场声源定位的谱因素处理是可行且有效的；在听觉定位的大脑皮层处理过程中，ITD 和 ILD 的处理密切相关，两者诱发的 MMN 具有一定程度的叠加特性，而谱因素的处理明显异于 ITD 和 ILD 的处理。

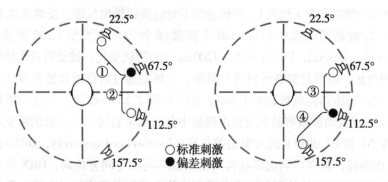

图5-5 谱因素研究的4种实验设计（修改自 Röttger et al.，2007）

5.3 头相关传输函数相关的听觉 ERP 研究

5.3.1 基于 HRTF 虚拟声技术的听觉 ERP

5.2 节采用耳机或者扬声器重放的方式分别研究了 3 大定位因素(ITD、ILD 和谱因素)及其组合(ITD±ILD)所对应的脑电反应。实际上,人类的双耳听觉定位是多因素协同作用的结果,因此 5.2 节的实验属于简化的理想实验。为了更全面的模拟和更灵活的调控听觉定位因素,有研究将基于头相关传输函数 HRTF 的虚拟声合成和重放技术引入听觉定位相关的脑电研究(Dong et al.,2017)。一方面,HRTF 反映了自由场情况下头部、耳廓和躯干等构成的生理系统对入射声波的影响,可以从双耳 HRTF 中提取出三大定位因素(ITD、ILD 和谱因素),因此基于 HRTF 的脑电实验为全面探究定位因素提供了可能。另一方面,基于 HRTF 的虚拟声重放只需一对耳机,对实验条件的要求较低。

Sonnadara 等采用基于 HRTF 的虚拟听觉技术研究了空间分离和刺激概率对听觉 ERP 的影响(Sonnadara et al.,2006)。虚拟声刺激(1kHz 纯音,持续 50ms)通过耳机重放,声压级约为 65dB(C)。利用 HRTF 调控声源的空间方位,设计了两种基于经典 Oddball 范式的水平面被动听音实验。实验 1 包括 3 组信号,每组信号包含 5000 个声刺激。标准刺激位于正前方($\theta=0°$),偏差刺激位于 $\theta=\pm30°$、$\pm90°$(即 4 种偏差刺激),所有刺激都以 104ms 的间隔随机呈现,且每个偏差刺激前至少有两个标准刺激。3 组信号的差异在于刺激概率,3 组信号中标准刺激的概率分别为 70%、80%、90%,因此每组信号中每种偏差刺激的概率分别为 7.5%、5%、2.5%。实验 2 和实验 1 类似,只是不同空间方位的 5 种刺激(1 种标准刺激和 4 种偏差刺激)的出现概率均为 20%。实验结果表明,实验 1 中 ERP 差异波(即偏差刺激诱发的 ERP 减去标准刺激诱发的 ERP)在刺激开始后 100～170ms 区间出现一个显著的负峰,而在 200～260ms 区间出现一个显著的正峰;两者的波幅都随着偏差刺激概率的减小而增大,随着偏差刺激偏离标准刺激的角度的增大而增大。然而,在等概率的实验 2 中却没有观察到类似的现象。这说明:实验 1 中观察到的 ERP 差异波是声刺激呈现的内在联系变化(contextual changes)所诱发的结果,而不是由声学特征变化所诱发。此外,研究认为实验 1 中的负峰成分即为 MMN,反映了对声刺激变化的自动检测,而其后的正峰成分类似 P3a,反映了对小概率声刺激的无意识注意捕获。

在现实生活中,听者的头部经常不自觉地发生轻微转动(Wallach,1940;Populin,2006)。大脑能够检测并补偿这种自发的头部运动,并在非自我中心坐标系中产生一个稳定的听觉对象(Vliegen et al.,2004)。Altmann 等采用 HRTF 虚拟听觉技术和脑电 MMN 指标,探讨了空间动态听觉信息在听觉皮层的表征是基于自我中心坐标系还是非自我中心坐标系的问题(Altmann et al.,2009)。研究涵盖了声源在头相关坐标系(head-related coordinate system)和非自我中心坐标系(allocentric coordinate system)中的空间方位变化。声源采用带通噪声(250～4000Hz),持续时间为 250ms,采样率为 44.1kHz,声压级设置为 78dB(A);HRTF 来自 KEMAR 人工头的测量数据。虚拟声刺激通过一对气导耳机

(air-conducting plastic tubes)进行重放,固定在水平面 $\theta = 0°$ 和 $\pm 30°$ 位置处的 3 个红色 LED 提供视觉提示。通过 Oddball 范式诱发 MMN,其中标准刺激重复播放 3 到 4 次;最后一个标准刺激播放结束后 50ms,点亮 LED 灯提示听者进行头动,头动后(实际以 LED 提示后 1700ms 为准)播放偏差刺激。有两种偏差刺激:头相关坐标系的偏差刺激(head-related deviant, hrDev),指头动后播放的声刺激位置与标准刺激相同;非自我中心坐标系的偏差刺激(allocentric deviant, alDev),指头动后播放的声刺激位置跟随头部旋转,与头部的相对位置保持不变。共进行了 4 种实验,如图 5-6 所示:(a)处于水平面 $\theta = 0°$ 的声刺激为标准刺激,被试者根据 LED 指示将头转向 $\theta = +30°$,头动后播放的 $0°$ 或 $+30°$ 声刺激为偏差刺激;(b)处于水平面 $\theta = +30°$ 的声刺激为标准刺激,被试者根据 LED 指示将头转向 $0°$ 位置,头动后播放的 $0°$ 或 $+30°$ 声刺激为偏差刺激;(c)处于水平面 $\theta = 0°$ 的声刺激为标准刺激,被试者根据 LED 指示将头转向 $\theta = -30°$ 位置,头动后播放的 $0°$ 或 $-30°$ 声刺激为偏差刺激;(d)处于水平面 $\theta = -30°$ 刺激为标准刺激,被试者根据 LED 指示将头转向 $0°$ 位置,头动后播放的 $0°$ 或 $-30°$ 声刺激为偏差刺激。上述每种实验包含 364 个声刺激(其中含 80 个偏差刺激),刺激播放的频率为 0.5Hz;4 种实验的运行顺序随机。脑电结果表明,头相关坐标系的偏差刺激 hrDev 和非自我中心坐标系的偏差刺激 alDev 均能诱发出 N100 及类似 P300 的正峰成分,仅头相关坐标系的偏差刺激 hrDev 能够诱发出显著的 MMN 成分。这表明,听觉 MMN 反映了头相关坐标系内基于双耳定位因素的空间差异,运动和听觉的整合可能发生在听觉处理信息流的后期。

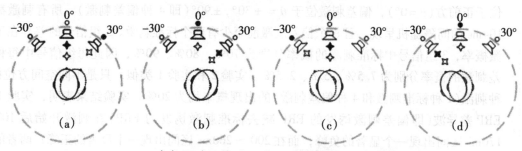

●点亮LED灯 ○熄灭LED灯 ◆标准刺激 ◇偏差刺激

(实线头像的朝向是头部的初始方位,虚线头像的朝向是头部转动后的终止方位)
图 5-6 头动的 4 种实验设计(修改自 Altmann et al., 2009)

通常,对于存在相对时延的两个声刺激,超前的声刺激(leading sound)可以抑制滞后的声刺激(lagging sound 或 echo),从而在听觉感知中占据主导地位。这种现象称为优先效应(precedence effect)或回声抑制(echo suppression)。通常认为,回声抑制涉及两类机制:空间移位(spatial translocation)和目标捕获(object capture)。空间移位指滞后声的感知空间方位转移到超前声的实际空间方位上,而目标捕获指在超前声的实际空间方位上,滞后声和超前声发生了声像融合。这两种机制及现象经常相伴相生。例如,对于咔嗒声(click),相对延迟处于 1~5ms 时可能出现超前声对滞后声的目标捕获,而当相对延迟处于 1~9ms 时有可能出现滞后声向着超前声的空间移位。Backer 等采用基于 HRTF 的虚拟听觉技术研究了回声抑制中上述两种机制的时间进程(Backer et al., 2010)。实验采用双相咔嗒声(包含 12 个采样点,其中 6 个设置为正,6 个设置为负)为信号源,并测量了每位听者在水平面 $\theta = \pm 45°$ 的个性化 HRTF。为了精准调控听者的感知状态，通过自适应"一上一下"阈值测量方法测量了每位被试的回声感知阈值，即被试者有 50% 的概率感知到滞后声存在时的相对时延。如图 5-7 所示，研究采用 3 种声刺激序列诱发出的 5 种感知状态(a)~(e)，要求指出感知到的听觉对象的数量(1 个或 2 个)及其所在方位($+45°$或$-45°$或$\pm 45°$)。状态(a)中声刺激只是单个咔嗒声，被试将形成单个听觉对象的感知，称为单状态(single)；而在状态(e)中相对时延为 35ms 的超前/滞后声组合，将使被试者感知到方向(左右)相反的两个听觉对象，称为双状态(double)。如果超前/滞后声组合的相对时延设置为被试者的回声感知阈值，被试者有可能感知到超前声的单一听觉对象，即发生了回声抑制，这种状态称为抑制状态(suppressed)；被试者也可能感知到滞后声出现在超前声的同侧，此时原本异侧的滞后声已在听觉上转移到了超前声同侧，这种状态称为居中状态(intermediate)；最后，被试者也可能感知到超前声和处于异侧的滞后声共计两个听觉对象，此时回声抑制被解除，故这种状态称为去抑制状态(not suppressed)。脑电结果表明，感知状态(即单状态，抑制状态，居中状态，去抑制状态，双状态)是影响 P1、N1、P2 成分(波幅和潜伏期)的显著因素。产生单状态感知的声刺激诱发的 N1 波幅显著小于其他 4 种感知状态，因此 N1 波幅反映了滞后刺激是否客观存在，而不是是否被感知。相对于去抑制感知状态，形成居中与抑制感知状态的声刺激所诱发的 N1 成分的潜伏期更短，这说明 N1 潜伏期反映了听觉对象的空间移位。此外，P2 潜伏期满足：单状态、抑制状态、居中状态、去抑制状态、双状态依次增长。由于这 5 种感知状态对应着听觉对象融合概率的逐渐减小，因此 P2 潜伏期可能反映了听觉对象融合的概率或难易程度。Backer 等的重要推论是，回声抑制发生在声刺激到达听觉皮质的早期阶段，而大脑对于滞后声的空间移位先于目标捕获(或声像融合)。

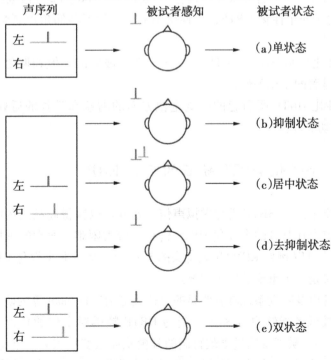

图 5-7　回声抑制的实验设计(修改自 Backer et al., 2010)

5.3.2 个性化和非个性化 HRTF 的听觉 ERP

第 2 章指出，HRTF 因人而异，具有个性化特征。行为学实验结果早已表明，高质量的（静态）虚拟声重放需要采用个性化 HRTF 进行信号处理，而非个性化的 HRTF 将导致听觉定位效果的下降（Wenzel et al., 1993）；然而，个性化和非个性化 HRTF 的脑电特征及其差异的研究却一直缺乏。

2016 年，Wisniewski 等采用基于 HRTF 的虚拟听觉技术研究了 HRTF 个性化特征的脑电 ERP 特征，并探讨了 ERP 特征与个性化 HRTF 引发的中垂面仰角定位效果提升之间的关联（Wisniewski et al., 2016）。实验测量了 12 名被试者和 KEMAR 人工头的 HRTF（共计 13 种 HRTF），并将其分别与一段 250ms 长的白噪声（含 10ms 淡入淡出）进行卷积，合成了中垂面上不同仰角（$\varphi = 0°$，$10°$，$20°$，$30°$，$40°$，$50°$，$60°$，$70°$，$80°$ 和 $90°$）的双耳虚拟声信号。脑电实验采用流动 Oddball 范式（roving oddball paradigm），即每组噪声序列的第一个噪声刺激定义为偏差刺激，依次播放的两组临近的噪声序列互为标准组与偏差组。对每种 HRTF 进行了 3 次重复实验，每次实验包含 60 组刺激序列，每组刺激序列由相同目标仰角、均匀间隔 1024ms 的 5～10 个声刺激（虚拟声信号）组成，每组刺激序列包含的刺激数目和目标仰角都是随机的。被试者的任务是检测每组刺激序列第一个刺激（即目标仰角的变化），并按下按钮。

行为学实验结果表明，个性化 HRTF 有助于提高听者对仰角变化的检测灵敏度，再次证实了个性化 HRTF 在仰角定位方面的优势。脑电实验结果表明：

（1）HRTF 条件（个性化或非个性化）不是影响 N100、P200 波幅的显著性因素；

（2）相对于非个性化 HRTF，个性化 HRTF 条件下各仰角声刺激诱发出的 P300 波幅显著更高；

（3）个性化与非个性化 HRTF 条件下，P300 波幅的差值和仰角变化检测准确率的差值之间具有显著的正相关性；

（4）个性化 HRTF 所引起的听觉定位方面的增益和听觉的后处理过程（post-sensory processes）密切关联。

5.3.3 非个性化 HRTF 矫正的听觉 ERP

虽然采用个性化 HRTF 进行虚拟声信号处理可以获得高品质的听觉效果，然而在实际应用中获取潜在听者的个性化 HRTF 仍存在较大困难，通常的虚拟声产品主要还是采用非个性化 HRTF（例如 KEMAR 人工头的 HRTF）。提升非个性化 HRTF 相关的虚拟声产品的听觉效果是一个重要的应用问题。

人类大脑以及听觉系统具有明显的自适应能力。Hofman 等的研究表明：经过数周的适应过程，被试者能够自我矫正畸变的 HRTF 频谱对定位的负面影响（Hofman et al., 1998）。实验中，被试者通过佩戴特制的耳模从而改变接收到的谱特征信息。实验发现：在佩戴初期，被试者的仰角定位准确性有明显下降，但是水平定位准确性几乎没有影响；

后续被试者佩戴耳模进行日常生活,其仰角定位能力逐渐恢复,6周后基本恢复到未佩戴耳模时的水平。这说明,人类听觉自身具有可塑性,可以通过自适应的过程矫正声像方位畸变。此外,大脑可以同时接受多种感官刺激(例如声刺激、光刺激等),并具有多感官信息整合的功能特异区。生理学和心理学的研究认为,多感官功能区和单感官功能区存在双向的反馈连接。以视觉和听觉为例,理想条件下的视听觉信息整合可以增强听觉效果。Kato 等以中垂面为界,将空间均分为左右两侧,视觉信号和听觉信号以随机的方式同侧或异侧出现,要求被试者判断声信号的移动方向(Kato et al., 2001)。实验发现,当视觉信号和听觉信号同侧出现时(即空间方位一致),被试者可更为容易和正确地判断声信号的移动方向。这个实验现象表明:视觉信号不仅有助于听觉感知处理过程(即难易程度),而且有利于提高听觉感知的精度(即准确程度)。

基于上述研究结果,我们假设:可以采用视听交互增强的听觉训练方法矫正非个性化 HRTF 所导致的声像方位畸变。为此,我们设计、实现了具有视听交互功能的虚拟听觉重放实验平台(Zhong et al., 2015;章杰等,2016),如图 5-8 所示。

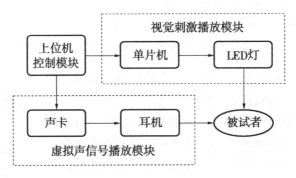

图 5-8 基于视听交互的虚拟听觉重放实验平台

本实验平台主要包括上位机控制模块、虚拟声信号播放模块、视觉刺激播放模块等。

上位机控制模块负责视觉刺激和虚拟声信号的有序播放,它是实验平台的控制中心。上位机控制模块由一台个人笔记本电脑 PC 实现,通过 PC 软件编程控制电脑的外设接口,包括通过 USB 接口与虚拟声信号播放模块连接、通过串行通信接口 UART 与视觉刺激播放模块连接。图 5-9 是具体的上位机控制软件代码流程图,展示了本实验平台的两种工作模式,即视听交互训练模式和定位实验模式。被试者在视听交互训练前和训练后需要进入定位实验模式(详见后续的心理声学实验设计),而需要进行视听交互训练时则进入视听交互训练模式。在定位实验模式中,被试者不接收视觉信号刺激,只接收不同方位的虚拟声信号,然后进行主观判断,反馈给上位机控制模块,保存定位结果;而在视听交互模式中,被试者不仅要接收虚拟声信号播放模块发出的不同方位的虚拟声信号,还需要同时接收视觉信号刺激,并利用视觉信息矫正所感知的畸变的虚拟声像方位。

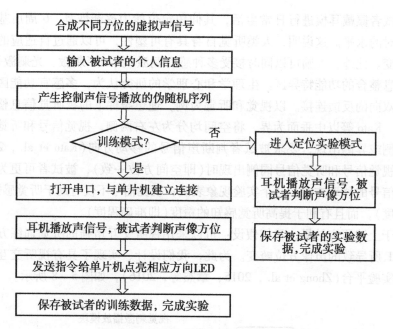

图 5-9 上位机控制模块的软件代码流程图

视觉刺激播放模块负责视听交互训练时提供视觉刺激。该模块需要和上位机控制模块保持通信，随时接收控制指令，并迅速产生相应空间方位的视觉信号。为此，我们选用一款单片机（AT89S52）与上位机软件进行通信；同时，选用红色 LED 灯连接该单片机。图 5-10 是视觉刺激播放模块软件代码流程图。首先，初始化 AT89S52 单片机，并控制通用 GPIO 口将 LED 灯全部熄灭；然后，打开串口，设置波特率，与上位机控制软件建立通信连接；最后，AT89S52 单片机一直等待上位机软件发送指令，一旦接收到指令，立即解码，并将相应方位 LED 灯点亮或者熄灭。

虚拟声信号播放模块负责将合成的不同空间方位的虚拟声信号通过耳机馈给被试者，其中对虚拟声信号播放流程的控制已在上位机控制模块完成（具体的，上位机控制模块调用 PC 的音频底层接口，从而控制虚拟声信号播放）。虚拟声信号播放模块包括外置声卡和耳机。本实验平台的虚拟声信号播放模块具体采用 ESI 公司的 MAYA22USB 外置声卡。该声卡采用 ASIO 接口，可以有

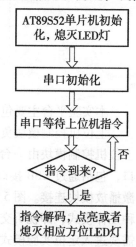

图 5-10 视觉刺激播放模块的软件代码流程图

效减少系统对音频流信号的延迟，增强声卡硬件的处理能力，以满足视听交互训练中视觉信号和听觉信号严格同步的需求。外置声卡通过 USB 接口与 PC 连接，实现即插即用。外置声卡接收上位机控制模块发来的合成的虚拟声信号，进行 D/A 转换后，通过耳机播放给被试者。虚拟声信号播放模块采用的耳机是森海塞尔公司的一款入耳式专业耳机 IE80。

为了探究非个性化 HRTF 虚拟声像矫正过程中视听交互训练相关的脑机制，在开展

心理声学定位实验的同时，我们也测量了被试者的听觉ERP(Cai et al., 2018)。实验流程设计如图5-11所示。所有被试者均经历预备期、第1天、第2天、第3天四个阶段。

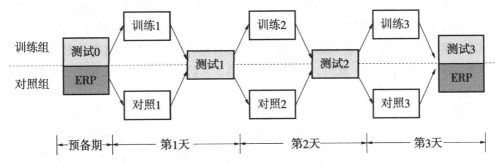

图5-11 训练组和对照组的实验流程

KEMAR人工头是依据大量人群平均生理参数制成的假人模型。由于其生理结构具有代表性，因此KEMAR HRTF被认为是一种典型的非个性化HRTF，广泛应用于各种虚拟听觉重放相关的实际应用。我们选用麻省理工学院MIT媒体实验室测得的KEAMR HRTF数据(Gardner et al., 1995)。该数据库包括710个方向的远场($r=1.4\text{m}$)时域HRIR(采样率44.1kHz，512点长度)。测量时，KEMAR的左耳和右耳分别装配了小号耳廓(DB-061)和大号耳廓(DB-065)，可以通过左右镜像反演得到小号耳廓和大号耳廓对应的两套HRTF数据。由于小耳廓更符合亚洲人群的耳廓特征，我们的实验采用小耳廓的KEMAR HRTF数据。

5.3.3.1 视听交互训练对水平面虚拟声像畸变的矫正

选取10名在校大学生为被试者(5男5女)，随机均等分配到训练组和对照组中。所有被试者听力和视力(或矫正后视力)均正常。所有被试者此前均未接受任何类似的视听交互训练。实验中发现对照组一名被试者的定位能力明显偏离正常水平，故将其数据舍弃。

实验采用顺时针球坐标系，仰角$\varphi=0°$表示水平面，水平面上方位角0°、90°、180°分别表示正前、正右、正后方向。在双耳虚拟声信号的合成中，采用目标方位的KEMAR HRTF对200ms单通路白噪声($0\sim20\text{kHz}$)进行滤波；此外，为了消除重放中耳机的影响，采用KEMAR的耳机到耳道传输函数(HpTF)对合成双耳声信号进行耳机均衡。

如图5-11所示，实验分4天完成，分别为预备期，第1天，第2天，第3天四个阶段。在预备期，两组被试者均进入定位测试0，对水平面$\theta=0°\sim180°$之间均匀间隔5°的37个目标方位进行感知定位；每个方位随机重复4次，每个试听者将听到148个虚拟声播放片段；测试持续大概30min。在第1天阶段，训练组被试首先进入训练1，对水平面$\theta=0°\sim180°$之间均匀间隔15°的13个方位进行视听交互训练，每个方位重复4次，每个试听者将听到52个虚拟声播放片段。训练方式为：试听者判断感知声像方位后，处于目标方位的红色LED灯(视觉刺激)将和虚拟声信号同步出现，直至声信号连续播放10次。训练过程中，要求试听者全神贯注地进行视听交互学习感知，将所听到的声信号主动映射至视觉信号指引的目标方位。对于对照组，试听者完成测试0之后进入对照1。在对照1中，对照组被试听者听到的声信号和训练组试听者是相同的，只是前者只需对重放声像的方位进行定位判断,而不接受视听交互训练。在第1天,训练组完成训练1以及对照组完成对照1之后,都将进入定位测试1,即两者都需要对水平面 $\theta=0°\sim180°$ 之间均匀间隔5°的37个目标方位进行感知定位,用以评估第1天阶段的效能。第2天阶段和第3天阶段的实验步骤和第1天阶段的相似。需要强调的是,所有的测试过程(测试0、测试1、测试2和测试3)都选取了水平面37个目标方位,而训练过程和对照过程只选取了水平面13个目标方位。此外,在预备期和第3天阶段,两组被试者在完成定位测试的同时进行ERP脑电测量。

图5-12和图5-13分别是训练组和对照组中每名被试者在实验各个阶段的定位结果,图中圆圈表示被试每次定位实验的结果。实验中发现,大多数被试者出现了前方和后方声像的混淆,包括①对于前方的目标声像,感知方位出现在后方的镜像位置,即前后混乱;②对于后方的目标声像,感知方位出现在前方的镜像位置,即后前混乱。我们

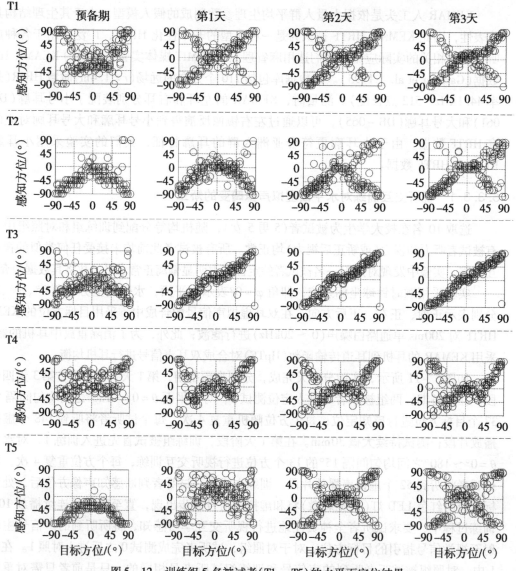

图5-12 训练组5名被试者(T1~T5)的水平面定位结果

将上述两种混乱情况统称为前后混乱。为了直观的表征这种现象，所有实验结果采用 $\theta' = 90° - \theta$ 进行转换表示。转换后，θ' 为 90°、0°、-90° 分别表示正前方、正右和正后方。理想情况下，虚拟声像的空间方位未发生畸变，被试者感知的声像方位角度和目标方位角度理应完全一致，图 5-12 和图 5-13 中的圆圈（即定位结果）应该出现在对角线上。然而，从图 5-12 训练组被试者的定位结果可以看出，在预备期阶段每名被试者均出现一定程度的定位偏差，这与其他非个性化 HRTF 虚拟听觉重放的研究结果是类似的。经过 3 天的视听交互训练，定位结果越来越接近对角线分布。这说明，被试者水平面定位的准确性随着训练天数的增加而逐渐提高。另一方面，图中可以看出，5 名被试者在预备期前后混乱率都非常严重；然而，经过 3 天视听交互训练后，前后混乱率也稳步减小。同样，从图 5-15 对照组被试者的定位结果可以看出，虽然在第 1 天，第 2 天，第 3 天被试者未接受视听交互训练，但 4 名被试者中有 3 名（C1,C2,C3）的水平定位准确性和前后区分能力也有一定程度的改善。

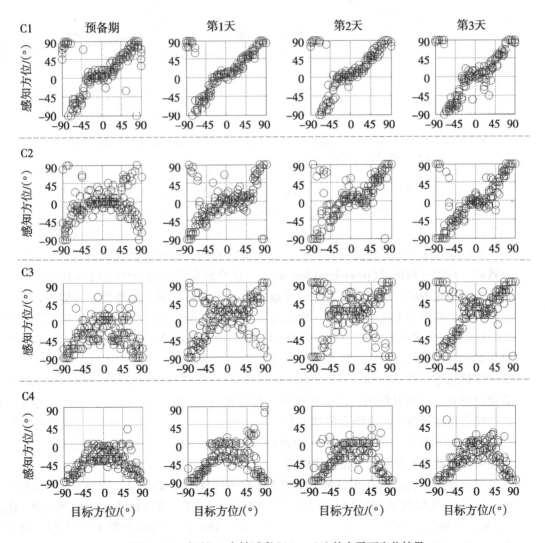

图 5-13 对照组 4 名被试者（C1～C4）的水平面定位结果

进一步，我们计算了两组被试者的平均无符号角度偏差和平均前后混乱率，见图 5-14 和图 5-15。图 5-14 显示，训练组和对照组的水平面定位偏差都随着时间的推移都呈现减小趋势，然而训练组的减小程度大于对照组。t 检验（显著性水平取 0.05）的结果表明：①训练组和对照组在预备期的平均无符号角度偏差无显著性差异，这说明被试者是依照定位能力随机分布在训练组和对照组；②训练组和对照组在第 3 天的平均无符号角度偏差具有显著性差异，这说明视听交互的训练方法对于虚拟声像水平方向定位准确性的矫正是有效的。图 5-15 显示，训练组和对照组的前后混乱率均有明显的减小，但两者减小的程度差异不大。

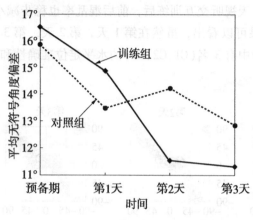

图 5-14　训练组和对照组在各阶段的平均无符号角度偏差

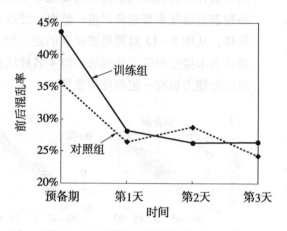

图 5-15　训练组和对照组前后混乱率

图 5-14 和图 5-15 表明，即便没有接受视听交互训练，对照组在经过第 1 天，第 2 天，第 3 天三个阶段之后，也出现了一定程度的水平面定位准确性的提高和前后混乱率的下降（平均无符号角度偏差由 15.86°降低为 12.84°，前后混乱率由 36% 降低为 24%）。这种提高是由于被试者经过反复实验，对实验信号和实验设备及其使用方法逐渐熟悉所导致的，称为过程学习（procedural learning）。这个现象说明过程学习可以在一定程度上校正非个性化 HRTF 虚拟听觉重放所导致的虚拟声像的水平方位畸变。类似地，训练组在经历 3 天的视听交互训练之后，也出现了水平定位准确性的提高和前后混乱率的下降（平均无符号角度偏差从 16.52°下降为 11.31°，前后混乱率由 43% 下降为 26%）。统计结果显示，视听交互训练使训练组水平定位能力的提高程度大于对照组。这是因为在视听交互训练中，除了过程学习，来自目标声像方位（即正确声像方位）的视觉刺激对被试者定位感知具有指引作用，即存在感知学习过程（perceptual learning）。上述两种学习过程的结合使得训练组定位能力的提高程度大于对照组；也就是说，相对于没有感知训练（或学习）的对照组，采用视听交互的感知训练方法可以更为有效的矫正非个性化 HRTF 虚拟听觉重放带来的水平方位声像畸变。

如前所述，训练组在训练阶段（图 5-11 中训练 1、训练 2、训练 3）选取水平面 $\theta = 0° \sim 180°$ 均匀间隔 15° 的 13 个方位进行训练，而定位实验（图 5-11 中测试 0、测试 1、测试 2 和测试 3）的测试角度为水平面 $\theta = 0° \sim 180°$ 均匀间隔 5° 的 37 个方位。这意味着定位实验所测试的 37 个空间方位不仅涵盖了视听交互训练的 13 个空间方位，还包括了24个未接受视听交互训练但参与定位测试的空间方位。那么,训练组在接受13个空间方位的视听交互训练之后,在未被训练的24个空间方位上的声像定位能力是否也有提高呢?这涉及学习的泛化问题。图5-16是三类空间方位(训练方位、未训练方位、总方位)的定位效果。图中显示:随着训练天数的增加,训练方位和未训练方位的平均无符号角度偏差都出现下降趋势。这表明,通过3天的视听交互训练,被试者可以产生一定的学习泛化能力,表现为不仅能够矫正接受视听交互训练方位的声像畸变,还可以对其他未接受视听交互训练的方位进行声像畸变的矫正。后续的研究也观察到了泛化现象(Steadman et al., 2019; Audet et al., 2021)。试听交互训练引发的学习泛化现象一方面提示,在实际应用中,可以通过少量空间方位的视听交互训练获得被试者对水平面声像畸变的整体矫正;另一方面,由于泛化的形成涉及注意、决策等相关的"自上而下"的高级认知机制,因此可能出现在晚期认知加工阶段。

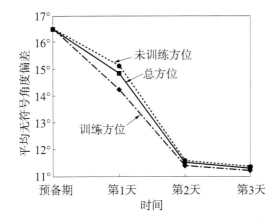

图5-16 训练组中训练和未训练空间方位定位结果的平均无符号角度偏差

图5-17 脑电测量场景

为了进一步了解视听交互矫正非个性化HRTF过程的脑机制,我们与中山大学孙逸仙纪念医院耳鼻喉科室开展合作,在预备期和第3天开展了脑电测量。为了确保良好的实验效果,考虑到脑电测量中被试者可承受工作量,我们适当减少了目标方位的数量。图5-17是脑电测量场景。实验在电声屏蔽室内进行,采用128通道的高密度网状电极帽(Electrical Geodesics Inc., Eugene, OR, USA)进行脑电数据采集。声刺激采用E-Prime 2.0(Psychology Software Tools Inc.)视听刺激工作站进行播放。在虚拟声信号播放后,为了确保被试者积极参与声像方位的感知和判断,要求被试者用手中的铅笔指示声像方位。此时,电声屏蔽室外的脑电采集分析软件(Electrical Geodesics Inc., Eugene, OR, USA)以500Hz的频率采集被试者在声像方位感知时的脑电。实验结束后,采集到的EEG数据将会通过FIR带通滤波器($0.05 \sim 20$Hz),用以滤除眨眼及其他动作带来的噪声。最后,将所有的EEG数据进行分段、叠加平均,提取出相关的ERP数据。

由于视听感知融合主要涉及前额脑区,故选择前额FCz电极的ERP进行分析,部分结果如图5-18所示。进一步,计算了4种ERP成分的平均波幅(N1成分: $50 \sim 150$ms; P2成分: $150 \sim 250$ms; P400成分: $300 \sim 400$ms; N500成分: $400 \sim 500$ms),并分别进行了三因素重复测量的方差分析(three-way RM-ANOVAs)(Cai et al., 2018)。三因素包括：组别(两个水平：训练组和对照组)、时间阶段(两个水平：预备期和第3天)；空间方位(两个水平：训练方位和未训练方位)。结果表明，训练组和对照组都出现了N1波幅的降低和P2波幅的增加，且时间阶段对N1和P2波幅具有显著影响。然而，仅有训练组出现了P400波幅的增加和N500波幅的降低。据上述结果可以推知，视听交互训练影响相对较晚的认知加工阶段，它通过诱导"自上而下"的听觉中枢处理调节通路，在注意的加工水平上促进对感知声像的判断。这和前面行为学实验结果的推测是一致的。

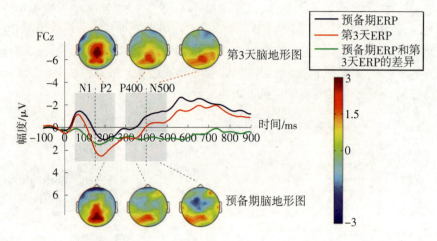

图 5-18 训练组在 FCz 电极处的平均 ERP 波形图和脑地形图

5.3.3.2 视听交互训练对中垂面虚拟声像畸变的矫正

选取华南理工大学物理与光电学院的10名学生为被试者(6男4女)，年龄在22～27岁之间。其中，训练组5人(3男2女)，对照组5人(3男2女)。所有被试者听力均正常，所有被试者视力均正常(或矫正后正常)；所有被试者此前均未接受过中垂面的视听交互训练。

和水平面实验一样，采用 MIT 的 KEMAR HRTF 数据库。单通路声源信号采用时长1s 的白噪声(0.02～20kHz)。在定位实验中，选取中垂面上的10个仰角方位作为目标方位，(θ, φ) 为 $(0°, -20°)$、$(0°, 0°)$、$(0°, 10°)$、$(0°, 30°)$、$(0°, 50°)$、$(0°, 70°)$、$(0°, 90°)$、$(0°, 110°)$、$(0°, 140°)$、$(0°, 160°)$。在视听交互训练中目标方位的选择和定位实验中的目标方位完全一致。

中垂面的实验步骤和水平面的实验步骤相同。在评测被试者的初始定位水平后，将被试者均匀分配至训练组和对照组。实验包括预备期、第1天、第2天、第3天四个阶段。在预备期阶段，对中垂面10个方位进行定位实验，每个方位重复4次，共随机播放40个声信号，实验持续大概30min。由于中垂面上静态虚拟声源的空间方位较难分辨，所以重复播放声信号，直至被试者做出明确判断。通常，被试者经过5次以内的重复便可形成明确判断。第1天、第2天、第3天的实验步骤均相同。以第1天的实验过程为例，训练组首先进入训练阶段进行视听交互训练，训练方位和定位方位相同，即对所有10个中垂面声源方位都进行训练，每个方位重复4次，共随机播放40个声信号；被试者判断声源方位后，相应目标方位的红色 LED 灯(即视觉刺激)和虚拟声信号同步出现；随后，视觉信号一直保持，虚拟声信号连续重复播放 10 次。在此过程中，要求被试者全神贯注进行视听交互学习感知，将所听到的虚拟声信号主动映射至视觉刺激指引的方位上。视听交互训练完成后，休息 10min，进入试验阶段，进行和预备期相同的定位实验，用以检验此次训练的效果。而对照组首先进入对照阶段，对照阶段的声音信号播放与训练阶段相同，只是没有视觉反馈；随后进入试验阶段，进行和预备期阶段完全相同的定位实验。

图 5-19 是训练组和对照组在各阶段的平均无符号（仰角）角度偏差。图中显示，经过 3 天的视听交互训练，训练组 T1、T3、T4、T5 四名被试者的仰角定位偏差均呈现减小趋势，然而被试 T2 的仰角平均无符号角度偏差在第 3 天阶段上升至与预备期阶段相同的水平。对照组中仅被试 C4 定位偏差在第 3 天阶段有明显下降，其他 4 名被试者仰角定位结果无明显变化，甚至出现小幅度上升波动。图 5-20 是训练组和对照组在各阶段的前后混乱率。图中显示，随着训练天数的增加，训练组和对照组被试者前后混乱率出现一定程度的波动，但总体都呈现小幅度下降趋势。对平均无符号角度偏差和前后混乱率分别进行了两因素方差分析（显著性水平 0.05）。两因素包括组别（两个水平：训练组和对照组）、时间阶段（4 个水平：预备期、第 1 天、第 2 天、第 3 天）。统计结果发现，组别、时间阶段以及两者的交互作用对被试者仰角定位结果均无显著性影响。

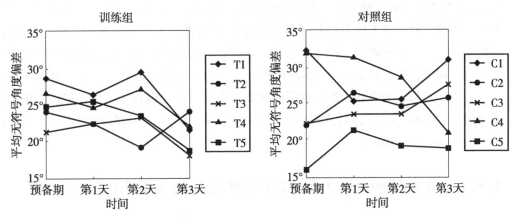

图 5-19 训练组和对照组被试仰角定位的平均无符号角度偏差

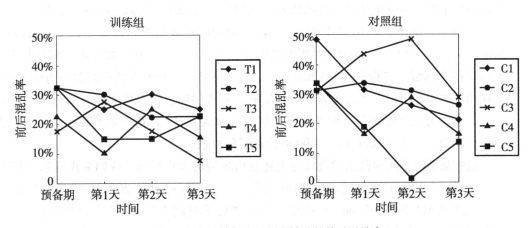

图 5-20 训练组和对照组被试的前后混乱率

我们可以从定位因素的角度理解上述实验结果。在中垂面上，由于声波到双耳的传播过程大体相同，因此双耳相关的定位因素（ITD 和 ILD）近似为零，无法提供有效的仰角定位信息。此时，HRTF 谱因素是仰角定位的主要因素。然而，实验中被试者自身的个性化 HRTF 和非个性化 KEMAR HRTF 之间存在明显的谱差异，因而对被试者来说，对采用非个性化 HRTF 合成的仰角方向虚拟声像进行方位判断是比较困难的。虽然对照组在 3 天的训练中可以进行过程学习，但相比于仰角的定位难度，过程学习并不能改善仰角定位准确性。相比之下，训练组除了过程学习还可以通过视听交互训练进行感知学习，所以训练组仰角定位准确性出现小幅度提高，但这种提高并不具有统计上的显著性。上述结果提示，3 天的短期视听交互训练不能有效矫正非个性化虚拟听觉重放中垂面仰角方向虚拟声像的畸变，需要增加训练次数或延长训练时间。

5.4 不同混响情况下双耳听觉定位的听觉 ERP 研究

第 3 章指出，通常采用声脉冲响应（acoustic impulse response，AIR）描述声波由声源发出经介质传输后到达传声器的物理过程。具体的，对于非开放式环境（例如教室、厅堂等），这种声脉冲响应称为房间脉冲响应（room impulse response，RIR）。RIR 反映了室内环境的声学特性，它不仅可以用于计算一系列室内声环境的重要参数，例如混响时间、房间明晰度、声音清晰度、声场强度等，还可以通过虚拟声信号处理技术实现室内声场的再现。RIR 表征了声源发出的声波传输到室内某空间点时的状态，如果有听者处于该特定空间点，那么传声器拾取到的听者的双耳声信号不仅包含了房间声特性，还包含了听者的生理结构信息。此时，相应的声脉冲响应称为双耳房间脉冲响应（binaural room impulse response，BRIR）。

5.4.1 自由场和混响场的双耳听觉定位的听觉 ERP

我们采用基于 HRTF 的虚拟听觉技术研究了自由场（即混响时间 RT = 0 的声场）与混响场条件下双耳听觉定位脑过程间的差异（俞胜锋等，2017；Zhong et al.，2020）。

自由场情况下，利用 MIT 的公开 KEMAR HRTF 数据库（Gardner et al.，1995）和 50ms 白噪信号（0.02～20kHz）卷积生成水平面（$\theta = 0°$，$10°$，$20°$，$30°$，$40°$）5 个水平方位角的虚拟声刺激。实验采用 Oddball 范式，将水平面 $\theta = 0°$ 的虚拟声刺激作为标准刺激，其他角度的虚拟声刺激作为偏差刺激。实验的刺激序列包含 500 个声刺激信号，其中标准刺激出现的概率为 76%，偏差刺激出现的概率为 6%，且每个偏差刺激前至少包含 3 个标准刺激，刺激间隔为 300～400ms 之间的随机数。

混响场情况下实验范式的设计与上述自由场情况大致相同。我们采用索尔福德大学（University of Salford）建立的 SBS BRIR 数据库（Satongar et al.，2014）。该数据库记录了 B&K 人工头 HATS（head-and-torso）在一个中频混响时间 RT = 0.27s 的视听室中测得的 BRIR 信号。将 BRIR 和 50ms 白噪信号进行卷积得到水平面上 5 个不同方位（$\theta = 0°$，$10°$，

20°,30°,40°)的虚拟声信号,并截取信号的前80ms作为脑电实验的声刺激。

采用德国 Brain Products 公司 ActiCHamp 便携式脑电波采集系统进行脑电波信号采集。ActiCHamp 脑电波采集系统包含一台供电电源,一台多通路可拓展脑电波放大器,一项 Easycap 弹性脑电波帽,以及配套的 Recorder 实时脑电波记录软件。Easycap 脑电波帽共有34个电极,其中1个为接地电极,1个为参考电极,其余32个均为脑电波采集电极。脑电波采集电极按照拓展的10~20系统排布,如图5-21所示。

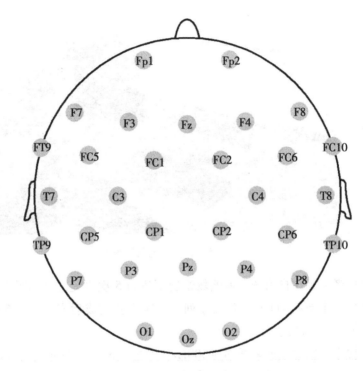

图 5-21 Easycap 脑电波帽电极分布

图 5-22 是脑电测量系统的硬件架构图,分别由计算机(Intel i7 7700 4 核@3.6GHz,16G 内存,512G 固态硬盘)、声卡(TempoTec Serenade DSD)、脑电采集设备(Brain Product)、耳机(Sennheiser IE80)组成。

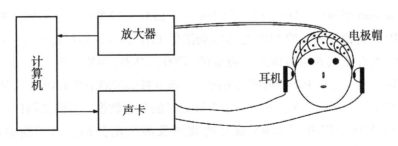

图 5-22 脑电测量系统的硬件架构图

选取 7 名在校大学生作为被试者（男生 5 名，女生 2 名），年龄分布为 24～29 岁（26.2±1.7），听力检测均无异常，且无听觉系统病史。如图 5-23 所示，被试者在安静室内（噪声≤35dB A）进行脑电测量。实验中为了降低眼电的影响以及减少眨眼、肢体运动等带来的脑波伪迹，要求在整个实验过程中被试者以舒适坐姿静坐，闭眼听音。受试者通过入耳式耳机（Sennheiser IE80）播放声刺激信号，声压级调整至舒适水平，实验期间要求被试者进行被动听觉（即不需要作出任何反应）。

图 5-23 脑电测量场景

所有被试者分别在自由场和混响场情况下进行 5 次重复的被动听音实验。每次实验之前随机产生一个新的 Oddball 刺激序列，每次实验完成后安排 3～5min 的休息时间。每位被试者的实验时间约为 2h。

实验过程中，脑电数据采样率为 500Hz，经过 0.5～40Hz 带通滤波以及 50Hz 陷波滤波，Cz 电极作为公共参考点。实验结束后，对采集到的原始 EEG 脑电信号进行低通频率为 1Hz、高通频率为 20Hz 的带通零相移滤波，将左右乳突处（left and right mastoid）电极（TP9，TP10）采集到脑电数据的均值作为重参考点（re-reference）。将连续的 EEG 信号分割成 500ms 长的片段（epoch），每个片段包括刺激到达前的 100ms 和刺激到达后的 400ms。将幅值高于 75μV 的片段作为伪迹删除，同时对片段的刺激前部分进行基线校正（baseline correction）。对所有同类刺激诱发的 EEG 片段进行叠加平均，即可得到对应刺激的 ERP。将偏差刺激的 ERP 与标准刺激的 ERP 相减，即可得到 MMN 成分。处理结果显示，所有被试者均被诱发出明显的 N200、P300、MMN 等成分。以 C3 电极为例，图 5-24 给出了在自由场与混响场情况下，所有被试者的平均 ERP 以及 MMN 波形。

提取 FC1、FC2、C3、C4 等 4 个电极记录的脑电数据，我们采用四因素重复测量方差分析对 N200、P300 及 MMN 成分的波幅及潜伏期分别进行了检验（Zhong et al.，2020）。四因素均为组内因素（within-subject factors），包括声场环境（两个水平：自由场和混响场）、电极前后分布（两个水平：前侧和后侧）、电极左右分布（两个水平：左半球和右半球）、声刺激角度（对于 N200 和 P300，有 5 个水平：0°、10°、20°、30°、40°；而对于 MMN,有 4 个水平:10°,20°,30°,40°)。基于检验统计结果,我们围绕声场环境的影响、对侧增强效应、声刺激方位与 ERP 成分的关联等对脑电数据进行讨论:

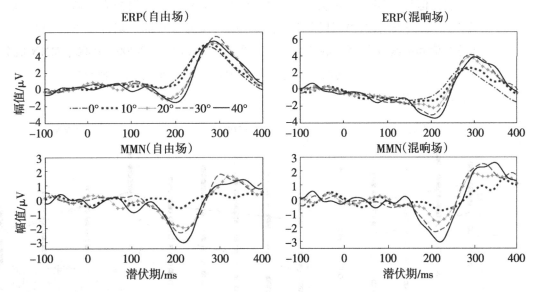

图 5-24 自由场与混响场情况下 C3 电极处所有被试 ERP 和 MMN 的平均图

(1)统计结果表明,声场环境对 P300 波幅有显著性影响,且自由场 P300 波幅高于混响场情况;然而,声场环境对 N200 和 MMN 的波幅无显著性影响。有研究表明,P300 波幅会随着工作负荷(workload)的增大而减小(Hogervorst et al.,2014)。如前所述,相比于 HRTF,BRIR 携带了更为丰富的空间信息(主要是反射声信息)。因此,相比于自由场声刺激,混响场声刺激将会给大脑带来较大的工作负荷,这可能会诱发不一致的脑反应,导致 P300 波幅的降低。此外,也有研究发现,被试者熟悉的声刺激会诱发偏低的 P300 (Friedman et al.,2001)。显然,被试者对混响场声刺激的熟悉程度高于自由场情况。因此,熟悉程度也是解释"自由场 P300 波幅高于混响场情况"结论的一个可能因素。

另一个重要结论是,声场环境不会对 MMN 波幅产生显著影响。实际上,MMN 表征的是当前刺激与前一刺激之间短期记忆痕迹(short-term memory trace)的差异,并且其波幅随着刺激间偏差的增大而增大。这里,在偏差刺激波形减去标准刺激波形得到 MMN 成分的过程中,混响场偏差刺激的信息增量与混响场标准刺激的信息增量被抵消,剩余的表征角度偏差的信息与自由场情况相近,故而导致自由场 MMN 和混响场 MMN 之间无显著性差异。

(2)统计结果表明,水平面各角度声刺激诱发出的 N200、P300、MMN 成分的波幅均表现出显著的对侧增强,即左半球电极(FC1,C3)上脑电成分的峰值显著高于右半球的对应电极(FC2,C4)。过去的一系列研究表明,无论对于语音刺激还是非语音刺激,声刺激方位的变化都可以在对侧脑半球诱发出更加强烈的脑电反应(Kaiser et al.,2001; Richter et al.,2009)。可见,我们的结论和以往文献是一致的。此外,电极左右分布也是影响 MMN 成分潜伏期的主要因素。

（3）虽然已有研究发现，声刺激的不同空间角度和它所诱发的脑电成分的波幅变化之间存在关联，但没有探究这种关联的定量规律以及不同成分间的内在联系（Altmann et al.，2017）。我们采用线性统计回归的方法，深入探究了不同声场环境下声刺激方位与 ERP 成分幅值间的线性关系。我们发现，不同的声场环境下 N200、P300、MMN 成分的波幅与偏差刺激的角度呈正向线性关系（$P < 0.05$），波幅随着偏差刺激角度的增大而增大，如图 5-25 所示。

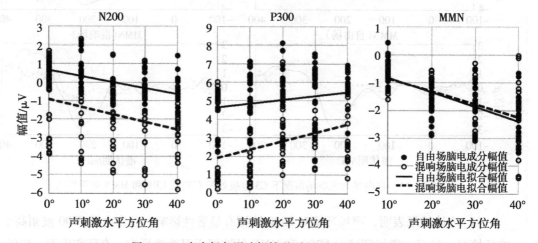

图 5-25　自由场与混响场情况下 N200、P300 和 MMN

这个结论为快速听觉系统整体功能检测提供了实验基础。听性脑干反应（auditory brainstem response，ABR）测听，是对不同听觉刺激的脑干反应电位进行分析，从而对听觉神经通路完整性进行诊断，是评估听力损失的重要临床手段。听觉定位是一个复杂的系统工作，不仅仅受大脑的调控，也有部分心理作用的影响（如注意过程）。上述脑电成分波幅与声刺激方位的线性关系表征了高阶感知通路的正常工作状态，可以作为 ABR 测听的补充，对突发性耳聋（sudden deafness）与精神性耳聋（mental deafness）进行前期辅助诊断。

5.4.2　不同混响场的双耳听觉定位的听觉 ERP

基于 5.4.1 的研究，我们对混响场进行了细分研究，设计了心理声学实验及脑电实验，分别探究了不同混响时间下水平面听觉定位能力的变化趋势以及脑反应特征（杨子晖，2021）。

5.4.2.1　听觉定位实验

首先通过生理参数匹配，从基线数据库（包含 165 名被试者的 25 项生理参数）中挑选出被试者的近似个性化 HRTF 数据；进一步，基于真实房间（华南理工大学 31 号楼 411

室)建模和 RAZR 工具箱(Wendt et al.,2014),合成了混响时间 RT = 0s,0.3s,0.6s, 0.9s,1.2s,1.5s 的水平面各角度($\theta = 0°,15°,30°,45°,60°,75°,90°$)的双耳 BRIR 数据。声源干信号采用时长 500ms(含 10ms 淡入淡出)的带通白噪(0.02~20kHz)。将不同混响时间下不同角度的 BRIR 与声源干信号进行卷积,合成了听觉定位实验所用的声刺激。对应 6 个不同的混响时间(RT = 0s,0.3s,0.6s,0.9s,1.2s,1.5s),每位被试者进行 6 类耳机重放听觉定位实验。每类实验需要被试者对同一混响时间下 7 个目标方位的声刺激进行听觉定位。各目标方位的声刺激顺序随机呈现三次。每类实验前,依次播放当前混响时间下 $\theta = 0°,30°,60°,90°$ 的声刺激进行训练。图 5-26 是实验场景,采用外置 USB 声卡(Terratec Aureon 7.1)和耳罩式耳机(Sennheiser HD380),被试者采用电磁位置追踪系统(Polhemus 公司的 PATRIOT)进行声像方位的感知判断。共有 13 名(3 名女性和 10 名男性)在校大学生参与了听觉定位实验,平均年龄为 21.4(±1.9)岁,均无听力障碍或听觉系统疾病。

图 5-26 听觉定位实验场景

值得指出的是,相较于自由场实验,混响场听觉定位实验中所有受试者均感知到显著的声像外化。听觉定位实验结束后,将不同混响时间分组下同一个被试者对同一目标声源方位的 3 次定位结果的均值作为其定位结果。图 5-27 是所有定位结果的均值、方差以及基于均值的线性拟合直线。图中显示,少量反射声的加入可改善听觉定位表现:相较于自由场情况(RT = 0s),混响时间 RT = 0.3s 与 RT = 0.6s 情况下,被试者的感知方位(图中纵坐标)与声刺激方位(图中横坐标)更为接近,在图中表现为定位均值更加贴近 $y = x$ 直线。此外,被试者对正前方声源($\theta = 0°$)的感知最准确,定位结果的方差最小。然而,随着混响时间逐渐增长,反射声对定位因素的干扰愈发显著,使得听觉定位的准确性降低。如 RT = 1.2s 及 RT = 1.5s 情况所示,长混响情况下被试者听觉定位表现出现劣化,定位均值与目标声源方位的偏离度增大。

实际上,反射声对听觉定位是有利有弊的,其最终影响取决于利弊的综合。首先,反射声以声像展宽的形式引入了一种模糊效应,降低了听觉定位精度。然而,反射声的引入可增加声像的外化程度,相应的听觉感知也更符合日常的听觉经验,从而使听觉定

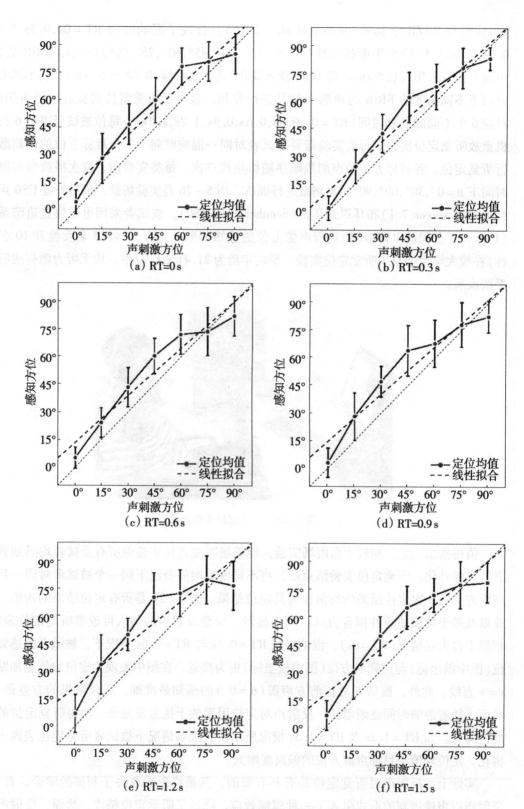

图 5-27 所有被试者的平均定位结果

位表现得到提升。我们推测：当反射声适量时，声像的外化效应大于声像的模糊效应，因此当 RT 为 0.3s、0.6s 时，被试者定位表现最好；而随着混响时间的逐渐增长，声像的模糊效应大于声像的外化效应，因此被试者定位表现出现劣化。

为了进一步探究混响时间对听觉定位表现的统计影响，使用统计分析软件 SPSS 对受试者在不同混响时间下声源定位的无符号偏差进行了两因素（混响时间与声刺激方位）重复测量方差分析 RM-ANOVA。其中，混响时间因素有 6 个水平（RT = 0s, 0.3s, 0.6s, 0.9s, 1.2s, 1.5s），声刺激方位因素有 7 个水平（$\theta = 0°, 15°, 30°, 45°, 60°, 75°, 90°$），取显著性水平为 0.05。若数据未通过 Mauchly 球形度检验，采用 Huynh-Feldt 法对自由度进行校正。统计分析结果表明，混响时间与声刺激方位是影响被试者定位表现的主要因素，且混响时间与声刺激方位之间无显著的交互作用。

5.4.2.2 听觉定位的 ERP 实验

基于 5.4.2.1 节的听觉定位实验结果，被动听音脑电实验选取 RT = 0s, 0.6s, 1.2s 等 3 个不同混响时间的声学场景分别代表自由场、适量混响与过度混响 3 种典型状况。声源干信号采用时长 100ms（含 10ms 淡入淡出）的带通白噪（0.02~20kHz）。自由场（RT = 0s）情况下，利用基于生理参数匹配的个性化 HRTF 数据与干声源进行卷积，生成水平面 4 个不同方位角度（$\theta = 0°, 15°, 30°, 45°$）的虚拟声刺激。Oddball 刺激序列中，将正前方（$\theta = 0°$）声刺激作为标准刺激，出现概率为 76%；将其余 3 个方位角（$\theta = 15°, 30°, 45°$）刺激作为偏差刺激，出现概率为 8%，且相邻两偏差刺激间至少插入 3 个标准刺激。Oddball 序列共包含 500 个声刺激，刺激间隔（inter-stimulus interval, ISI）设置为 300~400ms 之间的随机值。混响场（RT 为 0.6s、1.2s）情况下，利用基于个性化 HRTF 数据合成的 BRIR 与干声源进行卷积，得到不同混响时间的水平面 4 个方位角度（$\theta = 0°, 15°, 30°, 45°$）虚拟声刺激。混响场包含适量混响（RT = 0.6s）与过度混响（RT = 1.2s）两种情况，除了声刺激的混响时间不同外，两种情况下 Oddball 序列的设计方法与自由场实验相同。

实验结果表明，所有被试者均被诱发出清晰的 MMN 和 P300 成分。采用 4 因素重复测量方差分析对 P300 及 MMN 成分的波幅及潜伏期进行检验。4 因素均为组内因素（within-subject factors），包括混响时间（3 个水平：0s, 0.6s, 1.2s）、电极前后分布（两个水平：前侧和后侧）、电极左右分布（两个水平：左半球和右半球）、声刺激方位（对于 P300，有 4 个水平：0°, 15°, 30°, 45°；对于 MMN，有 3 个水平：15°, 30°, 45°）。脑电 ERP 数据的统计分析结果显示：

(1) 混响时间、电极前后分布、电极左右分布以及声刺激方位均对 MMN 及 P300 波幅产生显著影响。

(2) P300 波幅随混响时间及声刺激方位角的增大而增大，呈显著的正向线性关系，而且 P300 潜伏期也随声刺激方位角的增大而增大。

(3) 适量混响（RT = 0.6s）情况下 MMN 波幅显著高于自由场（RT = 0s）及过量混响（RT = 1.2s）情况。这与听觉行为学实验所呈现的趋势一致，即被试者在适量混响环境下的听觉定位准确性高于自由场及长混响环境。

(4) MMN 波幅随声刺激方位角的增大而增大，呈显著的正向线性关系。这种显著的线性关系仅出现在自由场与适量混响情况,过量混响将破坏这种关系。

(5) MMN 和 P300 波幅均存在显著的对侧增强效应。

5.4.2.3 听觉定位表现和听觉 ERP 成分的关联

我们认为,双耳听觉定位的心理表征(听觉定位表现)和生理表征(听觉 ERP 成分)之间应当存在一定的对应关联。因此,我们进一步探究了被试者听觉定位表现和 MMN、P300 波幅之间的关联。如图 5-28 和 5-29 所示,MMN、P300 波幅与被试者听觉定位表

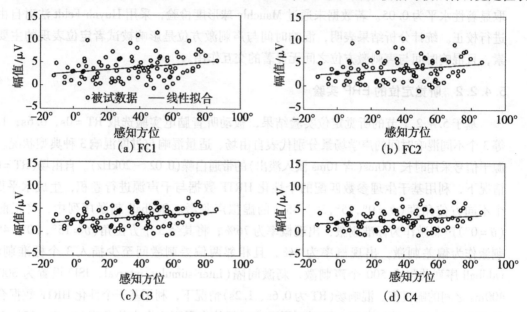

图 5-28 P300 波幅与被试感知方位的相关性

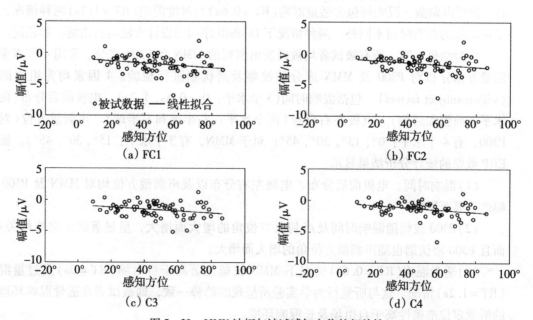

图 5-29 MMN 波幅与被试感知方位的相关性

现之间存在明显的相关性。因此，我们认为通过分析脑电成分的波幅可以部分预测被试者听觉定位结果。从外，统计分析表明，MMN、P300 波幅与双耳声信号的双耳互相关系数 IACC(inter-aural cross correlation coefficient)存在显著的负向线性关系。这意味着听觉定位过程中可能存在分析双耳一致性的神经活动。

5.5 不同声场模式下语言清晰度的听觉 ERP 研究

语言清晰度(speech intelligibility，SI)是音质评价的重要指标之一。通常，SI 受到多种因素(如噪声掩蔽信号、反射声、听者听力损伤等)的影响。我们通过 EEG 波形的测量以及 ERP 成分的分析评估了声场模式和混响时间(戴宁宁，2021)。该工作有利于建立客观化的语音质量评估模型，并有助于深入理解语音认知退化的心理物理过程。

选取 6 名在校大学生作为被试者(23±3)。所有被试者在 125～8000Hz 的听力阈值均不超过 20dB(Hearing Level，HL)，且均无听力方面的问题。采用男性的"ba"语音(时长为 120ms，采样率为 44.1kHz)作为单通路声信号，即语音干信号。将 RIEC HRTF 数据库(Watanabe et al.，2014)中的 KEMAR HRTF 数据导入 RAZR 工具箱(Wendt et al.，2014)，生成不同混响情况下(选择中频混响时间 RT 分别为 0.8s 和 1.5s)的 3 种声场模式(自由场、直达声+早期反射声、BRIR)的双耳脉冲响应。利用单通路声信号和双耳脉冲响应合成不同声场模式、不同混响情况下，固定在被试者正前方的双耳虚拟声刺激。图 5-30 是合成脑电测试信号的流程图。图中 DS 表示只有直达声的自由场模式，DSER 表示包含直达声和早期反射声的声场模式，BRIR 表示包含直达声、早期反射声和晚期反射声的声场模式。为了保留不同声场模式所可能引起的声压级变化，先将单通路语音信号校准到 65dB(A)，再将其与不同模式、不同混响的双耳脉冲响应进行卷积。

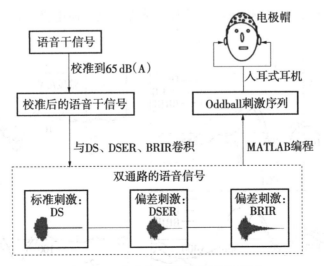

图 5-30 生成脑电测试信号的流程图

以 DS 模式的双耳虚拟声刺激为标准信号，其他两种声场模式(DSER 和 BRIR)的双耳虚拟声刺激为偏差信号，共同组成 Oddball 刺激序列。在每种混响情况下，通过自行编程产生包含3种声场模式的500个刺激序列，其中标准刺激出现的概率为76%，其余两个偏差刺激出现的概率均为12%。在生成的刺激序列中，每个偏差刺激之前至少包含3个标准刺激；刺激信号播放的时间间隔在300～400ms之间。

我们采用德国BP(Brain Products)公司生产的ActiCHamp脑电记录仪采集脑电信号。被试者全身放松、闭目静坐于安静的实验室内，戴上耳机(Sennheiser IE80)接收Oddball刺激序列信号。在每种混响情况下，每个被试者需进行3次重复实验，且每次实验均需随机生成一个新的Oddball刺激序列。实验结束后，采用MATLAB软件的EEGLAB、ERPLAB插件对原始的EEG数据进行离线处理。具体的，以刺激开始瞬间的打标处为参考点，向前取100ms、向后取500ms共计600ms的窗口时长，对连续的EEG波形进行分段处理。

选取了左侧脑区中部听觉中枢附近电极C3、FC1及其对侧电极(C4、FC2)进行观察。对三类不同刺激的有效EEG波形进行叠加平均分析，从而得到ERP波形。图5-31为所有6名被试在0.8s、1.5s混响时间时不同声场模式诱发出的总体平均ERP波形。RT=0.8s时，图5-31a显示：①DS诱发的P300波幅明显小于DSER、BRIR诱发的P300波幅，而DSER、BRIR诱发的P300波幅之间的差异并不明显；②DS诱发的P300潜伏期明显小于DSER、BRIR诱发的P300潜伏期，而DSER、BRIR诱发的P300潜伏期之间的差异并不明显。RT=1.5s时，图5-31b显示，各声场模式下P300波幅和潜伏期的变化趋势与RT=0.8s的情况相似，然而BRIR诱发的P300波幅呈现出略微大于DSER诱发的P300波幅的趋势。进一步，采用SPSS软件分别对P300波幅和潜伏期进行3因素重复测量方差分析。3个因素包括：混响时间RT(两个水平：0.8s、1.5s)、电极(4个水平：C3、C4、FC1、FC2)、声场模式(3个水平：DS、DSER、BRIR)。统计结果表明：

(1)电极和声场模式对P300波幅具有显著性影响，而混响时间的影响不显著($P > 0.05$)；

(2)声场模式对P300潜伏期具有显著性影响，而电极和混响时间的影响不显著($P > 0.05$)。

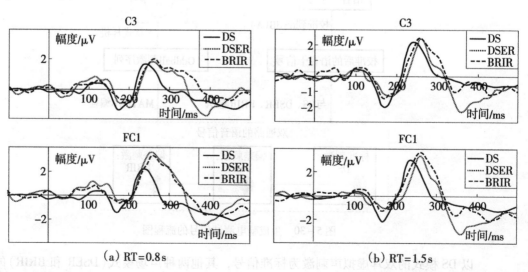

图5-31 混响时间RT=0.8s和1.5s时C3和FC1处的平均ERP波形

参考文献

[1] MILLETT D, COUTIN-CHURCHMAN P, STERN J M. Basic principles of electroencephalography[J]. Brain Mapping, 2015: 75-80.

[2] TEPLAN M. Fundamental of EEG measurement[J]. Measurement Science Review, 2002, 2(2): 1-11.

[3] FABRIZIO V, CLAUDIO B, ROBERTA L, et al. Resting state cortical EEG rhythms in Alzheimer's disease: toward EEG markers for clinical applications: a review [J]. Supplements to Clinical Neurophysiology, 2013, 62: 223-236.

[4] ILLE N, BERG P, SCHERG M. Artifact correction of the ongoing EEG using spatial filters based on artifact and brain signal topographies[J]. Journal of Clinical Neurophysiology, 2002, 19(2): 113-124.

[5] DAVIS P A. Effects of acoustic stimuli on the waking human brain[J]. Journal of Neurophysiology, 1939, 2(6): 494-499.

[6] 魏景汉, 罗跃嘉. 事件相关电位原理与技术[M]. 北京: 科学出版社, 2010.

[7] LUCK S J. An Introduction to the event-related potential technique [M]. London: the MIT press, 2005.

[8] REMIJN G B, HASUO E, FUJIHIRA H, et al. An introduction to the measurement of auditory event-related potentials(ERPs)[J]. Acoustical Science and Technology, 2014, 35(5): 229-242.

[9] DUNCAN-JOHNSON C C, DONCHIN E. The P300 component of the event-related brain potential as an index of information processing[J]. Biological Psychology, 1982, 14: 1-52.

[10] POLICH J. Updating P300: an integrative theory of P3a and P3b[J]. Clinical Neurophysiology, 2007, 118: 2128-2148.

[11] PRITCHARD W S. Psychophysiology of P300[J]. Psychological Bulletin, 1981, 89(3): 506-540.

[12] PICTON T W. The P300 wave of the human event-related potential[J]. Journal of Clinical Neurophysiology, 1992, 9(4): 456-479.

[13] AMIN A U, MALIK A S, KAMEL N, et al. P300 correlates with learning & memory abilities and fluid intelligence[J]. Journal of neuroengineering and rehabilitation, 2015, 12: 87.

[14] PATEL S H, AZZAM P N. Characterization of N200 and P300: selected studies of the event-related potential[J]. International Journal of Medical Sciences, 2005, 2(4): 147-154.

[15] NÄÄTÄNEN R, PAAVILAINEN P, RINNE T, et al. The mismatch negativity(MMN) in basic research of central auditory processing: a review[J]. Clinical Neurophysiology, 2007, 118: 2544-2590.

[16] ALHO K. Cerebral generators of mismatch negativity (MMN) and its magnetic counterpart (MMNm) elicited by sound changes[J]. Ear & Hearing, 1995, 16(1): 38-51.

[17] ALAIN C, ARNOTT S R. Selectively attending to auditory objects[J]. Frontiers in Bioscience, 2000, 5(1): 202-212.

[18] PAKARINEN S, TAKEGATA R, RINNE T, et al. Measurement of extensive auditory discrimination profiles using the mismatch negativity(MMN) of the auditory event-related potential(ERP)[J]. Clinical neurophysiology, 2007, 118: 177-185.

[19] TADA M, KIRIHARA K, MIZUTANI S, et al. Mismatch negativity(MMN) as a tool for translational investigations into early psychosis: a review[J]. International Journal of Psychophysiology, 2019, 145: 5-14.

[20] TURGEON C, LAZZOUNI L, LEPORE F, et al. An objective auditory measure to assess speech recognition in adult cochlear implant users[J]. Clinical Neurophysiology, 2014, 125: 827-835.

[21] KUTAS M, FEDERMEIER K D. Thirty years and counting: finding meaning in the N400 component of the

[22] NOBRE A C, MCCARTHY G. Language-related field potentials in the anterior-medial temporal lobe: II. effects of word type and semantic priming[J]. The Journal of neuroscience, 1995, 15(2): 1090-1098.

[23] MIDDLEBROOKS J C, GREEN D M. Sound localization by human listeners[J]. Annual Review of Psychology, 1991, 42: 135-159.

[24] WRIGHT B A, ZHANG Y. A review of learning with normal and altered sound-localization cues in human adults[J]. International journal of audiology, 2006, 45(Supplement 1): S92-S98.

[25] FRITZ J B, ELHILALI M, DAVID S V, et al. Auditory attention—focusing the searchlight on sound [J]. Current Opinion in Neurobiology, 2007, 17(4): 437-455.

[26] MOLHOLM S, MARTINEZ A, RITTER W, et al. The neural circuitry of pre-attentive auditory change-detection: an fMRI study of pitch and duration mismatch negativity generators[J]. Cerebral Cortex, 2005, 15: 545-551.

[27] NAGER W, KOHLMETZ C, JOPPICH G, et al. Tracking of multiple sound sources defined by interaural time differences: brain potential evidence in humans[J]. Neuroscience Letters, 2003, 344: 181-184.

[28] SCHRÖGER E, WOLFF C. Mismatch response of the human brain to changes in sound location[J]. Neuroreport, 1996, 7(1825): 3005-3008.

[29] SHESTOPALOVA L B, PETROPAVLOVSKAYA E A, SEMENOVA V V, et al. Event-related potentials to sound stimuli with delayed onset of motion in conditions of active and passive listening[J]. Neuroscience and Behavioral Physiology, 2018, 48(1): 90-100.

[30] BUTCHER A, GOVENLOCK S W, TATA M S. A lateralized auditory evoked potential elicited when auditory objects are defined by spatial motion[J]. Hearing Research, 2010, 272: 58-68.

[31] CARLILE S, LEUNG J. The perception of auditory motion[J]. Trends in Hearing, 2016, 20: 1-19.

[32] DUCOMMUN C Y, MURRAY M M, THUT G, et al. Segregated processing of auditory motion and auditory location: an ERP mapping study[J]. NeuroImage, 2002, 16: 76-88.

[33] ROGERS W L, BREGMAN A S. Cumulation of the tendency to segregate auditory streams: resetting by changes in location and loudnes[J]. Perception & psychophysics, 1998, 60(7): 1216-1227.

[34] MCDONALD K L, ALAIN C. Contribution of harmonicity and location to auditory object formation in free field: evidence from event-related brain potentials[J]. Journal of the Acoustical Society of America, 2005, 118(3): 1593-1604.

[35] RÖTTGER S, SCHRÖGER E, GRUBE M, et al. Mismatch negativity on the cone of confusion[J]. Neuroscience letters, 2007, 414: 178-782.

[36] DONG Y, RAIF K E, DETERMAN S C, et al. Decoding spatial attention with EEG and virtual acoustic space[J]. Physiological reports, 2017, 5(22): e13512.

[37] SONNADARA R R, ALAIN C, TRAINOR L J. Effects of spatial separation and stimulus probability on the event-related potentials elicited by occasional changes in sound location[J]. Brain research, 2006, 1071: 175-185.

[38] WALLACH H. The role of head movements and vestibular and visual cues in sound localization[J]. Journal of Experimental Psychology, 1940, 27(4): 339-368.

[39] POPULIN L C. Monkey sound localization: head-restrained versus head-unrestrained orienting[J]. The Journal of Neuroscience, 2006, 26(38): 9820-9832.

[40] VLIEGE J, GROOTEL T J V, OPSTAL A J V. Dynamic sound localization during rapid eye-head gaze shifts[J]. The Journal of Neuroscience, 2004, 24(42): 9291-9302.

[41] ALTMANN C F, WILCZEK E, KAISER J. Processing of auditory location changes after horizontal head rotation[J]. The Journal of Neuroscience, 2009, 29(41): 13074-13078.

[42] BACKER K C, HILL K T, SHAHIN A J, et al. Neural time course of echo suppression in humans[J]. The Journal of Neuroscience, 2010, 30(5): 1905-1913.

[43] WENZEL E M, ARRUDA M, KISTLER D J, et al. Localization using nonindividualized head-related transfer functions[J]. Journal of the Acoustical Society of America. 1993, 94(1): 111-123.

[44] WISNIEWSKI M G, ROMIGH G D, KENZIG S M, et al. Enhanced auditory spatial performance using individualized head-related transfer functions: an event-related potential study [J]. Journal of the Acoustical Society of America, 2016, 140(6): EL539-EL544.

[45] HOFMAN P M, RISWICK J G A V, OPSTAL A J V. Relearning sound localization with new ears[J]. Nature Neuroscience, 1998, 1(5): 417-421.

[46] KATO M, KASHINO M. Audio-visual link in auditory spatial discrimination [J]. Acoustical Science and Technology, 2001, 22(5): 380-382.

[47] ZHONG X L, ZHANG J, YU G Z. Recalibration of virtual sound localization using audiovisual interactive training [C] // The 139th Convention of Audio Engineering Society. AES, 2015, Paper 9451.

[48] 章杰, 钟小丽. 基于视听交互的虚拟声重放校正装置及方法: 中国, ZL 201410676824.0 [P]. 2016-06-22.

[49] CAI Y X, CHEN G S, ZHONG X L, et al. Influence of Audiovisual Training on Horizontal Sound Localization and Its Related ERP Response[J]. Frontiers in Human Neuroscience, 2018, 12: Article 423.

[50] GARDNER W G, MARTIN K D. HRTF measurements of a KEMAR [J]. Journal of the Acoustical Society of America, 1995, 97(6): 3907-3908.

[51] STEADMAN M A, KIM C, LESTANG J H, et al. Short-term effects of sound localization training in virtual reality[J]. Scientific Reports, 2019, 9: 18284.

[52] AUDET D J, GRAY W O, BROWN A D. Audiovisual training rapidly reduces potentially hazardous perceptual errors caused by earplugs[J]. Hearing Research, 2022, 414: 108394.

[53] 俞胜锋, 钟小丽, 顾正晖. 虚拟声源水平位置改变诱发失匹配负波的研究[J]. 声学技术(增刊), 2017, 36(6): 733-734.

[54] ZHONG X L, YANG Z H, YU S F, et al. Comparison of sound location variations in free and reverberant fields: an event-related potential study [J]. Journal of the Acoustical Society of America, 2020, 148(1): EL14-EL19.

[55] SATONGAR D, LAM Y W, PIKE C. Measurement and analysis of a spatially sampled binaural room impulse response dataset[C] // 21st International Congress on Sound and Vibration, 2014: 1775-1782.

[56] HOGERVORST M A, BROUWER A M, ERP J B F V. Combining and comparing EEG, peripheral physiology and eye-related measures for the assessment of mental workload[J]. Frontiers in Neuroscience, 2014, 8: Article 322.

[57] FRIEDMAN D, CYCOWICZ Y M, GAETA H. The novelty P3: an event-related brain potential (ERP) sign of the brain's evaluation of novelty [J]. Neuroscience and Biobehavioral Reviews, 2001, 25(4): 355-373.

[58] KAISER J, LUTZENBERGER W. Location changes enhance hemispheric asymmetry of magnetic fields evoked by lateralized sounds in humans[J]. Neuroscience Letters, 2001, 314: 17-20.

[59] RICHTER N, SCHRÖGER E, RÜBSAMEN R. Hemispheric specialization during discrimination of sound

sources reflected by MMN[J]. Neuropsychologia, 2009, 47(12): 2652-2659.

[60] ALTMANN C F, RYUHEI U, SHIGETO F, et al. Auditory mismatch negativity in response to changes of counter-balanced interaural time and level differences[J]. Frontiers in Neuroscience, 2017, 11: Article 387.

[61] 杨子晖. 混响场水平面听觉定位及其脑电波研究[D]. 广州: 华南理工大学, 2021.

[62] WENDT T, PAR S V D, EWERT S D. A computationally-efficient and perceptually-plausible algorithm for binaural room impulse response simulation[J]. Journal of the Audio Engineering Society. 2014, 62 (11): 748-766.

[63] 戴宁宁. 不同声场下语言可懂度及其脑电波研究[D]. 广州: 华南理工大学, 2021.

[64] WATANABE K, IWAYA Y, SUZUKI Y, et al. Dataset of head-related transfer functions measured with a circular loudspeaker array[J]. Acoustical Science and Technology, 2014, 35(3): 159-165.

后　记
——写给我和关心我的人

或曰：吾日三省吾身；或曰：未经反省的人生是不值得过的。反省是件好事，但也存在理论正确、实践痛苦的特质。本书立意为对自己廿年科研工作的串联和反思，无奈著述过程痛苦居多。一苦：直面过去的不完美；二苦：时间、精力短缺；三苦：和自己的拖延劣性做斗争。

终于脱稿了，本以为会苦尽喜不禁，心中却只是泛起淡淡的宽慰，因为 Tomorrow is Another Day！在此，我聊填一曲《满庭芳》，以为纪念。

居伴元章，目凝羊祜，诸葛茅舍寻踪。
及笄修业，熬酷暑寒冬。
别鄂向南旅穗，廿余载，竭力鞠躬。
天酬汝，教研双翼，承赞凤中龙。

然年华易逝，南柯一梦，无处寻踪。
悟天道，浮名重利皆空。
因故集学成册，平生慰，不为彰功。
心结了，气闲神定，赏落叶流红。

2022 年 11 月 22 日